新型肥料应用与土壤修复技术

解晓梅 范永强 主编

◇ 山东科学技术出版社

·济南·

图书在版编目（CIP）数据

新型肥料应用与土壤修复技术 / 解晓梅，范永强主编 . –– 济南：山东科学技术出版社，2023.10
ISBN 978-7-5723-1828-3

Ⅰ . ①新⋯　Ⅱ . ①解⋯　②范⋯　Ⅲ . ①土壤改良 – 施肥　Ⅳ . ① S158

中国国家版本馆 CIP 数据核字 (2023) 第 178754 号

新型肥料应用与土壤修复技术
XINXING FEILIAO YINGYONG YU TURANG XIUFU JISHU

责任编辑：于　军
装帧设计：孙小杰

主管单位：山东出版传媒股份有限公司
出 版 者：山东科学技术出版社
　　　　　地址：济南市市中区舜耕路 517 号
　　　　　邮编：250003　电话：（0531）82098088
　　　　　网址：www.lkj.com.cn
　　　　　电子邮件：sdkj@sdcbcm.com
发 行 者：山东科学技术出版社
　　　　　地址：济南市市中区舜耕路 517 号
　　　　　邮编：250003　电话：（0531）82098067
印 刷 者：山东彩峰印刷股份有限公司
　　　　　地址：潍坊市潍城区玉清西街7887号
　　　　　邮编：261031　电话：（0536）8216157

规格：16 开（184 mm×260 mm）
印张：21　字数：410 千
版次：2023 年 10 月第 1 版　印次：2023 年 10 月第 1 次印刷
定价：210.00 元

山东省重点研发计划（科技示范工程）（2022SKFC0302）

主　编　解晓梅　范永强

副主编　孙菲菲　解晓霜　邵明升　丁清华

编　者（以姓氏笔画为序）

山东廷　王建华　王福田　马洪杰　付喜梅

付国诚　刘仕强　朱红梅　巩俊花　李廷华

李家利　芮文利　赵广杰　赵庆龙　侯顺连

曹德强　韩　冰

解晓梅，女，汉族，1989 年 4 月生，山东省临沂市人，2010 年 8 月参加工作。毕业于西北工业大学化学工程与工艺专业，大学学历；英国华威大学研究生学历，管理学硕士。现任山东翔龙实业集团有限公司总裁、肥料增效技术山东省工程研究中心主任、中国磷复肥工业协会新型肥料分会副会长。主持山东省重点研发计划"绿色肥料与土壤健康产品科技示范工程"（2022SFGC0301）子课题，参与山东省重点研发计划"菜田和果园土壤修复成套技术研究与示范"（2021CXGC010801）、中央引导地方科技发展资金项目"微生物菌剂在定西地区当归产业中的试验示范与提质增效研究"、2020 年度山东省重点扶持区域引进急需紧缺人才项目"功能性高效海洋生物肥料关键技术集成研究及产业化"、2021 年度山东省重点扶持区域引进急需紧缺人才项目"基于大数据的智能水肥一体化关键技术研究及应用"等省部级科研项目 5 项。

授权发明专利 4 项、实用新型专利 8 项，发表论文 2 篇。

荣获 2019—2021 年度"全国农牧渔业丰收奖"农业技术推广成果一等奖 1 项、2020—2021 年度"神农中华农业科技进步奖"科研成果一等奖 1 项。

范永强，高级农艺师，1985年7月毕业于青岛农业大学（原莱阳农学院），农学学士，同年被分配到山东临沂市农业科学院，先后在作物研究所、土壤肥料研究所、成果应用研究所和蔬菜研究所工作。近20年来，主持和参加科技部"环渤海粮仓项目——多功能抗盐碱肥料研究"、山东省科技厅"桃树流胶病综合防治研究及其应用"和临沂市科技局等科技攻关项目6项；获国家发明专利2项，获市科技进步奖6项。独创我国氰氨化钙农业应用技术、北方盐碱地绿色生态快速改良技术、流胶病发生机理与高效防治技术、取代石硫合剂果树清园技术，主创麦（油菜）茬水稻撒播小麦（油菜）秸秆免耕覆盖还田技术、红外线响应肥料增效技术。主编农业专著16部，参编2部，发表学术论文18篇。在潜心农业应用研究的过程中，注重理论与实践紧密结合，积极对接国内外先进技术和产品，对我国作物土壤连作障碍修复与作物疑难杂症防治技术等进行了创新研究，探索出了不同土壤与栽培条件下，农作物、果树类和花卉苗木等土壤障碍修复施肥技术方案。曾受聘先正达（中国）投资有限公司山东区技术顾问，农业部甲基溴取代项目招标专家组成员，中化化肥有限公司山东分公司总农艺师，诺贝丰（中国）化学有限公司总农艺师等。

　　我国是肥料和农药生产与消费大国。2015 年我国农业种植业化学肥料施用总量达 6 022.6 万 t。近五年来，随着国家一系列政策的出台，化肥用量呈现下降趋势，截至 2022 年我国化肥施用总量为 5079.2 万 t，达到 350 kg/hm²，仍远超出发达国家 225 kg/hm² 的安全上限。近年来，我国农药年使用量达 120 万 t，单位面积农药平均用量比世界平均用量高 2.5~5.0 倍。目前我国农药的利用率不足 30%，其中 10%~20% 的农药附着在植物体上，其余散落到土壤和水中，导致土壤、水源、空气被污染及农副产品药残超标。

　　我国地膜覆盖面积已突破 600 多万 hm²，每年约有 50 万 t 地膜残留于土壤中，残膜率达 40%。残留地膜不易分解，不但破坏了土壤结构，降低了土壤肥力，造成地下水难以下渗，阻碍了作物根系生长发育和对水的吸收，而且残膜在分解过程中会析出铅、锡、酞酸酯类化合物等有毒物质，造成新的土壤环境污染。

　　截至 2021 年底，我国有效灌溉面积为 6 913 万 hm²，居世界首位，在仅占全国耕地面积 50% 的灌溉面积上生产了 75% 的粮食和 90% 以上的经济作物。灌溉用水量为 3 800 亿 m³，占全国总用水量的 61.4%，约占世界总用水量的 17%。我国农业用水的效率也较低，全国 95% 灌溉土地使用传统的漫灌和沟灌，农业用水的利用效率仅为 30%~40%（发达国家为 80%~90%），水资源浪费也较为严重。许多地区粗放的灌溉方法和落后的灌溉技术已不再适应现代农业持续发展的要求，部分地区过量用水造成生态环境恶化。

我国人多、地少、水缺，人均耕地 1.4 亩[①]，不到世界平均水平的 40%。一年三熟的耕地仅占 15%，近一半耕地为一年一熟，耕地质量不高，中低产田面积较大，近一半耕地分布在山地丘陵地区。因此，为了实现农产品产量快速提高，满足我国粮食安全的需要，一直以来都是集约型农业发展模式。我国农业生产连作障碍严重，化肥农药大量投入使用，地下水过度开采，农业环境污染严重，耕地功能不断退化，农业资源环境承受巨大压力。

随着我国工业化的推进，工业污染也成为重大污染源。苯、酚、磷类有机污染及镉、砷、铅、铬、汞等重金属元素污染严重，在对空气和水体造成污染的同时，也成为土壤中长期存在的"毒瘤"。业内人士指出，重金属元素无论是污染水体，还是污染大气，最终都会回归土壤，造成土壤污染。据环境保护部和国土资源部联合发布的全国土壤污染状况调查公报显示，全国土壤环境状况总体不容乐观，部分地区土壤污染较重，耕地土壤环境质量堪忧，工矿业废弃地土壤环境问题突出。全国土壤总的点位超标率为 16.1%，其中轻微、轻度、中度和重度污染点位比例分别为 11.2%、2.3%、1.5% 和 1.1%。从土地利用类型看，耕地、林地、草地土壤点位超标率分别为 19.4%、10.0%、10.4%。从污染类型看，以重金属元素为主的无机污染为主，有机污染次之，复合污染比重较小，无机污染物超标点位数占全部超标点位的 82.8%。从污染物超标情况看，镉、汞、砷、铜、铅、铬、锌、镍 8 种无机污染物点位超标率分别为 7.0%、1.6%、2.7%、2.1%、1.5%、1.1%、0.9%、4.8%，六六六、滴滴涕和多环芳烃 3 类有机污染物点位超标率分别为 0.5%、1.9%、1.4%。

我国农业生产的不合理直接影响土壤生态系统的结构和功能，最终对土壤生态安全构成威胁。

第一，耕作层变浅。我国农田长期机械耕作和人工作业的碾压，加之降雨和灌水沉实，大部分农田土壤耕层变浅，有效活土层深度在 15 cm 左右，犁底层上移并加厚，形成了坚硬、深厚的阻隔层。阻隔层阻碍了土壤水分、养分和空气的上下运行与作物根系下扎延伸，土壤蓄水能力越来越小，抗旱性能不断下降。

---

① 1 亩 ≈ 667 米²。

第二，土壤有机质含量降低。我国多数农田长期不施用农家肥，特别是在施行农村联产承包责任制的第一个30年或以前，很少进行秸秆还田，土壤有机质长期得不到补充，再加上化学氮肥超量施用，加剧了土壤碳的耗竭，致使土壤有机质含量严重不足。

第三，土壤趋于酸化。土壤酸化主要是由于酸雨、过量使用化学氮肥和施用生理酸性肥料并长期种植豆科作物（如大豆和花生等）引起的。土壤酸化会引起土壤养分供给率降低，土壤有害重金属活化，土壤有害微生物特别是寄生性真菌增加，加速土壤贫瘠化和土传病害的发生。

第四，土壤次生盐渍化。由于长期过量使用化学肥料，土壤中的盐分不断积累，尤其是硝酸盐积累更甚。这些盐分聚集到地表，形成土壤表层次生盐渍化。轻则破坏土壤结构，影响种子发芽出苗，阻碍养分吸收，作物生长不良；重则造成生理干旱，营养吸收障碍，甚至死亡，永久失去农业利用价值。

第五，土壤氮、磷、钾营养元素比例失调，中微量元素严重缺乏。在日常生产管理中，绝大多数农民不按照土壤条件和作物需肥特性施肥，往往只大量施氮磷肥，少量施用钾肥，长期不施中微量元素肥料，致使钾素匮乏，微量元素耗竭，大量元素与中微量元素的营养比例严重失调。

第六，土壤结构破坏，板结严重。土壤缺乏有机肥补充，不合理的耕作，不合理灌溉和化肥的大量施用，加剧了土壤团粒结构的破坏，致使土壤板结越来越严重，直接影响到土壤的自然活力和自我调节能力。

第七，土壤侵蚀，主要表现有水蚀、风蚀和耕蚀。首先是因为农民把山坡垦作农田，尤其是坡度大于15°的坡地，年复一年的耕作，造成垦殖过度，引起严重水土流失；其次是开垦后没有实施保护性耕作，如坡地改梯田后，进行水平沟耕作，随意挖地耕翻，既造成耕蚀，又加剧了风蚀和水蚀。土壤长期流失，必然导致土壤过于沙化，保水保肥能力降低。

第八，设施农业包括老果园土壤综合障碍严重。设施栽培是在全年封闭或季节封闭环境下进行农业生产，老果园果树栽培基本按照一种模式长年固化管理。由于高度集约化、高复种指数、高肥料投入、高农药用量、过量灌水、过度耕作与践踏等高强度、高频率人为干扰，土壤长期处于高产负荷运转状态，土壤健康状况急剧恶化，一般种植 2~3 年后就会出现土壤营养失衡、土壤酸化、土壤次生盐渍化、土壤有害物质积累、土壤微生物种群多样性和功能退化等一系列土壤病害。

2015 年农业部印发的《到 2020 年化肥使用量零增长行动方案》和《到 2020 年农药使用量零增长行动方案》指出，推进测土配方施肥，施肥方式的转变和新型肥料技术应用与有机肥资源化利用，大力推广高效环保的新型肥料，使化肥利用率达到 40% 以上；实施耕地质量保护与提升行动，改良土壤、培肥地力、控污修复、治理盐碱、改造中低产田，普遍提高耕地地力等级。围绕建立资源节约型、环境友好型病虫害可持续治理技术体系，实现农药使用量零增长。2015 年，工业和信息化部印发的《关于推进化肥行业转型发展的指导意见》中指出，要大力发展新型肥料，到 2020 年我国新型肥料使用量占化肥总使用量的比重从不到 10% 提升到 30%。2016 年 5 月，国务院印发了《土壤污染防治行动计划》（简称"土十条"），为全国土壤污染防治工作指明了方向，明确了奋斗目标。

鉴于此，我们应用国内外先进肥料与技术，结合我国的实际情况，编写了本书。在编写过程中，力求体现我国土壤修复的安全性、科学性、系统性、先进性和实用性，创新设计了我国主要作物的土壤修复施肥技术与新型肥料应用方案。实践证明，该技术方案具有针对性强、安全可靠、修复和保护土壤生态环境效果明显、劳动强度小、成本低和功效高等优点。

2023 年恰逢山东翔龙集团成立 30 周年，山东翔龙集团旗下施可丰化工股份有限公司是一家专业从事新型肥料研发推广、土壤生态修复、发展中医农业为主的农业科技企业，曾荣获国家科技进步二等奖 2 项，对本书的出版给予了大力支持，在此表示衷心感谢。

由于我们水平有限，书中错误和疏漏之处在所难免，恳请广大读者批评指正。

编　者

目　录

第一章　新型肥料概述

第二章　科学施肥的基本原理和依据

第三章　亚健康土壤修复施肥技术

第四章　病态土壤修复施肥技术

第一章

新型肥料概述

第一节　新型肥料的概念与类型

一、新型肥料的概念

新型肥料是指在肥料家族中不断出现的新类型和新品种，它有别于常规肥料，主要突出一个"新"字。

（一）功能拓展或功效提高

新型肥料除了为作物提供养分外，还具有改良土壤、保水、抗寒、抗旱、杀虫和防病等其他功能，保水肥料、药肥等均属于此类。采用包衣技术或添加抑制剂等方式生产的肥料，使养分利用率明显提高，从而增加施肥效益，也属于新型肥料。

（二）形态更新

除固体肥料外，根据不同使用目的而生产的液体肥料、气体肥料和膏状肥料等，可以通过形态变化，改善肥料的使用效能。

（三）新型材料的应用

包括肥料添加原药或助剂等，使肥料品种呈现多样化、效能稳定化、施用易用化和高效化等。

（四）运用方式的转变或更新

针对不同作物和不同栽培方式而专门研制的肥料，侧重于解决某些生产中急需克服的问题，如冲施肥、水溶肥和叶面肥等。

（五）间接提供植物养分

某些物质并非是植物必需的营养元素，但可以通过代谢或其他途径间接提供植物养分，如某些微生物肥料等。

二、新型肥料的分类

新型肥料作为新研发的产品，发展速度非常迅速，前景十分广阔。按其本身性质和功能可以分为以下几类：

（一）按照所含养分分类

1. 新型氮肥

只含有氮元素的新型肥料，如尿素硝铵溶液，简称 UNA。

2. 新型复（合）混肥

含有两种或两种以上大量元素的新型肥料，如聚磷酸铵、缓释/控释肥料、大量元素水溶肥料等。

（二）按照肥效快慢分类

美国植物食品管理协会（AAPFCO）对缓释和控释肥料的定义为：所含养分在施用后能延缓地被作物吸收与利用，所含养分比速效肥具有更长肥效的肥料。

1. 缓释肥料（SRFs）

又称长效肥料，是指化学物质养分释放速率远小于速溶性肥料施入土壤后转变为植物有效态养分的释放速率，在生物或化学作用下可分解的有机氮化合物（如脲甲醛 UFs）肥料，通常被称为缓释肥（SRFs）。因该肥料是在现有氮肥中添加以脲酶抑制剂或硝化抑制剂等，抑制氮素在土壤中的转化而达到缓释目的，又称抑制型缓释肥料。目前我国抑制型缓释肥料又称为"稳定性肥料"。

2. 控释肥料（CAFs）

是指以各种调控机制使养分按照设定模式（释放率和释放时间）释放，与作物吸收养分的规律相一致，用对生物和化学作用不敏感材料包膜生产的肥料，称为控释肥（CRFs），如硫包衣肥料或树脂包衣肥料等。

（三）按照形态分类

1. 固体肥料

在工厂中制造成颗粒或粉末状的固体新型肥料，如缓释/控释复混肥料。

2. 液体肥料

在工厂中制造的液体新型肥料，如尿素硝铵溶液、聚磷酸铵溶液、液体水溶肥料等。

（四）按照主要作用分类

1. 直接肥料

直接作为作物养分来源的新型肥料，如新型氮肥、新型复混肥等。

2. 间接肥料

主要以改善土壤物理、化学和生物性质为主要目的的肥料，如微生物肥料等。

（1）第一类微生物肥料通过所含微生物的生命活动，增加植物营养元素的供应量，包括土壤和生产环境中植物营养元素的供应总量和有效供应量，改善植物营养状况，进而增加产量，如根瘤菌肥料。

（2）第二类微生物肥料虽然也是通过所含的微生物生命活动促进作物增产，但是微生物生命活动的关键作用不限于提高植物营养元素的供应水平，还包括对植物的刺激作用，促进植物对营养元素的吸收作用，以及拮抗某些病原微生物的致病作用，减轻作物病虫害。这类微生物的种类和制品比较多，也比较复杂。有畜禽粪便和有机垃圾发酵剂生物肥料、光合细菌生物肥料、"酵素菌"和"EM"生物肥料、乳酸菌生物肥料、芽孢杆菌生物肥料等。

3. 多功能性肥料

多功能性肥料是 21 世纪新型肥料的重要研究和发展方向之一，是将作物营养与其他限制作物高产因素相结合的肥料。首先多功能性肥料具有直接提供植物所必需营养元素和培肥土壤的功能，即能为植物提供养分；其次能对土壤具有改良或修复作用，能够防治作物的土传病害，但不能含有违规物质成分。

第二节 缓释／控释肥料

一、缓释／控释肥料的基本概念

肥料是建设现代化农业的重要支撑，对于保障粮食安全和促进农民增收具有十分重要的作用。随着经济社会发展全面绿色转型，既要保障粮食等重要农产品有效供给，又要着力维护良好生态环境，促进节约集约利用资源和保育保护生态环境，全面推动农业绿色低碳发展，这对施肥技术创新和肥料行业产品结构升级提出了新的要求。因此，根据作物—土壤—环境相匹配的植物营养调控原理，加强肥料新产品、新技术集成创新和推广应用，提升肥料产品性能，提高肥料利用率，实现化肥减量增效和肥料产业高质量发展，成为我国教学科研机构、龙头企业、农技推广部门的重要任务。开发缓释／控释肥料成为肥料行业转型升级的重要方向，在我国具有广阔的发展空间和巨大的市场潜力。

缓控释肥料是指以各种调控机制使其养分最初释放延缓，延长植物对其有效养分吸收利用的有效期，使其养分按照设定的释放率和释放期缓慢或控制释放的肥料（HG/T 3931—2007）。缓释／控释肥料养分释放速率缓慢，释放期较长，具有相对较长的肥效，能够基本满足作物全生育周期的养分需求。但狭义上对缓释肥料和控释肥料来说又有不同定义。

美国植物食品管理协会（AAPFCO）于1995年提出，缓释和控释肥料是一种含有植物所需养分的肥料，它不但能延长植物对有效养分吸收利用的有效期，而且与一种参比的速效肥料（如硝铵、尿素、磷铵、氯化钾）比，对植物的有效性要长的多。该机构在其1997年公布的官方术语和定义中同时使用这两个概念。按习惯一般将对土壤环境比较敏感、不易控制的、能为微生物分解的含氮化合物（脲醛类）称为缓释肥料，而将那些养分释放速率能与作物需肥规律相匹配的肥料（如包膜或胶囊包裹肥料）称为控释肥料，即缓释肥料的高级形式。

国际肥料工业协会（IFA）将尿素和醛类化合物的缩合产物称为缓释肥料，包被或包囊肥料称为控释肥料，而添加抑制剂的肥料称为稳定性肥料。国内则将这些肥料统称为缓控释肥料或长效肥料。

目前市场上缓释/控释肥料的种类繁多，按照制造工艺技术和养分释放途径，可分为物理包膜法、化学合成法、生物化学－物理包膜法等几种类型。

按照使用的材料可以分为无机材料和有机材料两大类。无机材料主要有硫磺、凹凸棒土、膨润土、硅藻土、高岭土、滑石粉、碳粉、钙镁磷肥、磷酸盐、硅酸盐、磷石膏等。有机材料主要有天然有机材料和合成有机材料两类。天然有机材料有松节油、桐油、蓖麻油、棕榈油等植物油和纤维素、木质素、石蜡、虫胶等植物提取物。合成有机材料主要有热固性树脂和热塑性树脂。热固性树脂有聚氨酯树脂、环氧树脂、醇酸树脂、不饱和聚酯树脂、酚醛树脂、丙烯酸树脂、尿素树脂、密胺树脂、硅树脂等。其中以醇酸树脂、聚氨脂、环氧树脂3种包衣材料最为常见。热塑性树脂有聚乙烯、聚丙烯、聚乙烯醇、聚苯乙烯等烯烃类物质。

（一）缓释肥料的基本概念

缓释肥料是指通过养分的化学复合或物理作用，使其有效态养分随着时间而缓慢释放的化学肥料（GB/T 23348—2009）。国际标准化组织肥料与土壤调理剂标准化技术委员会（ISO/TC134）对缓释肥料的定义为"一种肥料所含的养分由化合物或某种物理形态组成，使养分对植物的有效性延长"。主要指施入土壤后转变为植物有效养分的速度比普通肥料缓慢的肥料，其养分释放速率远小于其在土壤中正常溶解释放速率，养分缓慢转化为有效态养分。这类肥料通过生产工艺技术措施和施肥方式限制养分释放过程，使化学形态养分的释放速率小于其自然释放速率，但是受肥料自身特性、施肥方式和土壤、气候等环境条件的影响，其养分释放速率、释放方式和持续时间不可控。

（二）控释肥料的基本概念

控释肥料的英文名称是"Controlled Release Fertilizer"，美国施可得公司（Scotts）给出的定义为"控释肥料是能够控制养分供应速度的肥料"。学术界主流观点认为，现在称为控释肥料的包膜和包囊肥料，并不是真正意义上的控释肥料。真正的控释肥料，是根据平衡施肥理论，作物在生长发育过程中的营养需求阶段性、连续性等需肥规律特性，通过工业制造技术，用物理、化学、物理化学及生物化学等手段调节控制肥料养分的缓释和促释频率；融合作物—土壤—环境相匹配的植物营养调控原理，结合适宜的农艺和施肥技术，调控氮、磷、钾及必要的中微量元素等养分的供应强度与容量，适时地使肥料分子中的主要营养元素以可给态的形式释放出来，供作物吸收利用；达到供肥缓急相济，缓释和促释协调推进，不同时期的养分释放量与作物在不同生长阶段的养分需求量完美匹配，实现对作物的"精准给肥"。

在此基础上，施可丰化工股份有限公司和华南农业大学于2008年提出"作物同步营养肥"的概念。华南农业大学樊小林教授提出同步营养肥"三条曲线"理论：一是作物需肥曲线或规律，即作物吸收利用养分的曲线和规律；二是缓控释肥料养分释放曲线或规律，即缓控释肥料供肥特点；三是土壤保肥、供肥曲线或特性。简而言之，作物生长所需氮、磷、钾等养分来自土壤和肥料，如果作物需肥与肥料释放、土壤保肥供肥"三条曲线"基本同步，那么作物生长所需的水肥条件高度耦合，农业生产就会节本增收。同步营养肥就是依据"三条曲线"理论研发的，是控释肥料的研发方向。

二、缓释／控释肥料的释放原理

缓释／控释肥料释放原理与中医药学中药丸剂原理类似，具有延长给药间隔，减少服药频率和给药剂量，安全性和有效性高的特性。"金元四大家"之一的李杲（1180~1251年）指出，"丸者缓也，舒缓而治之也"。中药丸剂，尤其是糊丸与蜡丸，因为含有大量的亲水性凝胶或难溶性辅料，药物溶出（或释放）缓慢，药效缓和而持久，具有明显的缓释、控释特征，是药物缓释、控释制剂的雏形。我国古代的医学家早已认识到药剂延缓释放可以获得平稳持久的治疗效果。医学发展到今天，人们已不仅限于中药的丸剂，而把缓慢释药的作用融入现代医学的药物中，研制成了缓释、控释、迟释制剂，通过延长药物在人体内的吸收、分布、代谢和排泄过程，达到延长药物作用时间，发挥最大疗效的目的。

缓释／控释肥料与上述原理相同，在肥料颗粒表面包覆一层防水材料膜壳，液态水无法通过，肥料颗粒与外界暂时隔离，使肥料养分于一段时间内在土壤中缓慢释放，或控制其释放规律与农作物对养分吸收规律相一致。

欧洲标准化委员会（CEN）综合了有关缓释/控释肥料养分缓慢或控制释放的释放率和释放时间的研究，提出了缓释/控释肥料应具备的标准（在25℃下）：肥料养分在24 h内的释放率不超过15%；在28 d之内的养分释放率不超过75%；在规定时间内，养分释放率不低于75%。

楚召在《缓释/控释化肥的研究现状及进展》中提出，所谓"释放"是指肥料养分由化学物质转变成植物可直接吸收利用的有效形态的过程。"缓释"是指化学物质养分释放速率，远小于速溶性肥料施入土壤后，转变为植物有效态养分的释放速率。"控释"是利用各种调控机制，使养分按照设定的释放模式（释放率和释放时间）释放，与作物吸收养分的规律相一致。缓释/控释肥料释放原理是在传统肥料颗粒的外面包裹或喷涂有机聚合物、热性树脂、无机材料等，形成一层均匀的膜。这层膜的表面充满了肉眼看不到的孔隙，当缓释/控释肥料施入土壤后，土壤水分从膜孔进入。通过膜上的微孔控制膜内养分扩散到膜外的速率，溶解了一部分养分，然后通过膜孔释放出来，极大提高了肥料的利用率。

缓释/控释肥料释放的速度取决于土壤温度、膜材的性质及厚度。土壤中的水分使膜内肥料颗粒吸水膨胀，肥料中的养分通过缓慢溶解、水解或降解等，转化成可以被作物有效吸收利用形态，释放速率受膜内外水汽压的控制，与土壤温度呈正相关。当温度升高时，植物生长加快，养分需求量加大，肥料释放速率也随之加快；当温度降低时，植物生长缓慢或休眠，肥料释放速率也随之变慢或停止释放。此外，作物吸收养分多时，肥料颗粒膜外侧养分浓度下降，造成膜内外浓度梯度增大，肥料释放速率加快，从而使养分释放模式与作物需肥规律相一致。

缓释/控释肥料释放的速度还受土壤水分的影响。崔文慧等《在设施农业条件下缓释肥养分释放与土壤水分状况之间的关系》中提出，在田间持水量大于40%的条件下养分释放主要受积温的影响，当田间持水量小于40%时，养分释放就会受到抑制。土壤水分含量的变化，对肥料研发释放速率有较大影响，原因是土壤水分含量影响养分离子扩散的难易程度、扩散范围，以及土壤中所发生的物理、化学反应。土壤中离子的扩散系数与土壤水分含量呈正相关，土壤水分含量越低，养分扩散系数越小，缓释肥养分释放率就会降低。

除以上因素外，缓释/控释肥料的释放还受气候环境、土壤类型、土壤 pH、土壤微生物活动、灌溉水量、施肥技术等影响，容易造成养分释放不均匀，养分释放规律与作物的营养需求不完全一致。

三、缓释／控释肥料的特点

（一）提高肥料利用率

为防止供肥过剩，采用肥料养分缓慢释放的形式；与普通化肥和复合肥相比，缓释／控释肥料的利用率更高，对作物生长更为有利。一般缓释／控释肥料利用率较普通肥料可提高 10%~30%。

（二）提高作物产量

缓释／控释肥料满足作物不同生长阶段对肥料的需求，使作物养分供应平稳有规律，避免作物脱肥与徒长。研究表明，缓释／控释肥料可促进作物生长，特别是在作物后期，对不同作物均表现增产效果。

（三）减少施肥的数量和次数

在目标产量相同的情况下，使用缓释／控释肥料比传统肥料可减少 10%~40% 用量；大多数作物缓释／控释肥料只需进行一次施肥，不需再次追肥，可有效降低劳动成本。

（四）减轻施肥对环境的污染

缓释／控释肥料消除了挥发、固定问题，有效减少养分蒸发、渗入地下或流入河流，提高了肥料利用率，减轻了化肥面源污染。

（五）调节土壤养分及理化性状

研究表明，包膜控释尿素比普通尿素能提高土壤的全氮、碱解氮、硝态氮、铵态氮等含量，可增强土壤多酚氧化酶、磷酸酶、脲酶活性（这些酶活性与土壤养分密切相关）。包膜材料能改善土壤的物理化学性状，影响土壤的孔隙度与孔隙大小分配，改善土壤的保水、释水性能。

（六）优化作物生理指标

缓释／控释肥料能提高作物生育期间的生理生态指标，如灌浆速率、光合速率、含氮量、叶绿素含量等。由于养分释放缓慢，与作物生长需肥规律基本一致，有利于作物的生长发育。解决了由于底肥过多，根系周围盐度过高而引起的烧苗问题。

四、缓释／控释肥料的发展概况

（一）缓释肥料的发展概况

1. 脲醛缓释肥料

脲醛缓释肥料是国际上最早实现商品化的一类缓释肥料。1948 年，美国 K. G. Clart 等人合成了世界上第一种缓释脲醛肥料。1955 年由巴斯夫公司（BASF）生产了第一种商品化缓释氮肥。当前高品化缓释肥料主要以化学合成的脲醛缓释肥料为主。

脲醛缓释肥料是以尿素和醛类在一定条件下反应，制得的含有有机微溶性氮的缓释肥料（GB/T 34763—2017）。2017年上海化工研究院等单位牵头制定的《脲醛缓释肥料》成为ISO国际标准。化学合成缓释肥料主要是通过共价键或者离子键将化学成分键合到高分子聚合物上，通过土壤中的微生物或者酶的水解作用使化学键断裂，缓慢释放出养分。目前商品化的脲甲醛、异丁叉二脲、丁烯叉二脲、聚磷酸铵、草酰胺等都属于化学合成缓释肥料，其中脲醛缓释肥料的应用范围最广，销售量占化学合成缓释肥料的一半。

2. 硫包衣尿素

硫包衣尿素是市场上常见的一类缓释肥料。1961年由美国TVA公司研制开发，1967年正式生产，是由硫磺包裹颗粒尿素制成的一种包衣缓释肥料（GB/T 29401—2012）。2015年，由中国肥料和土壤调理剂标准化技术委员会等单位主导起草的《硫包衣尿素要求》《硫包衣尿素分析方法》成为我国肥料行业首例国际标准。硫包衣尿素又称硫包膜尿素、涂硫尿素、包硫尿素或硫包尿素，兼顾缓释氮肥和硫肥的功效。通过在尿素表面包裹硫磺，聚合微晶蜡密封剂而制成，是一类氮素缓释肥料。

3. 涂层尿素

涂层尿素是与硫包衣尿素类似的缓释肥料，20世纪80年代由广州氮肥厂研制成功。1990年，该技术被列入国家星火计划项目，由中国科学院石家庄现代农业研究所引入。涂层尿素是由氨和二氧化碳合成制得，外涂有机铁螯合物或涂层物质（HG/T 2095—91）。涂层含有铁、锌、锰、钼、硼等微量元素，形成胶体物薄膜。涂层尿素为橙黄色圆形颗粒，无毒、无污染，与普通尿素相比有更好的物理和农化特性，平均提高氮素利用率6%，提高产量10%左右。

4. 无机包裹型肥料

20世纪80年代后期，郑州大学许秀成团队成功开发枸溶磷包裹复合肥料，又叫肥包肥或包膜复肥。这是以一种或多种枸溶性或微溶性无机肥料、无机化合物或矿物为主，包裹水溶性颗粒肥料而成的缓释复混（复合）肥料。包裹层通常由枸溶性钙镁磷肥、磷酸铵镁、磷矿粉、磷酸氢钙所构成。被包裹物通常为粒状尿素、硝酸铵、硝酸钾，也可用粒状硝酸磷肥、磷酸一铵、磷酸二铵或经过预成粒的氯化钾、硫酸钾作为核芯（HG/T 4217—2011）。包裹型缓释肥料主要是控制水溶性氮肥（尿素或硝铵）的氨化和硝化过程，减少损失，提高氮肥利用率。包膜肥料以肥包肥，成本较低，无二次污染。它的优点是尿素通过钙镁磷肥的包裹，大大降低了在土壤中的溶解速度，从而大幅度提高氮肥的利用率。作为包裹层钙镁磷肥，提供了丰富的活性钙、镁、硫、硅、铁、锰等中微量营养元素，不仅有利于作物的营养平衡，同时也能提高作物抗病、抗倒伏能力，在我国市场有广阔的应用前景。根据中国农业科学院王少仁研究员所做的盆栽和田间试验，证明钙镁磷肥包裹型复合肥料氮肥利用率可提高 7.74%，较普通复混（复合）肥料可提高作物产量 10%~15%。

5. 控失型肥料

控失型肥料又称"含肥效保持剂肥料"，按一定比例添加肥效保持剂制成（HG/T 5519—2019）。肥效保持剂是以活性层状硅酸盐类（如海泡石、高岭土、凹凸棒石）和功能性高分子材料（聚乙烯醇、聚丙烯酰胺、改性淀粉）为主体，按一定比例复配制成的粉体或颗粒制剂，在土壤中遇水可形成蓬松的团聚体。

控失型肥料是中国科学院合肥物质科学研究院强磁场与离子束物理生物学重点实验室研发制成，以控制化肥养分流失和削减面源污染为切入点，通过对凹凸棒土等天然矿物质材料进行物理和生物改性，并与发酵复合氨基酸、高端有机材料等精准复配，创制出的"化肥养分控失剂"。控失型肥料具有吸附、搭桥、吸水、胶团、增效等多种复合功能，可利用互穿分子网"网捕"住氮素。控失型肥料具有肥效期长、养分利用率高、增产幅度大、施用方便、节约工本等特点，氮素利用率可以提高 6%~13%。控失型肥料已在河南心连心、安徽红四方、安徽六国等企业实现规模化生产。

（二）控释肥料的发展概况

1. 国际控释肥料发展概况

控释肥料的研究始于 20 世纪 50 年代，美国最早从事控释肥料研究，日本、德国、加拿大、英国、以色列、法国等国家迅速跟进。其中，美国和日本的控释肥料研究水平居世界前列。

1957 年，美国 TVA 公司开始研制包硫尿素（SCU）。1961 年，在肥料包衣设备上开展了包硫尿素（SCU）试验，称为"控制释放肥料"。1964 年，美国 ADM 公司研制成功以二聚环戊二烯和丙三醇的共聚物树脂作为包膜的控释肥料，商品名为"Osmocote"。"Osmocote®"于 1993 年被美国施可得公司购买专利。目前，SCU、Osmocote 仍是世界上热固性树脂包膜肥料的代表产品。1966 年，美国杜邦公司提出通过甲醛气体与尿素粒肥在酸性催化剂作用下缩合，制作脲甲醛包膜尿素。20 世纪 80 年代以后，美国对硫包膜尿素工艺进行改进，在包硫层外面再加上聚合物层，进一步控制肥料养分释放。这些聚合物主要包括松香树脂、醇酸树脂与不饱和油脂及其共聚物。施可得公司于 2004 年研制出一种叫做 CitriBlend 的片状控释肥，只需在柑橘根部施入 3~5 片，就能满足其一个生长周期的氮素需求。由于控释肥料成本较高，美国大多应用于高尔夫球场、草坪、苗圃、温室及高档观赏植物。

20 世纪 60 年代，日本研制出以聚烯烃和聚乙酸乙烯酯的共聚物作为包膜材料，添加滑石粉制成聚烯烃树脂包膜肥料，用于花卉、蔬菜种植。1970 年，昭和电工株式会社研制出一种热固性树脂包膜肥料。1974 年，日本窒素（有的译作"智素"）

株式会社介绍了聚烯烃材料包衣的方法，该公司生产的 Nutricote 和 Meister 肥料是热塑性树脂类包膜肥料的代表产品。1975 年，三井东亚化学株式会社在美国 TVA 公司公开 SCU 的技术基础上，采用聚酯树脂和微晶石蜡作为包膜材料，生产热塑性包膜肥料。随后，日本多家公司开发出 POCF 工艺热塑性树脂包膜肥料。1991 年，Fujita 开发了聚乙烯基醋酸纤维素作为可降解的包膜材料。1994 年，三菱化学株式会社采用低密度聚乙烯、聚环氧乙烷、壬基苯基醚的悬浮液，添加滑石粉制成 L 型（正常释放）、S 型（延迟释放）两种包膜尿素。住友化学株式会社研制出热固性树脂包膜和含农药的控释肥料。多木化学株式会社选用生物降解型热固性醇酸聚氨酯树脂作为包衣剂。2009 年 10 月，窒素、三菱化学、旭化成的肥料业务部门合并为 JCAM AGRI 公司，成为日本最有实力的肥料公司。

加拿大加阳公司（Agrium）采用植物油改性聚氨酯反应层包膜工艺，使多元醇与肥料氮素中的氨基结合，异氰酸盐与多元醇反应成膜，外层包裹有机蜡，大大降低了包膜成本。

欧洲国家以发展含氮微溶性化合物为主，德国重点以聚合物作为包膜材料，巴斯夫公司（BASF）开发了聚乙烯乙酸酯和 N- 乙烯吡咯烷酮的包膜肥料，以及可生物降解的醋酸纤维素、织物、木质纤维素等聚合物制作的包膜肥。BASF 的子公司 COMPO 于 1998 年推出以弹性聚合物包膜的控释肥。英国是在磷酸盐中引入 K^+、Ca^{2+}、Mg^{2+}，形成玻璃态控释肥，而氮以 $CaCN_2$ 形式加入。法国开发出两类控释肥料，一是用三聚磷酸钠或六偏磷酸钠包裹金属氮化物，二是把聚合物包膜肥料与有益微生物结合。荷兰开发了一种用菊粉、甘油、土豆淀粉作为包裹物，生物可降解的包裹肥。西班牙开发了松树木质素纸浆废液包衣尿素。

以色列海法化品公司（Haifa）最早以金属脂肪酸盐及石蜡包膜 KNO_3，商品名为 Multicote，1988 年取得欧洲专利。1992 年，该公司研制出石萃酸工业副产物氟硅化合物包膜，该包膜技术于 1993 年改为聚合物包膜，现在 Haifa 已发展成为聚合物包膜尿素、复合肥及硝酸钾控释肥料的全球供货商。

印度利用楝树仁提取物和南亚特产虫胶包膜尿素。泰国盛产橡胶，制成天然橡胶乳液包囊肥料。埃及开发了以丁苯橡胶为包膜材料，硫磺、氧化锌、硬脂酸、二苯基胍为硫化添加剂，硝酸铵包囊控释肥。

2. 国内控释肥料发展概况

我国控释肥料研究始于 20 世纪 60 年代，经历了探索与起步阶段、发展与提升阶段、创新与突破阶段。

（1）探索与起步阶段（20 世纪 60 年代至 1995 年）

20 世纪 60~70 年代，中国科学院南京土壤研究所李庆逵主持开展长效碳铵研究，

1974 年，开发了"钙镁磷肥包裹碳酸氢铵的无机包裹型肥料"。1973 年，辽宁盘锦农科所研制沥青石蜡包膜碳铵等。从 20 世纪 80 年代开始，国内肥料研究机构开始重视包膜肥料的研究。1983 年开始，郑州大学工学院利用钙镁磷肥包裹尿素，以枸溶性磷包裹复混肥粒，制得无机包裹型肥料。1985 年，北京市园林科学研究所与化学工业研究所联合开发了酚醛树脂包膜肥料。1990 年，原浙江农业大学何念祖教授开发了聚合物包膜肥料。

（2）发展与提升阶段（1996~2005 年）

"九五""十五"计划期间，北京市农林科学院、山东农业大学、中国农业大学、华南农业大学、中国科学院南京土壤研究所、中国科学院沈阳应用生态研究所、中国农业科学院等科研单位相继承担了缓控释肥料研制课题，取得一系列缓控释肥料研究成果。

北京市农林科学院是国内较早研发缓控释肥料的单位，徐秋明研究员等开发了以沸石粉包衣，松节油、正辛烷、正壬烷混合溶液为溶剂的热塑性树脂包膜和聚氨酯原位反应成膜技术，为第一代溶剂型缓控释肥料生产工艺。山东农业大学张民教授以回收热塑性树脂、改性环氧树脂和高分子聚合物等包膜控释肥料技术，制成一种可以快速固化成膜的包膜型缓控释肥料，也属于溶剂型缓控释肥料生产工艺。华南农业大学樊小林教授筛选出可降解的蓖麻油和大豆油作为包膜材料，为第二代无溶剂缓控释肥料生产工艺。首创无溶剂包膜控释工艺、致孔和密封控释技术、养分高效的同步营养技术，研制了玉米、香蕉、水稻、油菜等作物专用同步营养肥及轻减施用模式。

（3）创新与突破阶段（2006 年至今）

2006 年至今，在我国"十一五"国家科技支撑计划"新型高效肥料创制"、"十二五"国家科技支撑计划"新型缓控释肥与有机肥开发关键技术研究与产业化示范"、"十三五"国家重点研发计划"新型缓/控释肥料与稳定肥料研制"等项目支持下，系统开展了油脂改性包膜、纤维素改性包膜、聚醚类聚氨酯包膜、改性水基聚合物包膜、纳米复合包膜等缓控释肥料关键技术集成及产业化示范。包膜控释肥料生产成本较国外同类产品大幅降低，在大田作物的应用技术达到国际领先水平。研制了自动化控制侧喷旋流硫化床等包衣设备及控释工艺，开发出无溶剂原位表面反应包衣控释技术工艺、水基树脂控释技术和工艺，实现控释肥生产过程的无溶剂、零排放，大大减少了环境污染。在国内建设了一批热固性树脂、热塑性树脂、硫和硫加树脂、复合材料多层包膜工艺的缓控释肥料规模化生产线，推动了缓控释肥料关键共性技术重大进展，为我国缓控释肥料规模化推广应用奠定了基础。

山东农业大学与金正大集团联合，实现了热塑性树脂包膜型缓控释肥料的工业化生产。其核心技术是膜材料及其添加剂，通过调整配方可以设定膜上孔的数量、规格等，控制养分的释放。"新型作物控释肥研制及产业化开发应用"项目荣获2009年度国家科技进步二等奖。山东农业大学杨越超教授团队制成一种多功能双层生物基包膜控释肥，具有缓释氮、硒和铜元素的功效。

2008年经农业部批准，在施可丰化工股份有限公司建立植物油包膜技术（华南农业大学）转化基地。由樊小林教授主持，施可丰化工股份有限公司等单位参加的"植物源油脂包膜肥控释关键技术创建与应用"项目获得2019年国家科学技术进步二等奖。该技术的主要特点，一是创制植物源油脂包膜材料，创建致孔和复式包膜控释技术，实现了膜材易降解、养分释放可调控。二是针对传统流化床规模化包膜效率低、成本高的问题，创建表面修饰膜材增韧和无溶剂包膜工艺，提高了流化床包膜效率；发明了自动化和连续化包膜工艺，实现了包膜智能化、连续化、高效化、无害化，降低了生产成本。三是针对包膜肥一次性施肥前期供应养分不足、后期过剩，常规化肥一次施用前期烧苗、后期缺肥等问题，建立针对靶标－作物专用－同步营养的包膜肥有效施用模式，创建同步营养肥配制技术，实现了养分供需吻合、肥料利用率高和包膜肥的大面积应用。推广面积达5 240万亩，产品辐射我国90%的香蕉产区和玉米主产区，玉米、香蕉、水稻、油菜等作物增产5%~31.4%，氮肥利用率提高4.8%~21%，减少化肥施用量15%~30%，减少生产成本50%~86%。企业采用本项技术产生的直接经济效益为3.09亿元，农业节支增收39.82亿元。

安徽茂施农业科技有限公司开发了无溶剂可降解聚氨酯技术，构建了包括可降解包衣材料合成、控释肥设备制造和自动控制系统、含物联网技术高效掺混设备的生产技术体系，包衣率最低能达到2.3%。已批量出口日本、韩国、澳大利亚、法国、美国、荷兰等国家，并获得欧洲REACH认证。

中国科学院南京土壤研究所采用水基原位反应成膜技术，突破了水基包衣和养分控释的不相容性，合成了以铁—单宁为改性剂的自组装水基包衣控释材料，开发了水基包膜控释肥料产品。

中国农业大学胡树文教授研究团队研发出易降解高分子包膜材料，设计研制出一整套可连续化、自动化生产新型包膜控释肥料的设备，在国内首次实现中试水平生产新一代环境友好型包膜控释肥料。

中国农业科学院农业资源与农业区划研究所肥料及施肥技术创新团队采用温敏材料与控释技术相结合，研制出一种养分释放与环境温度响应的温敏性聚氨酯包膜肥料，实现了养分响应温度变化的智能控释，可实现肥料精准释放，提高肥料利用率。

从事控释肥料研究的单位，还有浙江大学、清华大学、北京化工大学以及山东、广东、湖南、浙江、新疆等的省级农科院，研制的部分控释肥料已达到了国外同类产品的质量标准和水平。我国控释肥料研发正向着精准控释、成本低廉、种类多样、环境友好的目标稳步迈进。

第三节 稳定性肥料

一、稳定性肥料的基本概念

稳定性肥料是指加入脲酶抑制剂和（或）硝化抑制剂，施入土壤后脲酶抑制剂抑制尿素的水解，硝化抑制剂抑制铵态氮的硝化，使肥效期得到延长的一类含氮肥料（包括含氮的二元或三元肥料和单质氮肥）（HG/T 35113—2017）。

稳定性肥料的核心技术是抑制剂，所谓"抑制剂"就是能抑制或阻滞土壤中脲酶和硝化细菌等活性的物质。通过抑制脲酶和硝化细菌活性，人为延迟氮素养分释放高峰期，延长氮肥的有效期，使其与作物的营养吸收期吻合，从而提高肥料利用率。

（一）脲酶抑制剂

脲酶抑制剂是在一定时期内抑制或阻滞尿素或含氮肥料中脲酶的活性，延缓土壤中尿素水解过程的一类物质。根据来源和结构的不同，脲酶抑制剂主要分为磷胺类化合物、酚醌类化合物、杂环类化合物、尿素类似物、重金属离子类、巯基类化合物、氧肟酸类化合物，以及硼酸及其衍生物等。常见的有 N- 正丁基硫代磷酰三胺（NBPT）、1，4- 对苯二酚（氢醌，HQ）等（表 1-1）。脲酶抑制剂主要通过对脲酶蛋白中巯基（-SH）的抑制作用，争夺配位体，抑制或延缓脲酶的形成。

表 1-1　　　　　　　　　　　　　常见脲酶抑制剂

类别	化合物
磷胺类	CNPT（环乙基磷酸三酰胺）、TPT（硫代磷酰三胺）、PT（磷酰三胺）、NBPT（N-丁基硫代磷酰三胺）、NPPT（正丙基硫代磷酸三胺）、NBPTO（N- 丁基磷酰三胺）、PPD（苯基磷酰二胺）、CHTPT（环乙基硫代磷酸三酰胺）等
酚醌类	P- 苯醌、醌氢醌、蒽醌、菲醌、1，4- 对苯二酚（氢醌，HQ）、邻苯二酚、间苯二酚、苯酚、甲苯酚、苯三酚、茶多酚等
杂环类	HACTP（六酰胺基环三磷腈）、硫代吡啶类、硫代吡唑 -N- 氧化物、N- 卤 -2 咪唑艾杜烯、NN- 二卤 -2- 咪唑艾杜烯
其他	楝树胶、腐植酸、硼酸、汞盐、银盐、木质素、硫酸铜、硫脲、菜籽饼

（二）硝化抑制剂

硝化抑制剂是指在一定时期内，通过抑制土壤中亚硝化细菌的活性，减缓铵态氮向硝态氮转化的一类化合物。主要包括含硫化合物、氰胺类化合物、乙炔及乙炔基取代物和杂环氮化合物等四大类，具有代表性的包括双氰胺（DCD）、2-氯-6-三氯甲基吡啶（CP）、3，4-二甲基吡唑磷酸盐（DMPP）等（表1-2）。这些产品抑制硝化过程，包括影响亚硝化细菌的呼吸作用和色素氧化酶活性等生物途径，影响氨氧化酶的金属离子，改变土壤微域环境等化学途径。

表 1-2　　　　　　　　　　　　　常见硝化抑制剂

品种	化学名称	品种	化学名称
Nitrapyrin	N- 西吡	Ammonium thiosulfate	硫代硫酸铵
DCD	双氰胺	Ethylene Urea	亚乙基脲
CMP	1- 甲氨甲酰 -3- 甲基吡唑	Potassium azide	叠氮钾
MP	3- 甲基吡唑	Sodium azide	叠氮钠
C2H2	乙炔	Coated calcium carbide	包被碳化钙
Terrazole	氯唑灵	2，5-dichloroaniline	2，5- 氯苯胺
AM	2- 胺 -4- 氯 -6- 甲基嘧啶	3-chloroacetaniline	3- 乙酰苯胺
ST	2- 磺胺噻唑	Toluene	甲苯
ATC	4- 胺 -1，2，4- 三氮作盐酸盐	Carbon disulphide	二硫化碳
Thiourea	硫脲	Phenylacetylene	苯乙炔
Guanylthiourea	脒基硫脲	2-propyn-1-ol	2- 丙炔 -1- 醇
1-amidino-2-thiourea	1- 脒基 -2- 硫脲	DSC	N-2，5 二氯苯基琥珀酰胺
DMPP	3，4- 二甲基吡唑磷酸盐	MBT	2- 巯基苯并噻唑
Ethylene Urea	亚乙基脲	AOL	氨氧化木质素
Propyne	丙炔	2-amino-4-chloro-6-methyl-pyrimidine	2- 氨基 -4- 氯 -6- 甲基嘧啶

二、稳定性肥料的作用机理

稳定性肥料的核心技术是抑制剂，抑制剂由单一型逐渐过渡到复合型。稳定性肥料也逐渐由基础型过渡到专用型和复合型。

（一）脲酶抑制剂型

尿素或含氮复合肥在施入土壤后，在土壤脲酶的作用下，迅速水解，产生氨气，造成氮素的大量损失。稳定性肥料 1 型主要利用脲酶抑制剂抑制土壤脲酶活性，减少氮素的挥发损失。脲酶抑制剂的作用机理，包括氧化脲酶的巯基，争夺配位体，降低脲酶活性；延缓脲酶的形成。通过抑制脲酶活性、延缓尿素或含氮肥料中氮素水解，延长尿素有效期，提高肥料的利用率。

（二）硝化抑制剂型

主要利用硝化抑制剂抑制土壤中亚硝化细菌等微生物的活性，阻断或抑制土壤中铵态氮向硝态氮的转化，延长了铵在土壤中的存留时间，减少了硝态氮的淋溶损失，以及反硝化作用造成的氧化亚氮气体排放损失。其抑制途径主要有：

1. 通过直接影响亚硝化细菌呼吸作用过程中的电子转移和干扰细胞色素氧化酶的功能，使亚硝化细菌无法进行呼吸，从而抑制其生长繁殖，如 DCD；

2. 通过螯合 AMO 活性位点的金属离子来抑制硝化反应，如 Nitrapyrin；

3. 作为 AMO 底物参与催化，使催化氧化反应的蛋白质失活，从而抑制硝化作用，如乙炔；

4. 影响土壤氮的矿化和固持过程，从而对土壤硝化过程表现出抑制作用，如单萜等萜（烯）类化合物。

（三）复合抑制剂型

因肥料的氮素原料和所用抑制剂不同，效果差别很大。由于单一使用脲酶抑制剂的有效作用时间较短，且仅能延缓氨挥发的生成时间，而不能减少其总损失；硝化抑制剂的作用效果，则取决于尿素氮水解产物在土壤中的累积量。只有将这两类抑制剂配合使用，才能有效调节尿素氮在土壤中的转化进程，减少尿素氮损失。脲酶抑制剂氢醌（HQ）与硝化抑制剂双氰胺（DCD）组合，具有价格低廉、使用方便、效果好等优点。

复合抑制剂型利用脲酶抑制剂与硝化抑制剂协同增效作用和增铵营养原理，通过控制进入土壤铵态氮的比例，提高氮的同化效率，控制氮损失，延长肥效期。采用磷活化技术，满足作物生育期的营养需求。稳定性肥料作用机理，主要有控氮长效技术、控氮高效技术、增铵营养技术、磷素活化技术。控氮长效技术是将铵态氮释放高峰期向后推迟 15 d 左右，硝态氮释放高峰期向后推迟 25 d 左右，肥效期延长到 90~120 d，满足大田作物生长周期需要，一次施肥免追肥。控氮高效技术是铵态氮释放高峰值下降，降低铵压，减少铵的挥发损失；铵态氮向硝态氮转化受到抑制，可减少硝态氮的淋溶损失。增铵营养技术是延长土壤中铵态氮释放周期，增加铵态氮在土壤中的比例，能提高氮利用率 30%。磷素活化技术是应用磷活化剂，磷肥利用率可提高 4%。

二、稳定性肥料国内外发展概况

稳定性肥料自 20 世纪 50 年代开始研发至今，已经在部分国家成为通用型肥料产品，还出台了相关法规措施以强制推行施用。2019 年 6 月 25 日，欧盟肥料新法规发布，将含抑制剂肥料产品单独归为一类，并制定了肥料标准。德国从 2020 年 2 月 1 日开始禁用常规尿素，规定必须添加硝化或脲酶抑制剂或深施。英国也在考虑禁止使用固体尿素肥料或限制使用固体尿素肥料，来减少 NH_3 的排放。德国的硝化抑制剂产品 DMPP、美国的脲酶抑制剂产品 NBPT 等，已在全球农业中广泛应用。我国国家质量监督检验检疫总局于 2013 年 5 月 1 日把稳定性肥料纳入生产许可证管理。将稳定性肥料进行分类，只添加脲酶抑制剂的肥料，叫做稳定性肥料 1 型；只添加硝化抑制剂的肥料，叫做稳定性肥料 2 型；同时添加两种抑制剂的肥料，叫做稳定性肥料 3 型。国内稳定性肥料均使用双氰胺（DCD）、3，4- 二甲基吡唑磷酸盐（DMPP）等硝化抑制剂产品，N- 丁基硫代磷酰三胺（NBPT）、氢醌（HQ）等脲酶抑制剂产品。IFA 预计 2026 年全球稳定性肥料生产总量将达到 2 700 万 t。

（一）稳定性肥料国外发展概况

国际上生产稳定性肥料的企业，以德国康朴和巴斯夫、比利时索尔维、美国的科迪华和 Koch Agronomic Services 为代表。每年欧洲稳定性肥料消耗量为 80 万 t，北美洲 12 万 t，中东地区和非洲约 8 万 t。

1. 脲酶抑制剂

20 世纪 40 年代，Conrad 第一次发现某些物质可以抑制土壤脲酶活性并延缓尿素水解。20 世纪 60 年代，学者们对脲酶抑制剂开始了大量的筛选工作，发现含硼化合物、原子量大于 50 的重金属、含氟化合物、多元酚、多元醌和抗代谢物等，对脲酶活性均有抑制作用。1971 年，Borand 等从 130 多种化合物中筛选出苯醌和氢醌类化合物。进入 20 世纪 80 年代，国际上已有近 70 多种脲酶抑制剂，包括醌类、多羟酚类、磷酰胺类、重金属类、五氯硝基苯等。20 世纪 90 年代中后期至今，脲酶抑制剂仍多集中于氢醌（HQ）、N- 丁基硫代磷酰三胺（NBPT）和苯基磷酰二胺（PPD），也开始运用氮标记同位素示踪技术，研究施用脲酶抑制剂后氮素去向和转化，揭示了脲酶抑制剂的抑制效果。

何威明等在《氮肥增效剂及其效果评价的研究进展》中提出，从抑制效果看，有机化合物中的二元酚和醌类，如 HQ、邻苯二酚和 P- 苯醌的效果最好；无机化合物中，金属抑制剂的 Ag 盐和 Hg 盐效果最好；磷酰胺类化合物，效果最好的是 NBPT 和 PPD。

脲酶抑制剂代表性产品主要有美国 Koch Agronomic Services 公司的 AGROTAIN®（N-

丁基硫代磷酰三胺 NBPT）、德国巴斯夫公司的力谋士®Limus®（N- 丁基硫代磷酰三胺 +N- 苯基磷酰三胺 NBPT+NPPT）等。

2. 硝化抑制剂

20 世纪 50 年代中期，美国率先开展了人工合成硝化抑制剂的研究。1962 年，美国学者 Goring 首次报道了氯甲基吡啶（CP）具有硝化抑制特性。1973 年，美国陶氏化学公司（DOW）利用氯甲基吡啶开发出一种硝化抑制剂产品，1975 年被美国政府批准在农业上使用，商品名为 N—serve。但 CP 存在毒性较大、不水溶等问题，所以又研制了具有硝化抑制特性的 DCD，不仅解决了水溶性问题，而且性质也相对稳定，在 20 世纪 80 年代被推广应用。日本研制了硫脲（TU）、2- 氨基 -4- 氯 -9- 甲基吡啶（AM）、2- 巯基 - 苯并噻唑（MBT）、4- 氨基 -1，2，4- 三唑盐酸盐（ATC）和 2- 磺胺噻唑（ST）等产品。针对 DCD 在使用中存在易淋洗、添加量较大、成本较高等问题，德国 BASF 公司在 20 世纪 90 年代研制出了新的硝化抑制剂产品 DMPP，在尿素或铵态氮肥中添加 DMPP 有较好的硝化抑制效果，被广泛应用于农业生产中。

硝化抑制剂代表性的产品，主要有德国康朴公司的 Nitrophos（双氰胺 DCD）、诺泰克 NovaTec（3，4- 甲基吡唑磷酸盐 DMPP），欧洲化学公司的恩泰克®（DMPP），美国科迪华公司的伴能® N-Serve（2- 氯 -6- 三氯甲基吡啶 Nitrapyrin），比利时索尔维的 AgRho®NH4 Protect 等。

（二）稳定性肥料国内发展概况

20 世纪 60 年代，中国科学院南京土壤研究所李庆逵团队首先开始硝化抑制剂的研究。70 年代，中国科学院沈阳应用生态研究所周礼恺、张志明等开展了氢醌（HQ）、双氰胺（DCD）协同作用、作物产量、环境效益评价等的系统研究工作。80 年代开发了长效尿素和长效碳铵产品。90 年代中期以后，开展了硝化抑制剂、脲酶抑制剂与磷素活化剂等复合抑制剂的研究，其中 HQ（1，4- 对苯二酚，氢醌）+DCD 组合价格低廉、效果较好、使用广泛。

21 世纪初，石元亮、武志杰等开展了复合抑制剂 NAM、增铵的应用研究，利用脲酶抑制剂与硝化抑制剂协同增效作用和磷素活化技术工艺，开发了长效缓释复合肥料，在施可丰化工股份有限公司建立了百万吨长效缓释肥生产基地。"长效缓释肥研制与应用"项目获得 2008 年度国家科技进步二等奖。2010 年 11 月 22 日，《稳定性肥料》（HG/T 4135—2010）行业标准正式发布，2011 年 3 月 1 日正式实施。在该标准未出台之前，含有脲酶抑制剂或硝化抑制剂的肥料被称为"长效肥"或"长效缓释肥"。该标准出台之后，这类肥料统一被命名为"稳定性肥料"。2017 年 12 月 29 日，施可丰化工股份有限公司、中国科学院沈阳应用生态研究所、上海化工研究院主持起草的《稳定性肥料》（GB/T 35113—2017）国家标准正式发布，标志着稳定性肥料产业发展进入了新阶段。截至目前，应用该项技术的化肥企业达到 50 余家，稳定性肥料产品占据了国内稳定性肥料市场份额的 80% 以上，涌现了施可丰、倍丰、华昌、农家乐、中佳等一大批知名品牌。

施可丰化工股份有限公司开展了稳定性肥料新型抑制剂的筛选及高效利用技术研究，融合植物源生物活性物质高效提取物增效技术、脲醛缓释技术、微量元素螯合技术、矿物源活化技术等，从关注肥料营养功能、土壤环境功能、根系吸收功能入手，结合地域土壤、作物、栽培方式开展应用研究，聚合异粒变速和缓释技术，优化养分形态配伍，拓展肥料功能，促使肥料养分释放与作物吸收同步，满足作物不同生长阶段对养分的需求。实现了新型稳定性肥料从仅对氮素增效，到氮、磷、钾和中微量元素的多元增效；从单纯注重减肥增效，到提高作物抗性、改善作物营养品质和改良土壤的多维度增效。在综合运用脲酶抑制剂和硝化抑制剂协同效应及磷素活化技术等方面达到国际先进水平。

国内稳定性肥料的研究，还有浙江奥复托化工有限公司与中国农业科学院于 2007 年开发的硝化抑制剂氯甲基吡啶——碧晶 NMAX，并推出了使用碧晶 N+ 为原料的"土地精"长效氮肥增效剂、"恩久"系列长效肥。

目前国内外稳定性肥料产业正在不断创新发展，但还存在一些问题，如抑制剂的作用效果受到土壤类型、有机质含量、温度、水分、土壤生物活性等因素影响，持效期不稳定，田间效果差异较大；不同抑制剂协同配伍作用机理与技术还不成熟；某些抑制剂毒性较高，可能对作物与土壤微生物造成伤害，造成环境污染；市场上抑制剂种类很多，但能够应用于稳定性肥料生产的较少等问题。今后，稳定性肥料将向着环境友好、低碳环保、稳定高效的方向发展，化学合成抑制剂将向着植物源生物抑制剂方向发展。2006 年，日本国际农林水产业研究中心 Subbarao 高级研究员正式提出了"生物硝化抑制作用"的概念，植物根系产生和分泌的具有抑制硝化作用物质，称为生物硝化抑制剂。非洲湿生臂形牧草根系分泌物"Brachialactone"能有效抑制铵的氧化，是一种高效硝化抑制剂。高粱根系分泌物也被发现能够抑制硝化作用。2016 年，中国科学院南京土壤研究所施卫明团队发现水稻根系分泌物可以调控氮素转化，并首次监测到 1，9- 癸二醇这种硝化抑制剂。目前研究发现，楝树提取物能有效抑制尿素水解和减缓硝化作用。木犀科、松科、樟科、桑科、茶科和胡桃科植物的叶片水浸提液，对土壤脲酶活性的抑制率较高。十字花科植物的次生代谢产物葡萄糖异硫氰酸盐的一系列低分子量的含硫降解产物可抑制硝化细菌生长，进而抑制硝化作用。植物源抑制剂和生物硝化抑制剂是未来稳定性肥料抑制剂的研发方向。

第四节 有机肥料

一、有机肥料的分类

有机肥俗称农家肥，是指含有大量生物物质、动植物残体、动物排泄物和生物废物等的缓效肥料。我国的农业生产最早主要依靠有机肥料提供养分，占90%以上。随着我国化学肥料的发展，化学肥料提供养分的比例逐年提高，目前占90%以上。有机肥料提供养分的比例逐年下降，已经下降到10%以下。有机肥料提供养分的功能基本被化学肥料所替代。施用有机肥料可改良土壤或者满足现代有机农业的需要。根据来源，可以把有机肥料分为以下几种类型。

（一）第一性有机肥料

包括作物秸秆（如小麦秸秆、玉米秸秆和水稻秸秆等）、纯天然矿物质肥（如钾矿粉、磷矿粉、氯化钙、天然硫酸钾镁肥等没有经过化学加工的天然物质）、绿肥（豆科绿肥有绿豆、蚕豆、草木樨、田菁、苜蓿、苕子，非豆科绿肥有黑麦草、肥田萝卜、小葵子、满江红、水葫芦和水花生等）等。

（二）第二性有机肥料

主要包括动物粪便（人畜粪便、家禽粪便）、动物残体和屠宰场废弃物等。

（三）第三性有机肥料

主要包括菜籽饼、棉籽饼、豆饼、芝麻饼、蓖麻饼和茶籽饼等农产品加工副产品。

（四）第四性有机肥料

1. 堆肥

以秸秆、落叶、青草、动植物残体和人畜粪便为原料，按比例相互混合或与少量泥土混合，好氧发酵腐熟而成。

2. 沤肥

沤肥所用原料与堆肥基本相同，只是在淹水条件下发酵而成。

3. 厩肥

指畜禽粪尿与秸秆垫料堆沤制成的肥料。

4. 沼肥

在密封的沼气池中，有机物腐解产生沼气后的副产物，包括沼液和残渣。

5.泥肥

包括未经污染的河泥、塘泥、沟泥、港泥、湖泥等。

6.垃圾

包括城市垃圾、生活垃圾和工业"三废"。

二、商品有机肥料

商品有机肥料是利用富含有机物的动植物废弃物、城市垃圾、生活垃圾和工业"三废"等，采用物理、化学、生物或三者兼有的处理技术，经过加工消除有害物质（病原菌、病虫卵、重金属、杂草种子等），达到无害化标准，符合国家相关标准（NY 525—2012）及法规的一类肥料。

（一）加工工艺

无害化处理是生产商品有机肥料的关键工艺，如 EM 堆腐法、自制发酵催熟堆腐法和工厂化无害化处理等。

1.EM 堆腐法

EM 是一种好氧和厌氧有效微生物群，主要由光合细菌、放线菌、酵母菌和乳酸菌等组成，具有除臭、杀虫、杀菌、净化环境和促进植物生长等功效，在农业和环保方面有广泛的用途。用 EM 处理人畜粪便做堆肥，可以起到无害化作用。

（1）EM 制备液。按清水 100 mL 和蜜糖或红糖 20~40 g、M 酪 100 mL、烧酒（含酒精 30%~35%）100 mL 和 EM 原液 50 mL，配制成备用液。

（2）将人畜粪便风干至含水量 30%~40%。

（3）取稻草、玉米秆和青草等，切成长 1~5 cm 的碎料，加少量米糠拌均匀，作为堆肥时的膨松物。

（4）将稻草等膨松物与粪便按质量 10 : 100 混合搅拌均匀，并在水泥地上铺成长约 6 m、宽 1~5 m、厚 20~30 cm 的肥堆。

（5）在肥堆上薄薄地撒上一层米糠或麦麸，然后再洒上 EM 备用液，每 1 000 kg 肥料洒 1 000~1 500 mL。

（6）按同样的方法，在第一层上面再铺第二层。每一堆肥料铺 3~5 层后，盖好塑料薄膜进行发酵。当肥料堆内温度升到 45~50℃时翻动一次，一般要翻动 3~4 次才能完成。当肥料中长有白色霉毛并有香味，即可施用。一般夏季要 7~15 d 才能处理好，春季要 15~25 d，冬季则更长。

2.发酵催熟堆腐法

除了用商品 EM 原液外，也可以自制发酵催熟粉来代替，采用自制发酵催熟堆腐法进行处理。

（1）发酵催熟粉的制备：准备好米糠（稻米糠或小米糠）、油饼（菜籽饼、花生饼、蓖麻饼等）、豆粕（加工豆腐后的残渣）、糖类、泥类或黑炭粉或沸石粉和酵母粉。按米糠14.5%、油饼14.0%、豆粕13.0%、糖类8.0%、水50.0%和酵母粉0.5%，先将糖类溶解于水，加入米糠、油饼和豆粕，经充分搅拌混合后堆放，在60℃以上发酵30~50 d。再加入黑炭粉或沸石粉（按质量1：1搅拌均匀）即成。

（2）堆肥制作：先将粪便风干至含水量30%~40%。将粪便与切碎稻草等膨松物按质量100：10混合，即每100 kg混合肥中加入1 kg催熟粉，充分拌和均匀。然后在堆肥舍中堆积成高1.5~2.0 m的肥堆，进行发酵腐熟。根据堆肥的温度变化，可以判定堆肥的发酵腐熟程度。当气温15℃时，第三天堆肥30 cm深处为70℃。堆积10 d后可进行第一次翻混，堆肥30 cm深处为80℃，几乎无臭。第一次翻混后10 d进行第二次翻混，堆肥30 cm深处为60℃。再过10 d进行第三次翻混时，堆肥30 cm深处为40℃，翻混后为30℃，含水量为30%左右。之后不再翻混，等待后熟。一般后熟需3~5 d，最多10 d，堆肥即制成。这种高温堆腐，可以把粪便中的虫卵和杂草种子等杀死，大肠杆菌也大为减少，达到有机肥料无害化处理的目的。

3. 工厂化无害化处理

大型畜牧场和家禽场产生的粪便较多，可采用工厂化无害化处理。收集粪便，脱水使含水量达到20%~30%。然后把脱水粪便输送到一个专门蒸气消毒房内或进行臭氧消毒。一般蒸气消毒房内为80~100℃，温度太高易使养分分解损失。肥料在消毒房内不断运转，经20~30 min消毒，杀死全部的虫卵、杂草种子及有害的病菌等。消毒房内装有脱臭塔，臭气通过塔排出。然后将脱臭和消毒的粪便配上必要的天然矿物，如磷矿粉、白云石和云母粉等，进行造粒，再烘干，即成有机肥料。工艺流程如下：粪便集中—脱水—消毒—除臭—配方搅拌—造粒—烘干—过筛—包装—入库。一般臭氧消毒在常温条件下即可进行。总之，通过有机肥料的无害化处理，可以达到降解有机物污染和生物污染的目的。

（二）商品有机肥料新行业标准（NY/T 525—2021）

2021年5月7日中华人民共和国农业农村部发布，2021年6月1日实施。

1. 技术指标

有机质的质量分数（以烘干基计）30%

总养分（$N+P_2O_5+K_2O$）的质量分数（以烘干基计）≥4.0%

水分（鲜样）的质量分数≤30%

酸碱度（pH）5.5~8.5

种子发芽指数（GI），%　≥70%

机械杂质的质量分数，%　≤0.5%

2.限量指标（金属指标）（单位：mg/kg）

总砷（As）（以烘干基计）≤15

总汞（Hg）（以烘干基计）≤2

总铅（Pb）（以烘干基计）≤50

总铬（Cr）（以烘干基计）≤150

总镉（Cd）（以烘干基计）≤3

3.细菌指标

粪大肠菌群数，个/g ≤100

蛔虫卵死亡率，% ≥95

（三）商品有机肥料的作用

1.改良土壤、培肥地力

有机肥料施入土壤后，有机物能有效地改善土壤理化状况，包括土壤的水溶性团粒结构、土壤容重、土壤孔隙度和生物特性，熟化土壤，增强土壤的保肥供肥能力和缓冲能力；明显提高土壤的有机质和矿物营养元素含量，为作物生长创造良好的土壤条件。

2.提高肥料的利用率

有机肥料含有的养分种类多，但相对含量低，释放缓慢；化肥养分含量高，种类少，释放快。二者合理配合施用，相互补充，相互促进，有利于作物吸收，提高肥料的利用率。有机物分解产生的有机酸还能促进土壤和化肥中矿质养分的溶解。

3.增加产量和提高品质

有机肥料含有丰富的有机物和营养元素，能为农作物提供营养。有机肥料腐解后，为土壤微生物活动提供能量和养料，促进微生物活动，加速有机质分解，产生的活性物质等能促进作物的生长和提高农产品的品质。

三、沼渣与沼液

（一）沼气发酵原理

沼气发酵又称厌氧消化、厌氧发酵，是指有机物质（如人畜家禽粪便、秸秆、杂草等）在一定的水分、温度和厌氧条件下，通过种类繁多且功能不同微生物的分解代谢，最终形成甲烷和二氧化碳等混合气体（沼气）的复杂生物化学过程。沼气主要由 50%~70% 甲烷（CH_4）、25%~45% 二氧化碳（CO_2）构成，还含有少量的一氧化碳（CO）、氢气（H_2）、硫化氢（H_2S）、氧气（O_2）和氮气（N_2）等。

厌氧发酵实质上是微生物的物质代谢和能量转换过程，在分解代谢过程中产沼气的微生物获得能量而生长繁殖，同时大部分物质转化为甲烷和二氧化碳及其他代谢产物。目前厌氧发酵主要有一阶段理论、二阶段理论、三阶段理论。二阶段理论将厌氧发酵过程分为酸性发酵阶段和碱性发酵阶段。三阶段理论将厌氧发酵过程分为水解发酵阶段、产氢产乙酸阶段、产甲烷阶段（图 1-1）。其中，水解发酵阶段是水解发酵菌将复杂有机物（多糖、蛋白质、脂类）等水解为单糖、氨基酸、脂肪酸和甘油等，再经酵解、脱氨基等作用转化成乙酸、丙酸、丁酸等脂肪酸及氨类、醇类物质；产氢产乙酸阶段是在产氢产乙酸菌的作用下，把除甲酸、乙酸、甲胺、甲醇以外的第一阶段产生的中间产物，如脂肪酸（丙酸、丁酸）和醇类（乙醇）等水溶性小分子转化为乙酸、氢气和二氧化碳；产甲烷阶段主要是甲烷菌把甲酸、乙酸、甲胺、甲醇和（H_2+CO_2）等基质通过不同的路径转化为甲烷，其中最主要的基质为乙酸和（H_2+CO_2）。厌氧发酵过程中约 70% 甲烷来自乙酸的分解，少量来源于氢气和二氧化碳的合成。

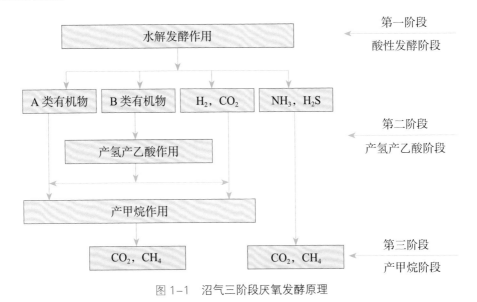

图 1-1 沼气三阶段厌氧发酵原理

水解发酵阶段和产氢产乙酸阶段发挥作用的微生物是不产甲烷菌，主要包括细菌、真菌和原生动物三大类，以细菌为主。产甲烷菌在产甲烷阶段利用氢气和二氧化碳，其中绝大多数还能利用甲酸、甲醇和乙酸而产生甲烷。在自然界沼气发酵中，乙酸是产甲烷的关键性物质，大约 72% 的甲烷来自于乙酸。产甲烷菌是严格厌氧菌，属于水生古细菌门，不能利用糖类等有机物作为能源和碳源，大多数产甲烷菌只能利用硫化物，许多产甲烷菌的生长还需要生物素。

（二）地埋式沼气池

沼气池型式多种多样，大体分为水压式沼气池、浮罩式沼气池和罐式沼气池等（图 1-2~图 1-4）。

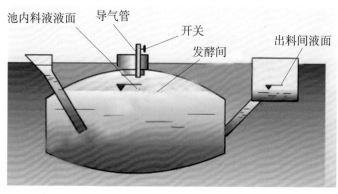

图 1-2　水压式沼气池

图 1-3　浮罩式沼气池

图 1-4　罐式沼气池

　　地埋式厌氧发酵设施（沼气池），加长了物料的运行路线（一般是 50~60 m），即加长了发酵池的长度，使物料产气平稳期处于发酵池进料端，产气衰退期处于出料端（图 1-5）。

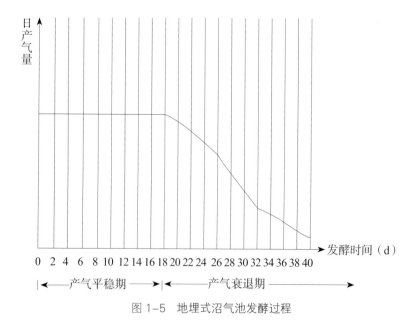

图 1-5　地埋式沼气池发酵过程

1.进料端简单

地埋式沼气池进料端简单，粪污等有机物可以直接进入发酵池，在进料端利用进料绞龙秸秆直接入池。柱状发酵池需要利用5倍发酵液混合后，再用高压泵打进发酵池，一般发酵池高度30 m左右，能耗高。

2.充分利用太阳能

地埋式沼气池顶部是红泥浮罩，整个发酵池在高温大棚内，白天发酵池上方高达70℃，可加快顶部物料的液化。柱状发酵池外围全部需做保温处理，若安装大量太阳能热水器，不但造价高，而且占地大。

3.出料端方便

地埋式沼气池出料端是将沼渣和沼液分开，可减少沼渣出料脱水的工作量。柱式发酵池为沼渣和沼液混合出料。

4.产气量高

地埋式沼气池发酵物产气多（1吨牛粪产气77 m³），降低单位沼气的成本。

（三）沼渣和沼液清洁化高效综合利用技术

畜禽粪污和农作物秸秆等经水解发酵阶段、产氢产乙酸阶段、产甲烷阶段而产生甲烷气体，发酵剩余物经过固液分离，成为沼渣和原沼液。沼渣经过腐熟发酵，降水后生产有机肥料、营养土等；原沼液经曝气处理后还田，沼液经浓缩后形成精滤沼液，可直接滴灌或浓缩制肥。沼渣与沼液清洁化高效利用工艺流程如图1-6所示。

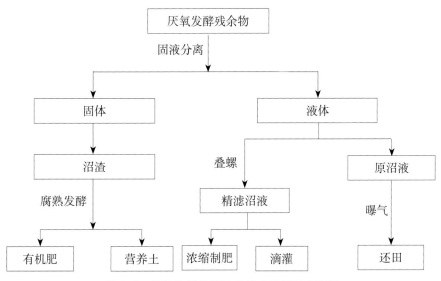

图1-6 沼渣和沼液清洁化综合利用工艺流程

1. 沼渣的主要特性和高效综合利用技术

（1）物理性状：沼渣作为厌氧发酵的固体产物，多为黑褐色，有臭味，如图1-7所示。

图 1-7　沼渣

（2）有机质：沼渣是有机物质发酵后剩余的固形物质，沼渣含有机质45%~70%，主要由固液分离设备和发酵原料决定。

（3）矿物养分：在沼气发酵过程中氮素损失最多，其他的矿物养分损失很少，沼渣中氮、磷、钾总养分含量显著高于沼液，总氮含量在0.8%~4.0%，总磷含量在0.3%~2.8%，总钾含量在0.8%~2.0%。同时，沼渣还含有硼、铜、铁、锰、锌等微量元素。

（4）其他养分：沼渣除了富含有机质和氮、磷、钾等大量元素外，还富含腐殖质、多种氨基酸、酶和有益微生物等。

（5）高效综合利用技术：

1）配制营养土和营养钵。采用腐熟度好、质地细腻的沼渣（占混合物总量的20%~30%），掺入50%~60%泥土，5%~10%锯末，0.1%~0.2%氮、磷、钾化肥及微量元素、农药等，拌匀即可。如果要压制成营养钵等，则要调节黏土、砂土、锯末的比例，以便压制成形。

2）生产商品有机肥料（见商品有机肥料部分）。

3）生产微生物肥料（见微生物肥料部分）。

2. 沼液的主要特性和超浓缩技术

（1）物理性状：沼液作为畜禽粪污、农作物秸秆等废弃物厌氧发酵产物，多为灰黑色（图1-8），有臭味，静置后略有沉淀，水不溶物含量小于50 g/L。

（2）酸碱度：由于产甲烷菌主要利用甲酸、乙酸、甲醇及氢气等，在水解发酵阶段产生氨气，因此，沼液酸碱度为7.5~9.0，呈弱碱性。沼液酸碱度受发酵原料、发酵程度、发酵温度等诸多因素影响，原料不同，pH 值不同。

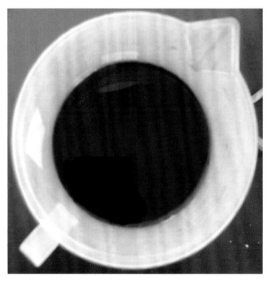

图 1-8　沼液

（3）矿物养分：通常沼液总氮含量在 0.1%~1.61%，其中氨态氮含量在 80% 以上，总磷含量在 0.01%~0.6%，总钾含量在 0.2%~1.3%。另外，还含有钙、镁、铁、锰、铜、锌、硼、钼等中微量元素，钙和镁含量保持在 0.5~40 g/L。在相同发酵条件下，以粪便为发酵原料发酵的沼液的钙和镁含量，要高于以秸秆为发酵原料发酵的沼液的钙和镁含量。微量元素含量为 20~1 500 mg/L，根据粪污的不同及占比不同，各种微量元素含量有明显差别。

（4）活性物质：沼液作为微生物发酵产物，富含微生物代谢产物，主要包括氨基酸、腐植酸、核酸、吲哚乙酸、赤霉素及萜类化合物，等等。沼液富含 18 种氨基酸，每种氨基酸含量差别不大，氨基酸总含量为 0.5~15.0 g/L，腐植酸含量为 1.0%~4.0%，核酸含量为 0.2~1.0 mg/L，赤霉素、吲哚乙酸含量为 1.0~10.0 mg/L。由于沼液富含多种生物活性物质，可促进作物生长，还可促进小麦分蘖，抑制甘薯软腐病菌、玉米大小斑病菌、小麦根腐病菌、西瓜枯萎病菌、烟草赤星病菌、辣椒疫霉等；促进植株叶片肥厚，叶色浓绿，茎秆粗壮；增强作物的抗旱、抗病、抗倒伏能力；打破休眠，延缓衰老，养根壮根等多种功效。同时沼液也具备良好的土壤熟化和改良作用。

（5）COD：COD 作为废水处理领域重要指标，近年来在沼液研究领域也备受关注，一般沼液 COD 为 1 000~30 000 mg/L，随发酵浓度升高和发酵时间缩短而升高。COD值越高，表面液体中有机物含量越高。在还田利用过程中，要密切关注 COD 数据。

3. 沼液超浓缩技术

沼液超浓缩技术是通过一级浓缩（MBR 膜浓缩技术）和二级过滤（超滤膜技术）（图 1-9~图 1-11），使沼液浓缩至 5%~10%，达到农田排放标准。

图 1-9　沼液一级浓缩

图 1-10　沼液二级过滤

图 1-11　沼液超浓缩效果

（四）沼渣和沼液应用技术

经过厌氧发酵后的固体剩余物沼渣产量少，具有腐熟时间短、腐熟完全的特点，富含有机质和氮、磷、钾等养分，是良好的有机肥料和营养土原料。目前沼渣主要用来生产有机肥料、育苗基质和营养土等。

沼液作为沼气发酵剩余物产量大，目前全国每年约有4亿t沼液未被合理利用，这成为农牧废弃物能够资源化利用的关键。首要考虑用简单、成本低的方式进行固液分离，沼渣的含固率越高越好。目前行之有效的固液分离方式是生物絮凝与高可靠性的分离设备搭配，以最大程度地提取固形物，滤后液再进行减量化和肥料化应用。减量化和肥料化，都是把沼液中的能量回归土壤，这符合取之自然、归之自然的能量流。

目前沼液浓缩技术主要集合了生物絮凝、叠螺及膜浓缩工艺，减量化和肥料化兼顾。肥料化技术实质是沼液还田，分为生态种植技术、土壤改良技术和沼液复合肥开发技术。

沼液生态种植技术主要是用沼液替代化肥，根据作物生长需求、目标产量、土壤条件定向、定量施肥，减少化肥施用，提高产量，解决化肥过量施用带来的土壤问题。

目前沼液生态种植技术研究较多，主要有粮食作物（小麦、玉米）、蔬菜类作物（大葱、大姜、韭菜、大棚黄瓜、大棚番茄等）、果树类作物（大棚桃）等相关技术。

1. 沼液替代化肥的玉米生产应用技术

沼液（表1-3）替代化肥种植玉米技术，设定目标产量600 kg/亩，根据土壤情况精准计算其所需植物营养，再追底肥。采用基肥替代50%，即至少在种植前3 d（6月初）施入沼液肥2 m³/亩，替代高氮复合肥50%；追肥全替代施用模式，在玉米大喇叭口时期（10~12叶，7月中旬）施入沼液2.5 m³，100%替代追肥。通过该模式，实现玉米种植季沼肥替代65%以上化肥，玉米产量550~650 kg/亩，减投增收174元/亩（图1-12）。

表1-3　　　　　　　　　　　　沼液理化性质

pH	总氮 （g/L）	磷 P_2O_5 （g/L）	钾 K_2O （g/L）	有机质 （g/L）	电导率 EC （μs/m）
8.8	4.8	4.0	2.3	60	11 000

图1-12　沼渣、沼液替代化肥种植玉米应用效果

029

2. 沼液替代化肥的小麦生产应用技术

沼液替代化肥种植小麦，设定小麦目标产量为 500~600 kg/ 亩，需施纯氮 16~18 kg，氮：磷：钾 =1 ： 0.5 ： 0.5，沼液替代化肥 70% 以上，采用定时定向施肥技术。基肥替代 50%，追肥全替代，即在种植前 3 天（10 月初）施入沼液肥 2.5 m³/ 亩，替代平衡复合肥 50%；第一次追肥：冬灌水时期（11 月至翌年 1 月）施入精滤沼液 1.5 m³/ 亩；第二次追肥：返青期（3 月中旬前）施入精滤沼液 1.5 m³/ 亩。通过该模式实现小麦种植季沼肥替代 70% 以上化肥，产量 500~600 kg/ 亩，减投增收 206 元 / 亩，同时实现化肥减量和地力提升（图 1-13）。所用沼液理化性质如表 1-4 所示。

图 1-13　沼渣、沼液替代化学种植小麦应用效果

表 1-4　　　　　　　　　　　　　　沼液理化性质

指标	pH	EC（ms/cm）	总氮（%）	有效钾（%）	有机质（g/kg）	COD（mg/L）
沼液	8.1	27.2	0.376	0.277	15.08	19 455
精滤沼液	8.48	19.8	0.251	0.306	5.13	13 886

3. 沼液替代化肥的大葱生产应用技术

沼液替代化肥种植大葱，采用有机肥料和生物菌肥，结合精准施肥，实现肥药双减、降本增效和地力提升的目标。设定大葱目标产量 5 000 kg/ 亩，每生产 1 000 kg 大葱需氮 2.7 kg，磷 0.5 kg，钾 3.3 kg。施用沼渣 2 t/ 亩作基肥，3 次冲施沼液 1 t/ 亩；叶片旺盛生长期：每隔 10 d 一次冲施沼液，每次 1 t/ 亩。葱白旺盛生长期：每隔 15 d 一次冲施沼液，每次 1.5 t/ 亩精准施肥。大葱亩产量达到 5 000 kg 以上，节约肥料投入 500 元/ 亩（图 1-14）。所用沼液理化性质如表 1-5 所示。

图 1-14 沼渣、沼液替代化肥种植大葱应用效果

表 1-5 沼液理化性质

pH	总氮（g/L）	磷 P_2O_5（g/L）	钾 K_2O（g/L）	有机质（g/L）	电导率 EC（μs/m）
8.8	4.8	4.0	2.3	60	11 000

4. 沼渣和沼液替代化肥的生姜生产应用技术

据测算，每生产 1 000 kg 生姜需要从土壤中吸收氮（N）6 kg、磷（P_2O_5）1.6 kg、钾（K_2O）10 kg。按照目标产量 6 000 kg，施用沼渣 2.5 t/ 亩作基肥，追施精滤沼液。整个生长周期沼液替代化肥 40%，生姜苗期追施 0.5 m^3/ 亩精滤沼液；三股杈期追施 1 m^3/ 亩精滤沼液；小培土期追施 1 m^3/ 亩精滤沼液，大培土期追施 2 次（每次 1 m^3/ 亩精滤沼液），秋后每半个月追施一次（1 m^3/ 亩精滤沼液）。结果表明，该施肥技术较常规施肥土壤有机质提高 0.5%，茎粗和单株质量明显提升，产量 6 600~7 000 kg/ 亩，生姜增产 10% 以上，同时实现化肥减量和地力提升的目标（图 1-15）。

图 1-15 沼渣、沼液替代化肥种植大姜应用效果

表 1-6 精滤沼液理化性质

指标	有机质 （g/L）	总氮 N （%）	钾 K$_2$O （%）	磷 P$_2$O$_5$ （%）	电导率 EC （ms/cm）
精滤沼液	21.70	0.42	0.31	0.003 7	17.04

5. 沼渣、沼液替代化肥的韭菜生产应用技术

采用沼渣作底肥，每亩用量 2 m³，开沟施用；追施沼液，每年 5 月上旬和 6 月中旬用沼液原液 2 t/ 亩灌根；韭菜收割后新叶长出 3~5 cm 后，每亩用量 1 t，稀释 5 倍后冲施。通过该模式可实现韭菜种植过程中化肥全部替代，韭菜亩产提高 10.25%，韭蛆抑制率达 60% 以上（图 1-16）。

6. 沼渣、沼液替代化肥的西瓜生产应用技术

目前，多采用南瓜苗嫁接西瓜苗，利用南瓜苗强大的根系增强植株的抗病性，减少病害发生。通过沼渣与沼肥配合施用，可改变传统的嫁接方式，采用西瓜苗直接移栽，实现甜王等中大型瓜自根种植模式。结合整地每亩施用沼渣 4 t 作底肥，替代有机肥料。然后用地菌清 1 kg/ 亩喷施地面，1 周后进行西瓜苗直接定植。采用地菌清蘸根定植，用 5 kg/ 亩复合沼液微生物肥料浇定植水。伸蔓期冲施 10 kg/ 亩复合沼液微生物肥料。坐果期冲施高钾肥 10 kg/ 亩，复合沼液微生物肥料 20 kg/ 亩，

喷施叶面保 0.5 kg/ 亩。

采用该技术，西瓜未出现常见的枯萎病、炭疽病等，亩产量达到 5 000 kg，单瓜质量均在 6.5 kg 以上。西瓜口感明显改善，没有嫁接瓜的筋络和南瓜味道（图 1-17）。

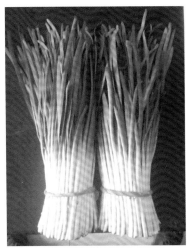

图 1-16　沼渣、沼液替代化肥种植韭菜应用效果

图 1-17　沼渣、沼液替代化肥种植西瓜应用效果

7. 沼液替代化肥的大棚桃生产应用技术

据马洪杰等试验研究，在大棚桃的开花至收获前，用以牛粪为原料发酵成的沼液替代化肥，不仅能满足大棚桃对矿物养分的需要，而且能提高大棚桃的质量。

（1）沼液成分：如表 1-7、1-8 所示，沼液重金属含量均符合国家标准要求，能够达到非浓缩 I 类标准，pH 及总盐含量略高。

表 1-7 沼液主要成分

编号	指标	结果		
		原始结果（g/L）	转换成（%）	转换成（g/L）
1	总氮（N）含量	3.1	0.298	3.1
2	总磷（P_2O_5）含量	2.1	0.202	2.1
3	总钾（K_2O）含量	1.9	0.183	1.9
4	总养分含量	7.1	0.683	7.1
5	水不溶物含量	1.7	0.163	1.7
6	酸碱度（pH）	8.9		
7	总盐	4.6 ms/cm		
8	钠离子含量	0.4	0.038	0.4
9	氯离子含量	2.1	0.202	2.1
10	蛔虫卵死亡率	100%		
11	粪大肠菌群数	阴性（<3 个 /mL）		
12	总汞	未检出（<0.01mg/kg）	—	<0.010 4 mg/L
13	总砷	0.01 mg/kg	1×10^{-6}	0.010 4 mg/L
14	总铅	未检出（<0.01 mg/kg）	—	<0.010 4 mg/L
15	总镉	0.03 mg/kg	3×10^{-6}	0.031 2 mg/L
16	总铬	0.5 mg/kg	5×10^{-5}	0.520 mg/L
17	密度	1.04 g/mL		

表 1-8 沼液活性成分

活性成分名称	稀释
天冬氨酸，g/L	<0.1
苏氨酸，g/L	<0.1
丝氨酸，g/L	<0.1
谷氨酸，g/L	<0.1
脯氨酸，g/L	<0.1
甘氨酸，g/L	<0.1
丙氨酸，g/L	<0.1
胱氨酸，g/L	0.3
缬氨酸，g/L	<0.1
甲硫氨酸，g/L	<0.1

（续表）

活性成分名称	稀释
异亮氨酸，g/L	<0.1
亮氨酸，g/L	<0.1
酪氨酸，g/L	<0.1
苯丙氨酸，g/L	<0.1
赖氨酸，g/L	<0.1
组氨酸，g/L	<0.1
精氨酸，g/L	<0.1
氨基酸总量，g/L	0.3
有机质，g/L	11
腐植酸，g/L	9.24
总氮，g/L	1.2
磷（以 P_2O_5 计），g/L	<0.2
钾（以 K_2O 计）	5.6
密度，g/mL	0.99

（2）试验方案：2022 年 12 月下旬在辽中南唐果业合作社进行试验，桃树谢花后每棵树施用 7.5 kg 沼液，完全替代化肥。

（3）对桃产量和品质的影响：试验结果表明，每棵桃树施用 7.5 kg 沼液能够提高桃产量，但差异不明显，说明仅能满足大棚桃结果期的营养需要（图 1-18）。结果期施用沼液替代，能显著提高果品品质，可溶性固形物提高 19.3%，维生素 C 提高 122.9%（表 1-9）。

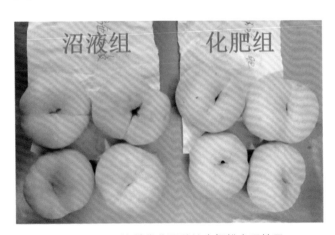

图 1-18 沼液替代化肥种植大棚桃应用效果

表 1–9   黄金蟠桃营养成分

序号	类型	可溶性固形物（%）	维生素 C（mg/100 g）
1	沼液组	9.9	4.08
2	化肥组	8.3	1.83
增减		+19.3%	122.9%

（4）对土壤的影响：试验结果表明，用沼液替代化肥不仅能提高桃树的品质，还能改良土壤。例如，显著降低土壤的酸碱度，明显提高土壤有机质和速效氮、磷、钾的含量（表 1–10）。

表 1–10   施用沼液前后的土壤理化性质

项目	施用前	施用后
pH	7.47	6.13
有机质（g/kg）	25.0	29.5
总磷（mg/kg）	733	1 360
有效磷（mg/kg）	55.2	240
钾（%）	5.44	2.00
速效钾（mg/kg）	360	428
全氮（mg/kg）	1 470	1 870
水解性氮（mg/kg）	318	198

第五节　微生物肥料与生物有机肥

一、土壤微生物

土壤微生物是土壤生物的组成部分，是指土壤中肉眼无法分辨的活有机体，只能在实验室中借助显微镜才能观察到，一般以微米（μm）或纳米（nm）作为测量单位。土壤微生物对土壤的形成发育、物质循环和肥力演变等均有重大影响。

（一）土壤微生物的类群

土壤微生物包括细菌、放线菌、真菌、藻类和原生动物五大类群。

1. 细菌

单细胞生物，个体直径 0.5~2.0 μm，长度 1~8 μm。按体形分为球菌、杆菌和螺旋菌；按营养类型分为自养细菌和异养细菌；按呼吸类型分为好氧细菌、厌氧细菌和兼性细菌。细菌参与新鲜有机质的分解，对蛋白质的分解能力尤强（氨化细菌）；参与硫、铁、锰的转化和固氮作用。每克表层土壤中含几百万至几千万个细菌，是土壤菌类中数量最多的一个类群。

2. 放线菌

单细胞生物，呈纤细的菌丝状。菌丝直径 0.5~2.0 μm。土壤中常见的有链霉菌属（*streptomyces*）、放线菌属（*Thermoactinomyces*）、诺卡菌属（*Nocardia*）和小单孢菌属（*Micromonospora*）。

放线菌具有分解植物残体和转化碳、氮、磷化合物的能力。某些放线菌还能产生抗生素，是许多医用和农用抗生素的产生菌。每克表层土壤中含几十万至几千万个放线菌，是数量仅次于细菌的一个类群。

3. 真菌

大多为多细胞生物，部分为单细胞生物。个体较大，呈分枝状丝菌体，细胞直径 3~50 μm。土壤中常见的真菌有青霉属（*Penicillium*）、曲霉属（*Aspergillus*）、镰刀菌属（*Fusarium*）、毛霉属（*Mucor*）。

真菌参与土壤中淀粉、纤维素、单宁的分解，以及腐殖质的形成和分解。每克表层土壤中含几千至几十万个真菌，是土壤菌类中数量最少的一个类群，但其生物量［每平方米面积中菌体的质量（g）］高于细菌和放线菌。

4. 藻类

土壤中的藻类大都是单细胞生物，也有多细胞丝状体，直径 3~50 μm，喜湿，多栖居于土壤表面或表土层中，数量较菌类少。

土壤中常见的有绿藻和硅藻等。

5. 原生动物

单细胞生物，以植物残体、菌类为食。土壤中常见的有根足虫、纤毛虫和鞭毛虫等。

（二）土壤微生物的作用

大部分微生物在土壤中营腐生生活，分解有机物取得能量和营养成分。

作为土壤的活跃组成成分，土壤微生物的区系组成、生物量及其生命活动与土壤的形成和发育有密切关系。同时土壤作为微生物的生态环境，也影响微生物在土壤中的消长和活性。

参与土壤有机物质的矿化和腐殖质化过程；通过同化作用合成多糖类和其他复杂

有机物质，影响土壤的结构和耕性。土壤微生物的代谢产物还能促进土壤中难溶性物质的溶解。微生物参与土壤中各种物质的氧化—还原反应，对营养元素的有效化也有一定作用。

参与土壤中营养元素的循环，包括碳素循环、氮素循环和矿物元素循环，促进植物营养元素的有效性。

某些微生物有固氮作用，可借助其体内的固氮酶将空气中的游离氮分子转化为固定态氮化物。

与植物根部营养关系密切。植物根际微生物以及与植物共生的微生物如根瘤菌等细菌、真菌和菌根等能为植物直接提供氮素、磷素和其他矿质元素，以及各种有机营养（如有机酸、氨基酸、维生素）等。

能为工农业生产和医药卫生事业提供有效菌种，培育高效菌系，如已在农业上应用的有根瘤菌剂、固氮菌剂和抗生菌剂等。

某些抗生性微生物能防治土传病原菌病害。

降解土壤中残留的有机农药、城市污物和工厂废弃物等，降低残毒危害。

某些微生物可用于沼气发酵，提供生物能源、发酵液和残渣有机肥料。

二、微生物肥料

微生物肥料是通过微生物的生命活动，作物得到特定肥料效应的一种制品。其在我国已有近50年的历史，名称从根瘤菌剂—细菌肥料—微生物肥料一步步演变，说明了我国微生物肥料逐步发展的过程。

（一）微生物肥料的分类

1.按照微生物分类学分类

（1）细菌性微生物肥料：如表1-11所示。

表1-11　　　　　　　　　　细菌微生物肥料分类

菌类	界	门	纲	目	科	属
光合菌肥	细菌界					
放线菌肥	细菌界	放线菌	放线菌	放线菌	放线菌	放线菌
乳酸菌肥	细菌界	厚壁菌	芽孢杆菌	乳酸菌	乳酸菌	乳酸菌
芽孢杆菌肥	细菌界	细菌	芽孢杆菌	芽孢杆菌	芽孢杆菌	芽孢杆菌
根瘤菌肥	细菌界			根瘤菌	根瘤菌	根瘤菌

（2）真菌性微生物肥料：如酵母菌肥，酵母菌属于原生生物界、子囊菌门、酵母菌科的真菌微生物。

2.按照微生物种类分类

（1）单一微生物肥料：如根瘤菌剂，是指以根瘤菌为生产菌种制成的微生物制剂产品，它能够固定空气中的氮元素，为宿主植物提供大量氮肥，从而达到增产的目的。

（2）复合微生物肥料：如EM菌，是以光合细菌、乳酸菌、酵母菌和放线菌为主的10个属、80余种微生物复合而成的微生物菌制剂。

3.按照微生物肥料的作用分类

（1）发酵类微生物肥料：如秸秆腐熟剂、EM肥，能够加快土壤或有机肥中有机物的发酵腐熟，缩短有机物的矿物化过程。

（2）固氮菌生物肥料：含有根瘤菌（固氮）微生物肥料，能够把空气中的氮素固定转化为作物可以吸收利用的氨态氮，改善作物氮营养状况。

（3）多功能微生物肥料：除具有改善土壤结构、增加作物营养条件功能外，还具有防治作物土传病害，增强作物的抗逆性等功效，如芽孢杆菌类菌肥。

（二）微生物菌群

1.光合细菌

在厌氧条件下，能利用光能进行光合作用的细菌，统称为光合细菌。光合细菌是地球上最早出现的具有原始光能合成体系的原核生物。根据光合作用是否产氧，可分为不产氧光合细菌和产氧光合细菌；根据光合细菌利用碳源的不同，可分为光能自养型和光能异养型，前者是以硫化氢为光合作用供氢体的紫硫细菌和绿硫细菌，后者是以各种有机物为供氢体和主要碳源的紫色非硫细菌。

（1）生物学分类：光合细菌的种类较多，根据它所含有的光合色素体系和光合作用中是否能以硫为电子供体，分为红螺菌科（红色无硫菌科）、红硫菌科、绿硫菌科、滑行丝状绿硫菌科。

光合细菌可分为22个属61个种。与生产应用关系密切的，主要是红螺菌科的属、种，如荚膜红假单胞菌、球形红假单胞菌、沼泽红假单胞菌、嗜硫红假单胞菌、深红红螺菌、黄褐红螺菌等。

红螺菌的细胞呈螺旋状，极生鞭毛，革兰染色阴性，含有叶绿素、类胡萝卜素，为厌氧的光能自养菌。多数种在黑暗微好氧条件下进行氧化代谢，细菌悬液呈红到棕色。

红假单胞菌为杆状卵形到球形，极生鞭毛，能运动，革兰染色阴性，含有叶绿素a、叶绿素b和类胡萝卜素，没有气泡。厌氧光能自养菌的某些种在黑暗中微好氧或好氧条件下进行氧化代谢，细菌悬液呈黄绿色到棕色、红色。

（2）作用原理：光合菌群（好氧型和厌氧型）如光合细菌和蓝细菌类，属于独立营养微生物，菌体本身含60%以上的蛋白质，且富含多种维生素，还含有辅酶Q10；它以土壤接受的光和热为能源，将土壤中的硫氢和碳氢化合物中的氢分离出来，变有害物质为无害物质，并以植物根部的分泌物、土壤中的有机物、有害气体（硫化氢等）及二氧化碳、氮等为基质，合成糖类、氨基酸类、维生素类、氮素化合物。光合菌群的代谢物质不仅被植物直接吸收，而且可以成为其他微生物繁殖的养分，增殖其他的有益微生物。例如，VA菌根菌以光合菌分泌的氨基酸为食饵，既能溶解不溶性磷，又能与固氮菌共生，使其固氮能力成倍提高。光合菌群可肥沃土壤和促进动植物生长。

光合细菌还含有抗细菌、抗病毒物质，能钝化病原体的致病力，抑制病原体生长。同时光合细菌能促进放线菌繁殖，抑制丝状真菌生长，预防病虫害。

（3）光合菌肥的生产与应用：光合菌肥的生产，首先是以有机、无机原料培养液接种光合细菌，经发酵培养而成的光合细菌菌液；其次是以某种固体物质作为载体，吸附光合细菌菌液而成为固体菌剂。

（4）施用方法：一般光合细菌肥料与施基肥、追肥、拌种、叶面喷施和秧苗蘸根等。

（5）局限性：目前光合细菌应用研究还处在初级阶段，尤其是光合细菌产品的质量、标准、应用效果等研究须进一步加强，光合细菌作为重要的微生物资源，开发应用的前景广阔。

2. 乳酸菌（LAB）

乳酸菌指发酵糖类主要产物为乳酸的一类无芽孢、革兰染色阳性细菌的总称，为原核生物。

（1）乳酸菌制剂：乳酸菌制剂是含活菌和（或）死菌，包括其成分和代谢产物在内的细菌制品。按照乳酸菌制剂的功效和作用对象不同，可分为食用乳酸菌制剂、药用乳酸菌制剂、农用乳酸菌制剂、兽用乳酸菌制剂、水产乳酸菌制剂等。按照剂型，分为液体制剂和固体制剂。固体乳酸菌制剂一般是将乳酸菌发酵增殖后，采用冻干、喷雾干燥或包埋等手段，将液体制剂进一步加工成固体制剂，然后制作成颗粒、片剂、胶囊等销售。

（2）乳酸菌的发酵原理：在酶的催化作用下将葡萄糖转化为乳酸，同时释放能量，供给其自身生命活动。

（3）乳酸菌的作用：第一，发酵作用。在土壤中分解有机物。第二，抗菌作用。乳酸菌的最终代谢产物除乳酸、乙酸外，还能代谢产生其他形式的有机酸、细菌素、过氧化氢、乙醇和罗伊氏素等多种抑菌物质。以乳酸片球菌为原料，将其制成液态药物，再把菠菜种子在这种药液里浸泡24 h。播种到含菠菜枯萎病病原菌的土壤中，染病菠菜只占约12%。辣椒苗经乳酸片球菌制剂处理后，辣椒根部腐烂发生率仅有20%。

3. 放线菌

（1）放线菌的概念：放线菌是一群革兰染色阳性、（G+C）高含量（>55%）的细菌，是一类主要呈菌丝状生长和以孢子繁殖的陆生性较强大的原核生物，因在固体培养基上呈辐射状生长而得名。大多数有发达的分枝菌丝。菌丝纤细，宽度近于杆状细菌，为 0.5~1.0 μm。放线菌可分为营养菌丝和气生菌丝。营养菌丝又称基质菌丝，主要功能是吸收营养物质，有的可产生不同的色素，是菌种鉴定的重要依据；气生菌丝叠生于营养菌丝上，又称二级菌丝。放线菌在自然界分布广泛，主要以孢子或菌丝状态存在于土壤、空气和水中，尤其是在含水量低、有机物丰富、中性或微碱性土壤中数量最多。

（2）放线菌种类：链霉菌共有 1 000 多种属，包括不同的种和变种。它们具有发育良好的菌丝体，菌丝体分枝，无隔膜，直径 0.4~1.0 μm，多核。菌丝体有营养菌丝、气生菌丝和孢子丝之分，孢子丝再形成分生孢子。孢子丝和孢子的形态因种而异。

（3）放线菌的作用：放线菌可促使土壤中的动植物遗体腐烂，最重要的作用是可以产生、提炼抗生素。目前世界上已经发现的 2 000 多种抗生素中，大约有 56% 是由放线菌（主要是放线菌属）产生的，植物用的农用抗生素和维生素等也是由放线菌提炼的。

4. 土壤酵母菌

（1）土壤酵母菌的概念：土壤酵母是一种新型土壤疏松改良剂，综合了肽蛋白的抗病抗逆性、微生物的沃土性、新型土壤疏松剂的松土性等优点，是解决目前土壤板结严重、有益微生物减少、盐碱化加剧、有机质含量低、保水性能差等问题的最佳物质。土壤酵母生物稳定性强，可快速疏松土壤，补充土壤益生菌，促生长，抗病虫，改善作物品质，增产丰收。与复合肥、有机肥结合，可有效提高肥料利用率，减少肥料施用量，具有优越的松土保水性能。

（2）土壤酵母菌的作用：第一，能快速改变土壤阴阳离子结构，平衡土壤酸碱度，增加土壤有益菌，活化土壤、打破板结，使死土变活土，培肥土壤、彻底免深耕。第二，抗重茬，减病害。抑制土壤中的真菌、细菌繁殖，抗重茬，减轻作物生长期病害发生程度。第三，加速各种秸秆腐化，变为农家肥，增加土壤有益营养菌含量。使土壤上虚下实，有利于作物扎深根，减少作物缺苗、死苗，减少土传病虫害。第四，具有肥料增效剂功能，可提高各种肥料利用率，分解沉积在土壤中的磷肥、钾肥。第五，酵菌结构中含有海藻糖，具有抗旱、抗寒作用。

5. 芽孢杆菌

（1）芽孢杆菌的概念：芽孢杆菌是形成芽孢（内生孢子）的杆菌或球菌，包括芽杆菌属、芽孢乳杆菌属、梭菌属、脱硫肠状菌属和芽孢八叠球菌属等。它们对外界有害因子抵抗力强，分布广，存在于土壤、水、空气中，以及动物肠道等处。

（2）芽孢杆菌的特性：第一，快速繁殖。芽孢杆菌代谢快、繁殖快，4 h 增殖

10万倍，标准菌4h仅可繁殖6倍。第二，生命力强。耐强酸、耐强碱、抗菌消毒、耐高氧（嗜氧繁殖）、耐低氧（厌氧繁殖）。第三，体积大。体积比一般病原菌分子大4倍，占据空间优势，抑制有害菌的生长繁殖。

（3）芽孢杆菌的功能：第一，保湿性强。形成强度极为优良的天然材料——聚麸胺酸，是土壤的保护膜，可防止肥料和水分流失。第二，有机质分解力强。增殖的同时，会释放出高活性的分解酶，将难分解的大分子物质分解成可利用的小分子物质。第三，产生丰富的代谢生成物。合成多种有机酸、酶等物质，及其他多种容易被利用的养分。第四，抑菌、灭害力强。占据空间优势，抑制有害菌、病原菌等有害微生物的生长繁殖。第五，除臭。可以分解产生恶臭气体的有机物质、有机硫化物、有机氮等，大大改善环境条件。

6. 秸秆发酵剂

（1）秸秆发酵剂的概念：秸秆发酵剂由多种微生物组成，只要施用恰当，它们就会迅速"落户"，产生抗氧化物质，清除氧化物质，预防和抑制病原菌，形成适于动植物生长的良好环境；同时，它们还产生大量易为动植物吸收的有益物质，如氨基酸、有机酸、多糖类、维生素、生化酶、促生长因子、抗氧化物质、抗生素等，提高动植物的免疫功能，促进健康生长。

（2）作用原理：发酵秸秆的原理是通过有效微生物的生长繁殖，分泌酸大量增加，秸秆中的木聚糖链和木质素聚合物酯链被酶解，促使秸秆软化，体积膨胀，木质纤维素转化成糖类。连续重复发酵又使糖类二次转化成乳酸和挥发性脂肪酸，使pH降低到4.5~5.0，抑制腐败菌和其他有害菌的繁殖，其中所含淀粉、蛋白质和纤维素等有机物降解为单糖、双糖、氨基酸及微量元素等，使粗纤维转化成易被动物吸收的营养物质，提高吸收利用率。

7. EM菌

EM菌（Effective Microorganisms）由日本比嘉照夫教授1982年研究成功，是以光合细菌、乳酸菌、酵母菌和放线菌为主的10个属80余种微生物复合而成的一种微生物菌制剂。由于EM菌在土壤中极易生存繁殖，所以能较快而稳定地占据土壤中的生态地位，形成有益的微生物菌的优势群落，从而控制病原微生物的繁殖和对作物的危害。20世纪90年代初，EM菌已被日本、泰国、巴西、美国、印度尼西亚、斯里兰卡等国广泛应用于农业、环保等领域，取得了明显的经济效益和生态效益。

8. 固氮菌

（1）固氮菌的概念：固氮菌是细菌的一科。菌体杆状、卵圆形或球形，无内生芽孢，革兰染色阴性。严格好氧性，有机营养型，能固定空气中的氮素。包括固氮菌属、氮单孢菌属、拜耶林克菌属和德克斯菌属。固氮菌肥料多由固氮菌属的成员制成。

（2）固氮菌的组成：①共生固氮菌。在与植物共生的情况下，才能固氮或有效固氮，固氮产物氨可直接为共生体提供氮源。主要有根瘤菌属的细菌与豆科植物共生形成的根瘤共生体，弗氏菌属的细菌（一种放线菌）与非豆科植物共生形成的根瘤共生体，某些蓝细菌与植物共生形成的共生体，如念珠藻或鱼腥藻与裸子植物苏铁共生形成苏铁共生体，红萍与鱼腥藻形成的红萍共生体等。根瘤菌生活在土壤中，以动植物残体为养料，过着"腐生生活"。当土壤中有相应的豆科植物生长时，根瘤菌迅速向其根部靠拢，从根毛弯曲处进入根部。豆科植物根部在根瘤菌的刺激下迅速分裂膨大，形成"瘤"，供根瘤菌生长繁殖。根瘤菌吸收氮气，为豆科植物制作"氮餐"，使其枝繁叶茂。这样根瘤菌与豆科植物形成共生关系，因此，根瘤菌也被称为共生固氮菌。根瘤菌生产出来的氮肥不仅能满足豆科植物的需要，还能肥田。②自生固氮菌。如圆褐固氮菌，不住在植物体内，能自己从空气中吸收氮气，繁殖后代，死后让植物得到大量氮肥。

（3）固氮原理：氮气占空气总量的4/5。但由于氮分子被3条化学键所束缚，大部分植物不能直接吸收利用。固氮菌含有一种固氮酶（含有Fe、Co、Mo元素），可以轻易地切断束缚氮分子的化学键，把氮分子变为能被植物消化、吸收的氮原子。俄罗斯莫斯科大学生化物理研究所的别尔佐娃经过多年探索研究，成功解释了固氮菌在空气中生存固氮的机理，因此获得了2002年欧洲科学院青年科学家奖。

在太古时代大气层中没有氧，地球上生存着大量厌氧性生物。在地球上第一次大灾难发生后大气层出现了大量氧，大量厌氧性生物消失了，但有少量厌氧性生物躲藏在无氧、不透气的淤泥、沼泽地和深层土壤中而存活至今。也有一部分厌氧性生物如固氮菌，适应了在含氧21%的大气层中存活，并能从空气中吸收氮气。

9. 解磷菌

（1）解磷菌的概念：在20世纪初，人们开始注意到微生物与土壤磷之间的关系。Sackett（1908）发现一些难溶性的复合物施入土壤中，可以作为磷源应用。他们从土壤中筛选出50株细菌，其中36株在平板上形成了肉眼可见的溶磷圈。1948年，Gerretsen发现施用不溶性的磷肥，经接种土壤微生物后，促进了植株生长，增加磷的吸收。他分离出了这些微生物，发现这些微生物可帮助磷矿粉溶解。此后，许多科学家致力于解磷菌的研究，相继报道了许多微生物具有解磷作用。

具有解磷作用的微生物种类很多，也比较复杂。有人根据解磷菌分解底物的不同，将它们划分为能够溶解有机磷的有机磷微生物和能够溶解无机磷的无机磷微生物，实际上很难将它们区分开来。据报道，具有解磷作用的微生物，解磷细菌类有芽孢杆菌（*Bacillus*）、假单胞杆菌（*Pseudomonas*）、欧文菌（*Erwinia*）、土壤杆菌（*Agrobacterium*）、沙雷菌（*Serratia*）、黄杆菌（*Flavobacterium*）、肠细菌（*Enterbacter*）、微球菌（*Micrococcus*）、固氮菌（*Azotobacter*）、根瘤菌（*Bradyrhizobium*）、沙门菌（*Salmonella*）、色杆菌（*Clromobacterium*）、产碱菌（*Alcaligenes*）、节细菌（*Arthrobacter*）、硫杆菌（*Thiobacillus*）、埃希菌（*Escherichia*）；解磷真菌类有青霉菌（*Penicillium*）、曲霉菌（*Aspergillus*）、根霉（*Rhizopus*）、镰刀菌（*Fusarium*）、小菌核菌（*Sclerotium*）；放线菌有链霉菌（*Streptomyces*）；AM 菌根菌。

（2）解磷作用及机理：解磷菌的解磷机制因不同的菌株而有所不同。有机磷微生物在土壤缺磷的情况下，向外分泌植酸酶、核酸酶和磷酸酶等，水解有机磷，将其转化为无机磷酸盐。一般认为无机磷微生物的解磷机制与微生物产生有机酸有关，这些有机酸能够降低 pH，与铁、铝、钙、镁等离子结合，使难溶性的磷酸盐溶解。Sperber（1957）鉴定了解磷细菌可产生乳酸、羟基乙酸、延胡索酸和琥珀酸等有机酸。Louw 和 Webly（1959）则认为微生物产生的乳酸和 2- 酮基葡萄糖酸是溶解磷酸盐的有效溶剂。林启美等也发现细菌可以产生多种有机酸，且不同菌株之间差别很大。赵小蓉等的研究表明，微生物的解磷量与培养液 pH 存在一定的相关性，但同时也发现培养介质 pH 的下降，并不是解磷的必要条件，表明不同的有机酸对铁、铝、钙、镁等离子的螯合能力有差异。Rajan 等（1981）报道，将磷矿粉、硫颗粒和一种硫氧化细菌混用，通过硫氧化细菌的作用使硫颗粒氧化成硫酸，溶解磷矿粉。

大量研究表明，真菌的解磷作用与产生有机酸有关。王富民等（1992）表明，黑曲霉在发酵过程中产生草酸、柠檬酸等多种有机酸。James（1992）研究了溶解磷酸钙的机制，结果证明，培养过程中主要产生草酸和柠檬酸，且氮缺乏有利于柠檬酸产生，碳缺乏有利于草酸产生。范丙全等（2002）对溶磷草酸青霉菌溶磷效果研究表明，氮源影响草酸青霉菌产生的有机酸种类，使用氨态氮时主要分泌苹果酸、乙酸、丙酸、柠檬酸、琥珀酸，在硝态氮条件下几乎不产生这些有机酸，可见氮源的不同影响了有机酸的代谢方向，并且同一种菌的解磷机理可能不止一种。另外，一些解磷菌导致培养介质酸度的提高与产生的有机酸无关，不产有机酸的微生物也具有解磷的作用，其机制可能与呼吸作用产生碳酸和 NH_4^+/H^+ 交换机制有关。研究证明微生物在摄取阳离子（如 NH_4^+）的过程中，利用 ATP 转换时所产生的能量，将 H^+ 释放在细胞表面，有利于有机磷的溶解。例如，对 AM（Arbuscular Mycorrhiza）菌根真菌促进植物磷养分的吸收，增加植株磷素浓度，改善植物的磷营养，促进作物生长方面的报道较多。宋勇春（2001）在缺磷土壤中施用植酸和卵磷脂时，接种几种菌根真菌，对根际土壤测定表明，菌根真菌增加了土壤酸性磷酸酶和碱性磷酸酶的活性，促进了土壤难溶性有机磷有效性及玉米和红三叶草对磷的吸收。Arihara 等（2000）对 AM 菌根与玉米生长关系的研究表明，在播种前土壤中有效性磷浓度相同（土壤），玉米产量与 AM 菌根真菌定植率呈正相关，为 1：0.8。AM 菌根真菌促进了植物对磷的吸收，主要是菌根增加了植物根系吸收磷的表面积，使植物可以吸收原来无法利用的磷源，再转化、输送给寄主植物。测定微生物是否具有解磷能力一般有 3 种方法：一是平板法，即将解磷菌在含有难溶性磷酸盐或有机磷的固体培养基上培养，测定菌落周围产生的溶磷圈大小；二是液体培养法，测定培养液中可溶性磷的含量；三是土壤培养，测定土壤中有效磷含量。

Sperber 对细菌解磷进行了深入研究。Sperber 从土壤中分离出 291 株细菌，其中 184 株能够生长在含有难溶性磷酸盐的平板上，84 株在菌落周围产生 1~10 mm 的溶磷圈。尹瑞玲（1988 年）测定了从土壤中分离出的 265 株细菌溶解摩纳哥磷矿粉的能力，发现培养 6 d（28℃）后，溶磷能力平均为 2~30 mg/g，其中 44 株巨大芽孢杆菌、节杆菌、黄杆菌、欧文菌及假单胞杆菌的解磷作用最强，达 25~30 mg/g。Sundara Rao 等（1963 年）利用磷酸三钙作为磷源，经 14 d 的液体培养后，发现几株芽孢杆菌解磷能力达 70.52~156.80 mg/mL。Paul 和 Sundara Rao 测定，从豆科植物根际分离出来的几株芽孢杆菌溶解磷酸三钙的效率高达 18%，其中解磷能力最强的是巨大芽孢杆菌（Bacillus megaterium）。Molla 和 Chowdhury（1984 年）也报道了不同的解磷菌株在解磷能力上的差异。另外，林启美和赵小蓉（2001 年）将纤维素分解菌康氏木霉 W9803Fn（Trichoderma konigii）、产黄纤维单胞菌 W9801Bn（Cellulomonas flavigena）与无机磷细菌 2VCP1 共培养时发现，纤维素分解菌的分解作用，能为无机磷细菌生长繁殖提供碳源，提高无机磷溶解磷矿粉的能力。边武英（2000 年）等人研究了高效解磷菌（PEM）对针铁矿－磷复合体吸附磷的活化作用，结果表明 PEM 能有效地利用矿物吸附磷，微生物利用率和转化率分别达到 57.5% 和 61.7%，均明显高于一般土壤微生物。

解磷真菌在数量上远不如解磷细菌多，其种类也少，主要局限于青霉（Penicillium）、曲霉（Aspergillus）、镰刀菌（Fusarium）、小丝核菌（Sclerotium）等几个属种。由于青霉和曲霉在解磷真菌中占绝对优势，故对这两个属真菌的解磷作用及应用效果研究报道的较多。Kucey（1989 年）从草原土中分离的解磷真菌大多为青霉和曲霉，并证明虽然解磷真菌的种类不多，但其解磷能力通常比细菌强。许多解磷细菌在传代培养后会丧失解磷动能，而且一旦丧失就不能再恢复，而解磷真菌遗传较稳定，一般不易失去解磷功能。Kucey（1987 年）、Asea（1988 年）、Cerezine（1988 年）、Nahas（1990 年）、王富民（1992 年）和范丙全（2002 年）对青霉菌（Penicillium bilaii，P. oxalicum）或曲霉菌（Aspergillus niger）的解磷作用都进行过详细研究。

（三）微生物肥料的标准

微生物肥料的标准（表 1-12~表 1-14）。

表 1-12　　　　　　GB 2028—200 农用微生物菌剂产品的技术标准

项目		剂型		
		液体	粉剂	颗粒
有效活菌数（cfu）a（亿/g 或亿/mL）	≥	2.0	2.0	1.0
霉菌杂菌数（个/g 或个/mL）	≤	3×10^6	3×10^6	3×10^6
杂菌率（%）	≤	10.0	20.0	30.0
水分（%）	≤	—	35.0	20.0
细度（%）	≥		80.0	80.0
pH		5.0~8.0	5.5~8.5	5.5~8.5
保质期b/月≥		3	6	

a 复合菌剂，每一种有效菌的数量，不得少于 0.01 亿/g 或 0.01 亿/mL；以单一的胶质芽孢杆菌制成的粉剂产品中有效活菌数少于 1.2 亿/g。b 此项仅在监督部门或仲裁双方认为有必要时检测。

表 1-13　　　　　GB 2028—200 农用微生物菌剂产品的无害化技术指标

参数	标准限值
粪大肠杆菌数［个/g（mL）］	≤ 100
蛔虫卵死亡率/%	≥ 95
砷（As）（以烘干基计）/（mg/kg）	≤ 75
镉（Cd）（以烘干基计）/（mg/kg）	≤ 10
铅（Pb）（以烘干基计）/（mg/kg）	≤ 100
铬（Cr）（以烘干基计）/（mg/kg）	≤ 150
汞（Hg）（以烘干基计）/（mg/kg）	≤ 5

表 1-14　　　　　　GB 2028—200 有机物料腐熟剂产品的技术标准

项目		剂型		
		液体	粉剂	颗粒
有效活菌数（cfu）a/（亿/g 或亿/mL）	≥	1.0	0.5	0.5
纤维素酶活a/（U/g 或 U/mL）	≤	30.0	30.0	30.0
蛋白酶活b/（U/g 或 U/mL）	≤	15.0	15.0	15.0
水分/%	≤	—	35.0	20.0
细度/%	≥		70.0	70.0
pH		5.0~8.0	5.5~8.5	5.5~8.5
保质期c/月	≥	3	6	

a 以农作物秸秆类为腐熟对象测定纤维素酶活；b 以畜禽粪便类为腐熟对象测定蛋白酶酶活；c 此项仅在监督部门或仲裁双方认为有必要时检测。

三、生物有机肥料

（一）生物有机肥料加工工艺

生物有机肥料是指以微生物和动植物残体（如畜禽粪便、农作物秸秆等）、生活垃圾或工业"三废"等为原料，经过无害化处理和腐熟的有机物料复合加工成的，一类兼具微生物肥料和有机肥料效应的肥料。加工工艺是，将原料干燥（干燥时对原料进行灭菌处理）后进行破碎，然后加入一定量酸碱调节载体 pH 后，加入一定量的菌剂即为粉状生物有机肥料。如果生产颗粒生物有机肥料，则可将调制好的有机肥送入圆盘造粒机，在成粒过程中喷入一定量菌剂，再进行低温烘干、筛分后，即可得成品。

（二）生物有机肥料的特点

生物有机肥料是汲取传统有机肥料之精华，结合现代生物技术加工而成的。含有大量有机质和有益微生物及微生物代谢产物，集营养元素速效、长效、增效为一体，具有抑制土传病害，增强作物抗逆性，促进作物早熟，提高农作物产量和农产品品质的作用。

与化学肥料相比，生物有机肥料营养元素齐全，化肥肥料只有一种或几种元素；生物有机肥料能够改良土壤，化肥经常使用会造成土壤板结；生物有机肥料能提高产品品质，化学肥料施用过多导致产品品质低劣；生物有机肥料能改善作物根际微生物群，提高植物的抗病虫能力，化学肥料则是作物微生物群体单一，易发生病虫害；生物有机肥料能促进化肥的利用，提高化肥利用率，化学肥料单独使用，易造成养分的固定和流失。

与精制有机肥料相比，生物有机肥料在土壤里腐熟，不烧根，不烂苗，精制有机肥料未经腐熟，直接使用后会引起烧苗现象；生物有机肥料经高温腐熟，可杀死大部分病原菌和虫卵，减少病虫害发生，精制有机肥料未经腐熟，在土壤中腐熟时会引来地下害虫；生物有机肥料中添加了有益菌，由于菌群的占位效应，可减少病害发生，精制有机肥料由于高温烘干，杀死了里面的全部微生物；生物有机肥料养分含量高，精制有机肥料由于高温处理，造成了养分损失；生物有机肥料经除臭，气味轻，几乎无臭，精制有机肥料未经除臭，返潮即出现恶臭。

与农家肥相比，生物有机肥料完全腐熟，虫卵死亡率达到 95% 以上，农家肥堆放简单，虫卵死亡率低；生物有机肥料无臭，农家肥有恶臭；生物有机肥料施用方便、均匀，农家肥施用不方便，肥料施用不均匀。

与微生物肥料相比，生物有机肥料价格便宜，微生物肥料价格昂贵；生物有机肥料含有功能菌和有机质，能改良土壤，促进被土壤固定养分的释放，微生物肥料只含有功能菌，通过功能菌来促进土壤固定肥料的利用；生物有机肥料的有机质本身就是功能菌生活的环境，施入土壤后容易存活，微生物肥料的功能菌对土壤有一定的施用范围，具体到某些菌对有些土壤环境可能不适合。

（三）生物有机肥料的标准（NY/T 798—2015）

生物有机肥料标准（表 1-15、表 1-16）。

表 1-15　　　　　　　　　复合微生物肥料产品技术指标要求

项目	剂型	
	液体	固体
有效活菌数（cfu[a]）/（亿/g 或亿/mL）	≥ 0.5	≥ 0.2
总养分（N+P$_2$O$_5$+K$_2$O）[b]/%	6.0~20.0	8.0~25.0
有机质（以烘干基样）/%	—	≥ 20
杂菌数 /%	≤ 15.0	≤ 30.0
水分 /%	—	≤ 30.0
pH	5.5~8.5	5.5~8.5
有效期（月）	≥ 3	≥ 6

a 含两种以上有效菌的复合微生物肥料，每一种有效菌的数量不得少于 0.01 亿 /g（mL）；b 总养分应为规定范围内的某一个确定值，其测定值与标定值正负误差的绝对值不应大于 2.0%，各单一养分应不少于总养分含量的 15%。

表 1-16　　　　　　　　　复合微生物肥料产品无害化指标

参数	标准限值
粪大肠杆菌数 ［个 /g（mL）］	≤ 100
蛔虫卵死亡率（%）	≥ 95
砷（As）（以烘干基计）（mg/kg）	≤ 15
镉（Cd）（以烘干基计）（mg/kg）	≤ 3
铅（Pb）（以烘干基计）（mg/kg）	≤ 50
铬（Cr）（以烘干基计）（mg/kg）	≤ 150
汞（Hg）（以烘干基计）（mg/kg）	≤ 2

四、微生物的功能

（一）微生物改良土壤的作用

有益微生物能产生糖类物质，占土壤有机质的 0.1%，与植物黏液、矿物胚体和有机胶体结合在一起，可以改善土壤团粒结构，增强土壤的物理性能和减少土壤颗粒的损失。在一定的条件下，有害微生物还能参与腐殖质形成。施用微生物肥料后，微生物能促进土壤有机物质转化，提高土壤有机质的含量，改善土壤结构，明显降低土壤容重，提高土壤总孔隙度，改善土壤的水热状况。

（二）微生物提高土壤肥力的作用

微生物通过自身代谢产生无机和有机酸，溶解无机磷化物和含钾的矿物质等，促进土壤中难溶性养分的溶解、转化和释放，可以增加土壤中的氮素来源，提高土壤生物碳量、土壤生物氮量、土壤微生物商和土壤的全磷量等，利于提高土壤肥力（表1-17、表1-18）。

表 1-17 微生物对土壤改良作用

处理	土壤生物碳量 SMBC（mg/kg）	土壤生物氮量 SMBN（mg/kg）	微生物商 qMB SMBC/SOC（%）
对照	235.35 ± 21.55	48.65 ± 4.67	1.69 ± 0.46
微生物制剂	$425.52 \pm 32.5^*$	$82.58 \pm 6.65^*$	$2.75 \pm 0.12^*$

注：* 表示 5% 差异显著。

表 1-18 微生物制剂对土壤肥力的影响

处理	有机质含量 SOM（g/kg）	全氮含量 STN（g/kg）	全磷含量 STP（g/kg）
对照	16.93 ± 1.25	0.82 ± 0.07	0.69 ± 0.06
微生物制剂	$20.26 \pm 1.89^*$	$1.39 \pm 0.12^*$	$1.22 \pm 0.09^*$
微生物制剂	$425.52 \pm 32.5^*$	$82.58 \pm 6.65^*$	$2.75 \pm 0.12^*$

注：* 表示 5% 差异显著。

（三）微生物的营养作用

1. 微生物对小麦叶绿素的影响

根据不同浓度微生物稀释液对小麦种子萌发期间 α-淀粉酶活性的影响结果，选择500倍微生物稀释液浸种处理进行盆栽试验。微生物浸种提高了小麦旗叶叶绿素含量，开花期和灌浆期处理间小麦旗叶叶绿素 a（chla）和叶绿素 b（chlb）含量差异均达显著水平（表1-19）。

表 1-19 微生物浸种对小麦旗叶叶绿素含量的影响

处理	开花期（6/5）		灌浆期（6/18）	
	chla	chlb	chla	chlb
清水浸种（CK）	4.47	1.15	2.01	0.58
1/500 微生物浸种	5.15^*	1.38^*	2.52^*	0.65^*

注：* 表示 5% 差异显著。

2. 对棉花叶绿素含量的影响

据山东省临沂市农业科学院范永强研究，在重度盐碱地上每亩施用农用微生物菌剂（有机质≥45%，芽孢杆菌有效活菌数≥5 亿 /g）80 kg，棉花花蕾期测定叶绿素含量为 41.3 SPAD，较对照 36.9 SPAD 增加 4.4 SPAD，提高了 11.9%。

（四）微生物的刺激作用

1. 微生物对作物体内植物生长调节剂的影响

（1）微生物对小麦胚芽鞘萘乙酸含量的影响：据山东省农业科学院岳寿松研究，用萘乙酸和微生物菌液处理小麦种子，结果表明微生物菌液对胚芽鞘伸长长度的影响与萘乙酸具有相同的作用（图 1-19）。通过标准曲线计算，10 倍、100 倍和 500 倍微生物菌剂稀释液对小麦胚芽鞘促伸长的效果分别相当于 2.5 mg/L、6.7 mg/L 和 8.4 mg/L 萘乙酸的效果。微生物稀释倍数较低时（10 倍、100 倍）的促生长效应反不及稀释倍数较高（500 倍）时，可能与活菌作用有关。

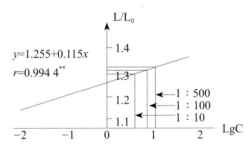

$y=1.255+0.115x$
$r=0.994\ 4^{**}$

L₀：清水处理芽鞘长；L：萘乙酸和微生物处理芽鞘长；C：浓度（$\times 10^{-6}$）

图 1-19　萘乙酸和微生物稀释液对小麦胚芽鞘伸长的影响

（2）微生物对小麦种子 α- 淀粉酶活性的影响：据山东省农业科学院岳寿松研究，微生物菌液浸种能显著影响小麦种子萌发期间 α- 淀粉酶活性。小麦种子中的 α- 淀粉酶为淀粉水解的起始酶，其活性高低对种子萌发期间胚乳物质转化起十分重要的作用。用微生物菌液浸种，因稀释倍数不同，小麦萌发期间 α- 淀粉酶活性之间差异较大。与清水浸种相比，微生物原液和 100 倍稀释液极显著降低了 α- 淀粉酶活性；500 倍稀释液浸种处理 α- 淀粉酶活性提高达极显著水平；1 000 倍稀释液浸种与对照相比亦能显著提高 α- 淀粉酶活性；2 000 倍稀释液浸种亦能提高 α- 淀粉酶活性（图 1-20）。

2. 对棉花根活性的影响

据山东省临沂市农业科学院范永强研究，在重度盐碱地上施用芽孢杆菌微生物菌剂（有机质≥45%，有效活菌数≥10 亿 /g）80 kg，较单施氮、磷、钾元素肥料的棉花根系活力指数由 4 553 μg/g 增加到 6 230 μg/g，提高 50% 以上（图 1-21）。

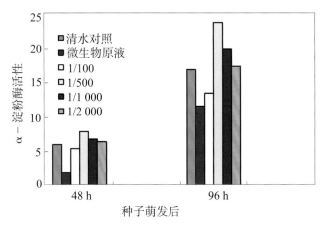

图 1-20 微生物浸种对小麦种子 α - 淀粉酶活性的影响

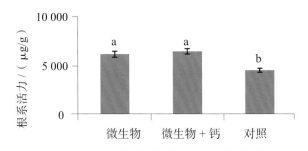

图 1-21 微生物菌剂对棉花根系活力的影响

（五）微生物的抗衰老作用（延缓衰老作用）

（1）对小麦丙二醛（MDA）的影响：据山东省农业科学院岳寿松研究，小麦抽穗后，喷洒微生物菌剂能显著降低衰老期间叶片丙二醛（MDA）含量（花后10 d 和 20 d 测定值差异均达显著水平），说明在一定程度上抑制了细胞膜脂过氧化作用，从而对提高叶片衰老期间的细胞代谢能力起重要作用（图 1-22）。

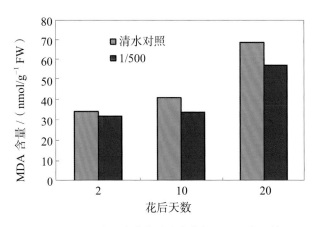

图 1-22 不同处理小麦旗叶衰老期间 MDA 含量差异

（2）对大豆丙二醛（MDA）的影响：据山东省农业科学院岳寿松研究，用微生物菌剂拌大豆种，大豆开花结荚期（7月15日）和鼓粒期（8月16日）叶片MDA含量显著降低（表1-20），即明显抑制了细胞膜脂过氧化作用，对提高叶片代谢能力起重要作用。

表1-20　　　　　微生物菌剂拌种对大豆叶片MDA含量的影响

处　　理	开花结荚期（7/15）			鼓粒期（8/16）	
	6叶	7叶	8叶	7叶	8叶
根瘤菌拌种（CK）	54.5	55.1	56.1	62.5	88.9
微生物菌剂拌种	42.6**	53.4	52.1*	58.4*	59.7**

（六）微生物降污与降解农残作用

1. 微生物对水稻镉的影响

据山东省临沂市农业科学院范永强研究（表1-21），在湖南省益阳市赫山区进行土壤处理试验，即在基肥正常施用氮、磷、钾的基础上增加施用微生物菌剂（有机质≥45%，芽孢杆菌≥2亿/g）100 kg。采收期取15个点的水稻混合后测定稻谷内的镉含量。稻谷中的镉含量由对照的0.048 mg/kg降低到0.016 mg/kg，降幅达到66.6%。

表1-21　　　　　微生物菌剂对湖南大米中的镉含量影响

处理	单位面积穗数（穗/m²）	每穗粒数（粒/穗）	千粒重（g/千粒）	结实率（%）	产量（kg/亩）	镉含量（mg/kg）
微生物菌剂	545.7	69.2	23.5	77.4	458.1	0.016
对照	495.9	58.9	24.3	76.3	361.4	0.048

2. 微生物对土壤除草剂残留的影响

据山东省农业科学院岳寿松研究，在正常施用氮、磷、钾的基础上，增加施用微生物菌剂（有机质≥45%，芽孢杆菌≥2亿/g）20 kg或在水稻孕穗期喷施微生物菌剂（活菌含量10亿/mL）120 mL，能明显降低除草剂的药害（表1-22）。

表1-22　　　　　微生物菌剂对土壤除草剂残留的影响

处理	株高（cm）	每穴穗数（个）	穗长（cm）	每穴实粒数（粒）	千粒重（g）	产量（kg/亩）	产量降低（%）
1	73.0	25.0	14.2	1 242.2	26.3	588.1	0

（续表）

处理	株高（cm）	每穴穗数（个）	穗长（cm）	每穴实粒数（粒）	千粒重（g）	产量（kg/亩）	产量降低（%）
2	63.5	15.0	12.1	517.0	23.2	167.9	71.4
3	60.6	19.0	8.2	751.0	24.8	273.2	53.5
4	63.8	18.5	12.0	845.0	25.0	295.8	49.7
5	58.0	20.0	11.8	851.0	25.6	305.0	48.1

处理：1.正常大田；2.水稻秧苗返青后，拌土撒施除草剂20%氯嘧磺隆2.5 g/亩；3.底施微生物菌剂；4.孕穗期喷微生物菌液（液体，活菌含量10亿/mL），每亩用量120 mL；5.菌剂底施＋叶面喷洒（处理3和处理4组合）。

（七）微生物的增产作用

1.对光合速率的影响

（1）对小麦光合速率的影响：据山东省农业科学院岳寿松研究，微生物浸种显著提高了小麦旗叶光合作用速率（表1-23），从而为籽粒产量增加奠定了基础。

表1-23   微生物菌剂浸种对小麦旗叶光合速率/（μmol/m² · s）的影响

处理	旗叶展开后天数（d）		
	6	14	24
清水处理	17.3	14.8	8.46
1/500微生物浸种	20.0[*]	16.1[*]	9.28[*]

（2）对小麦籽粒生长进程的影响：据山东省农业科学院岳寿松研究，微生物浸种和清水浸种处理间小麦籽粒生长进程存在差异（图1-23），微生物浸种处理籽粒干重一直高于清水浸种。籽粒生长进程用Logistic曲线拟合，根据曲线方程求籽粒最大生长速率，由表1-24可以看出，微生物浸种后提高了籽粒生长速率，为增加粒重奠定了基础。

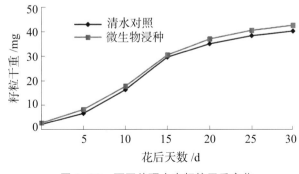

图1-23   不同处理小麦籽粒干重变化

表 1-24　　　　微生物菌剂浸种对小麦籽粒生长进程及生长速率的影响

处理	籽粒最大生长曲线	P（t）	速率（mg/ 粒·d）
清水处理	$y=41.4/（1+19.75e^{-0.243\,7x}）$	$2.44×10^{-5**}$	2.52
微生物浸种	$y=42.9/（1+16.47e^{-0.241\,6x}）$	$9.86×10^{-9**}$	2.59

（3）对小麦产量及构成因素的影响：据山东省农业科学院岳寿松研究，微生物浸种对小麦产量结构的影响主要是提高了小麦的穗粒数和千粒重，用微生物菌剂浸种，较对照每穗小穗数仅增加 0.1 穗，穗粒数增加 1.2 粒，千粒重增加 1.4 g，从而提高了小麦产量（表 1-25）。

表 1-25　　　　微生物菌剂浸种对小麦产量及构成因素的影响

处理	每穗小穗数	穗粒数	千粒重（g）	产量（g/ 盆）
清水浸种（CK）	13.0	30.3	41.2	28.6
微生物浸种	13.1	31.5	42.6*	32.4

2. 对气孔导度的影响

（1）对大豆气孔导度的影响：气孔导度是影响叶片光合作用速率的重要影响因子。据山东省农业科学院岳寿松研究，大豆植株喷洒微生物菌剂后叶片气孔导度显著增加（表 1-26），表明叶片光合能力的气孔限制因素相对较弱，从而有利于光合速率的提高。

表 1-26　　　　喷洒微生物菌剂对大豆叶片气孔导度（mol/m² · s）的影响

处理	日期（月 / 日）			
	8/8	8/19	8/29	9/10
喷洒清水（CK）	0.955	0.635	0.665	0.291
喷洒 1/500 微生物	1.18*	0.715*	0.704*	0.329*
喷洒 1/1 000 微生物	1.13*	0.718*	0.668	0.321*

注：8 月 8 日测定叶位为 16 叶，8 月 19 日和 8 月 29 日测定叶位为 18 叶，9 月 10 日测定叶位为 21 叶。

（2）对棉花气孔导度的影响：据山东省临沂市农业科学院范永强研究，在重度盐碱地上施用芽孢杆菌微生物菌剂（有机质≥45%，有效活菌数≥2 亿 /g）80 kg，较对照（单施氮、磷、钾肥料）的棉花气孔导度增加 85 mol/m² · s，提高 25% 以上（图 1-24）。

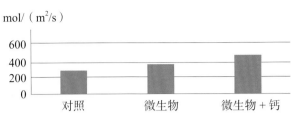

图 1-24　微生物对棉花气孔导度的影响

（八）微生物菌剂对作物品质的影响

1. 对硝酸还原酶的影响

大豆叶片硝酸还原酶（NR）活性与籽粒品质密切相关。据山东省农业科学院岳寿松研究，大豆喷洒微生物菌剂能够提高大豆叶片 NR 的活性。8 月 8 日测定值 1/1 000 和 1/500 微生物处理与清水相比均达显著水平，8 月 19 日测定仅 1/1 000 微生物处理达显著水平，9 月 1 日测定各处理间无明显差异（图 1-25）。

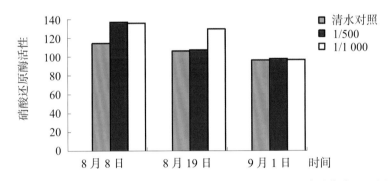

图 1-25　喷洒微生物菌剂对大豆叶片 NR 活性的影响（测定叶位为 18 叶）

2. 对大豆籽粒蛋白质和脂肪的影响

据山东省农业科学院岳寿松研究，用微生物菌剂拌种和大豆开花结荚期大豆植株喷洒微生物菌剂均能够增加大豆籽粒蛋白质和脂肪含量，且在开花结荚期植株喷施不同浓度的微生物菌剂蛋白质和脂肪的增加幅度相近（表 1-27、表 1-28）。

表 1-27　微生物菌剂拌种对大豆籽粒蛋白质和脂肪含量的影响

处理	粒数／株（粒）	百粒重（g）	产量（kg/hm²）	蛋白质含量（%）	脂肪含量（%）
根瘤菌拌种（CK）	95.8	22.3	2 608.1	36.1	20.4
微生物菌剂拌种	107.7*	22.6	3 007.2*	38.9	22.2

表 1–28　　喷洒微生物菌剂对大豆籽粒产量及籽粒蛋白质和脂肪含量的影响

处理	产量（kg/hm²）	增产率(%)	籽粒蛋白质含量(%)	籽粒脂肪含量(%)
喷洒清水（CK）	3 398.7	0	35.8	19.9
喷洒 1/500 微生物菌剂	3 552.5	4.5	37.7	21.2
喷洒 1/1 000 微生物菌剂	3 885.7*	14.3	37.8	21.4

五、微生物肥料和生物有机肥料的科学施用

正确和合理的施用方法是发挥微生物肥料和生物有机肥料作用的重要保证。

1. 要足墒适温施用

据研究，当土壤湿度在相对持水量 70% 左右，且气温在 10~30℃ 的范围内肥效较好。土壤湿度过高或过低，气温低于 10℃ 或高于 35℃ 时，肥料的转化和吸收就会产生障碍。因此，无论在何种土壤上施用，都要有充足的墒情，促其迅速分解转化。

2. 配套正确施用

为了体现肥料的速效与长效，凡是施用微生物肥料和生物有机肥料的大田，都要配合矿物营养元素的施用，不能用微生物肥料和生物有机肥料取代其他肥料。

第六节　生物刺激素肥料

植（动）物源生物刺激素

（一）腐植酸（Humic acid，HA）

1. 概念

腐植酸中文别名黑腐酸、腐质酸、腐殖酸、腐殖酸（人造）、硝基腐殖酸、腐植酸类胡敏酸等，是一种大分子有机弱酸，分子量在 1 000~20 000 之间，是动植物遗骸（主要是植物遗骸）经过微生物的分解、转化以及地球化学的一系列过程形成和积累起来的一类有机物质。它不是单一的化合物，而是一组羟基芳香族和羧酸的混合物。最早是 1839 年由瑞典的 Berzelius 提取得到并称克连酸和阿朴白腐酸，即现在的黄腐酸。

2. 腐植酸的作用

（1）改良土壤的作用

1）增加土壤团粒结构：在所有土壤结构中，以粒径范围在 0.5~10.0 mm 的团粒

结构最理想。这种土壤结构有以下优点：第一能协调水分和空气的矛盾。具有团粒结构的土壤，由于团粒间大孔隙增加，大大地改善了土壤透气能力，容易接纳降雨和灌溉水。水分由大孔隙渗入土壤，逐步进到团粒内部的毛管孔隙中，使团粒内部充满水分，多余的水分继续渗湿下面的土层，减少了地表径流和冲刷侵蚀。所以这种土壤不像黏土的不渗水，又不像沙土的不保水，使团粒成了"小水库"。大孔隙中的水分渗完以后，空气就能补充进去。团粒间空气充足，团粒内部贮存了水分，这样就解决了水分和空气的矛盾，适于作物生长的需要。雨后或灌溉后，团粒结构的表层土壤水分也会蒸发，表层团粒干燥以后，与下层团粒切断联系，形成一个隔离层，使下层水分不能借毛细管作用往上输送而蒸发，水分得以保存。第二能协调土壤养分消耗和积累的矛盾。具有团粒结构的土壤，团粒间大孔隙供氧充足，好气性微生物活动旺盛，因此团粒表面有机质分解快而养分供应充足，可供植物利用。团粒内部小孔隙缺乏空气，进行嫌气分解，有机质分解缓慢而养分得以保存。团粒外部分解愈快，则团粒内部愈为嫌气，分解也愈慢。所以团粒结构的土壤是由团粒外层向内层逐渐分解释放养分，这样一方面既源源不断地向植物供应养分，另一方面又可以使团粒内部的养分积存起来，有"小肥料库"的作用。第三能使土壤温度比较恒定。由于团粒内部保存水分较多，温度变化就较小，所以整个土层白天的温度比不保水的沙土低，夜间却比沙土高。土温稳定，就有利于植物生长。第四改良耕作和使作物根系发达。有团粒结构的土壤黏性小，疏松易耕，宜耕期长，而且根系穿插阻力小，利于发根。腐植酸是一种有机胶体物质，由极小的球形微粒结成线状或葡萄状，形成疏松有海绵状的团聚体。它具有黏结性，是土壤的主要黏结剂。但它的黏结性比土壤黏力小，所以使土壤疏松。腐植酸能直接和土壤中的黏土矿物生成腐植酸—黏土复合体，复合体和土壤中的钙、铁、铝等形成絮状凝胶体，把分散的土粒胶结在一起，形成水稳性团粒结构，即遇水不易松散的稳固的团粒。腐植酸类物质能增加土壤中真菌的活动，菌丝体可以缠绕土粒，菌丝体的转化产物和某些细菌的分泌物，如多聚糖、氨基糖等也能黏结土粒，增强土壤团粒结构的水稳性，提高其抗侵蚀性。具有团粒结构的土壤通气性好，作物所需要的氧气和二氧化碳气能顺利交换，有利于种子生根、发芽和生长。而且这种团粒结构中所保存的水分，在自然条件下也比较难以挥发，所以大大提高了土壤的保墒能力。

2）提高土壤的缓冲性能：腐植酸是弱酸，它与钾、钠、铵等一价阳离子作用，生成能溶于水的弱酸盐类。腐植酸和它的盐类在一起组成缓冲溶液，当外界的酸性或碱性物质进入土壤时，它能够在一定程度上维持土壤溶液的酸碱度大致不变，保证作物在比较稳定的酸碱平衡的环境中生长。酸性土壤，氢离子（H^+）浓度大，铁铝氧化物多，腐植酸与铁离子（Fe^{3+}）、铝离子（Al^{3+}）络合，释放出氢氧离子（OH^-）与土壤溶液中的氢离子（H^+）起中和反应，从而降低了土壤酸度。碱土中，碳酸钠危害作物生长，施用腐植酸肥料，碳酸钠与腐植酸的钙、镁、铁盐等发生反应，因而降低了土壤的碱性。此外，在盐碱地中腐植酸一方面改变土壤表层结构，切断毛细管，破坏了盐分上升的条件，起到"隔盐作用"，减少了土壤表层的盐分累积；另一方面发挥腐植酸代换量大的特性，把土壤溶液中的钠离子（Na^+）代换吸收到腐植酸胶体上，减轻钠离子（Na^+）对作物的危害。

（2）营养作用：腐植酸类物质本身是有机物质，被植物体吸收有两个途径：第一是小分子的有机酸直接被根吸收，为作物提供碳（C）营养。第二是被根际分泌物、根际酶等微生物作用分解为更小分子后，被根吸收。腐植酸含有作物必需的多种元素，如碳（C）、氢（H）、氧（O）、氮（N）、硫（S）、磷（P）等，它们的前身就是生物体的残体，经微生物分解的产物是作物所需要的养分，所以其中一部分被微生物分解后直接与根系发生代换，进入作物体内。第三是有些腐植酸与土壤中难溶金属离子络合为可溶性物质，如钙（Ca）、镁（Mg）、铜（Cu）、铁（Fe）、锰（Mn）、锌（Zn）等，以水溶性离子态与根系发生代换，进入作物体内，这一点是其他肥料所不具备的功能。

（3）刺激作物生长

1）调控酶促反应，增强植物生命活力：酶是植物生命活动的生物催化剂。植物的生命活动表现在新陈代谢过程中，即植物与外界环境之间的物质和能量交换及体内物质和能量转化的过程，其综合表现是生长发育。这些新陈代谢都是在一系列酶的专一作用下进行的，少量的酶就能起很强的催化作用。酶的作用大小以酶的活性来体现，如果没有酶促反应，生命活动就不能迅速、顺利地进行，新陈代谢就会中断，生命活动也就停止了。许多研究表明，腐植酸能调控植物体内多种酶的活性，特别是加强末端氧化酶的活性，有刺激和抑制双向调节作用，从而提高植物代谢水平。

2）具有类似植物内源激素的作用：酶对植物生命活力有着非常重要的作用，而很多酶的活性则受极微量的具有生理活性的分子即激素传递信息来调控，因此植物激素在协调新陈代谢、促进生长发育等生理过程中充当重要角色。激素是植物正常代谢的产物，已知植物内源激素有五大类，即生长素、赤霉素、细胞分裂素、脱落酸和乙烯，还有其他类如抗坏血酸等，它们有各自独特的和互相配合的生理作用。许多研究表明，腐植酸影响植物的很多生理反应，具有类似植物内源激素的作用。第一，腐植酸促使根的生长类似生长素效果。腐植酸对根有很特殊的超过对茎的刺激作用，促进根端分生组织的生长和分化，使幼苗发根伸长加快，次生根增多；第二，腐植酸促进作物种子萌发、出苗和幼苗生长类似赤霉素的效果，据报道，小麦经腐植酸处理，发芽率及大田出苗率比对照提高 2.3%~13.5%，早出苗 2 d，谷子经腐植酸处理，出苗率也提高 10%；第三，腐植酸使作物叶片增大、增重、保绿、青叶期延长，下部叶片衰老推迟，促进伤口愈合等很似细胞分裂素的作用；第四，腐植酸促使作物气孔缩小、蒸腾降低，类似脱落酸（ABA）的作用，脱落酸是植物体最重要的生长抑制剂，可提高植物适应逆境的能力；第五，腐植酸使果实提前着色、成熟，又似乙烯催熟作用；第六，腐植酸促进细胞分裂和细胞伸长、分化等方面的作用又类似两种以上植物激素的作用。

3）增强呼吸作用：植物的呼吸作用是消耗碳水化合物放出生物能量的过程，是一系列氧化还原反应。腐植酸对植物呼吸作用的促进是明显的。腐植酸分子含有酚—醌结构，形成一个氧化还原体系，酚羟基和醌基互相转化，促进作物的呼吸作用。腐植酸的这一种功能，对于处于缺氧环境中的作物更为重要。例如，种子埋在土层下面，发芽生根需要氧气，根愈往下扎，氧气愈不够，当土层中有腐植酸肥时，则与还原性物质作用放出氧，使酚氧化变成醌，输送到缺氧的根部，以满足作物根部及其他缺氧部位的需要。据中国农业大学测定，水稻用腐植酸浸种，根的呼吸强度增加了87%，叶片呼吸强度增加了39%。

（4）肥料缓释作用

1）腐植酸具有较强的络合、螯合和表面吸附能力：在适当配比和特殊工艺条件下，化学肥料可以与腐植酸作用，形成以腐植酸为核心的有机无机络合体，从而有效地改善营养元素的供应过程和土壤酶活性，提高养分的化学稳定性，减少氮的挥发、淋失以及磷、钾的固定与失活。

2）腐植酸能降低植物体内硝酸盐含量：腐植酸的缓释效应可抵消因偏施氮肥而导致的土壤中氮素和硝酸盐富集，使植物对氮素平衡吸收，不致累积。植物吸收氮素用于合成蛋白质，如果氮素转化的快，体内贮存就少，硝酸盐含量就少，腐植酸吸收锌、锰和铜，刺激硝酸还原酶、蛋白酶的活性，使植物体内的硝态氮及时向氨态氮转化，促进蛋白质的合成，不仅提高化肥利用率，还提高了氮素代谢水平，降低了植物体内硝酸盐含量，使食品更为安全。

（5）增加肥效，提高肥料利用率

1）对氮肥的影响：腐植酸对土壤中潜在氮素的影响是多方面的，腐植酸的刺激作用促进土壤微生物的生长和繁殖，导致有机氮矿化速度加快。腐植酸具有较高的盐基交换量，能够减少氮的挥发流失，同时也使土壤速效氮的含量有所提高。

2）对磷肥的影响：腐植酸对磷肥作用的研究国外已进行多年，我国也进行了这方面的研究，结果表明，不添加腐植酸，磷在土壤中垂直移动距离为3~4 cm，添加腐植酸可以增加到6~8 cm，增加近1倍，有助于作物根系吸收。腐植酸对磷矿的分解有明显的效果，并对速效磷的保护作用、减少土壤对速效磷的固定、促进作物根部对磷的吸收、提高磷肥的利用吸收率等均有极高的价值。加上腐植酸对Fe^{3+}、Al^{3+}、

Ca^{2+}、Mg^{2+} 等金属离子有较强的络合能力，可形成较为稳定的络合物。通过这种络合竞争可减少它们与土壤磷的结合，减少磷在土壤中的固定失活。

3）对钾肥的影响：腐植酸对钾肥的增效作用主要表现在：腐植酸的酸性功能团可以吸收和储存钾离子，防止在沙土及淋溶性强的土壤中随水流失，又可以防止黏性土壤对钾的固定，对含钾的硅酸盐、钾长石等矿物有溶蚀作用，可缓慢释放，从而提高土壤速效钾的含量。腐植酸对钾的释放有延缓作用。腐植酸肥料可使土壤速效钾被延缓释放，减少土壤黏土矿物对钾的固定，有利于提高钾素利用率。

4）促进矿物元素的吸收和运输：许多微量矿物元素如 Fe、Cu、Zn、Mn、B、Mo 等是参与植物代谢活动的酶或辅酶的组成成分，或对多种酶的活性及植物抗逆性有重要影响。腐植酸能与土壤中的矿物元素形成可溶性的络合（螯合）物，与 Fe 的络合能力最强且活性高。腐植酸的这一作用提高了作物对很多微量元素的吸收。植物吸收大量元素在体内容易移动，微量元素如铁、硼、锌等则移动性差，腐植酸与其络合后，促进了从根部向上运输，向其他叶片扩散，利用率提高，这是一些无机元素所欠缺的。示踪试验表明，与 $FeSO_4$ 比较，HA-Fe 从根部进入植株的数量多 32%，在叶部移动的数量多 1 倍，使叶绿素含量增加 15%~45%，有效地解决缺 Fe 引起的黄叶病。试验研究表明，腐植酸对改善作物矿质营养、调节大量元素与微量元素的平衡有重要影响。

5）腐植酸也是根际微生物的养分，施用腐植酸后的土壤中微生物活动、数量显著增加。据测定，施用腐植酸后，土壤中分解纤维的微生物增加 1 倍多，分解氨基酸的氨化细菌增加 1~2 倍。

（5）解毒（污）作用：腐植酸与重金属如汞（Hg）、砷（As）、镉（Cd）、铬（Cr）、铅（Pb）等可以形成一种复杂的难溶性络合物，阻断了重金属对植物的危害。腐植酸是有机胶质的弱酸，可以加速分解除草剂，进而缓解除草剂引起的药害。

（6）抗逆作用：腐植酸能减少植物叶片气孔张开强度，减少叶面蒸腾，从而降低耗水量，使植株体内水分状况得到改善，保证作物在干旱条件下正常生长发育，增强抗旱性。

（二）氨基酸（Amino acid）

1. 概念

氨基酸是含有氨基和羧基的一类有机化合物的通称，是生物功能大分子蛋白质的基本组成单位，是构成动物营养所需蛋白质的基本物质，是含有一个碱性氨基和一个酸性羧基的有机化合物。氨基酸可按照氨基连在碳链上的不同位置而分为 α-，β-，γ-，w……氨基酸，但经蛋白质水解后得到的氨基酸都是 α-氨基酸或亚氨基酸，而且仅有 22 种，包括甘氨酸、丙氨酸、缬氨酸、亮氨酸、异亮氨酸、甲硫氨酸（蛋氨酸）、脯氨酸、色氨酸、丝氨酸、酪氨酸、半胱氨酸、苯丙氨酸、天门冬酰胺、谷氨酰胺、苏氨酸、天冬氨酸、谷氨酸、赖氨酸、精氨酸、组氨酸、硒半胱氨酸和吡咯赖氨酸，它们是构成蛋白质的基本单位。

2. 氨基酸的作用

（1）土壤改良作用：土壤团粒结构是土壤结构的基本单位。氨基酸可降低土壤中的盐分、碱性并增强土粒高度分散，改善土壤理化性状，促进土壤团粒结构的形成，降低土壤容重，增加土壤总孔隙度和持水量，提高土壤保水保肥的能力，从而为植物根系生长发育创造良好的条件。

土壤微生物是土壤重要组成成分之一，对土壤有机无机质的转化、营养元素的循环以及对植物生命活动过程中不可少的生物活性物质——酶的形成均有重要影响。氨基酸能促进土壤微生物的活动，增加土壤微生物的数量，增强土壤酶的活性。国内外大量研究资料证实，施用氨基酸可使好气性细菌、放线菌、纤维分解菌的数量增加，对加速有机物的矿化、促进营养元素的释放有利。

（2）肥料增效与提高肥料利用率

1）对氮肥的增效作用：尿素、碳酸氢铵及其他小氮肥，挥发性强，利用率较低，和氨基酸混施后，可提高吸收利用率20%~40%（碳酸氢铵释放的氮素被作物吸收的时间20 d以上，而与氨基酸混施后可达60 d以上）；另外，氨基酸对土壤中潜在氮素的影响是多方面的，氨基酸的刺激作用，使土壤微生物流动性增加，导致有机氮矿化速度加快；氨基酸具有较高的盐基交换量，能够减少氮的挥发流失，同时也使土壤速效氮的含量有所提高。

2）对磷肥的增效作用：研究结果表明，在不添加氨基酸的条件下，磷在土壤中垂直移动距离3~4 cm，添加氨基酸后磷在土壤中的垂直移动距离可以增加到6~8 cm，增加近1倍，有助于作物根系吸收。氨基酸对磷矿的分解有明显的效果，并且对速效磷有保护作用，可减少土壤对速效磷的固定，促进作物根部对磷的吸收以及提高磷肥的吸收利用率。

3）对钾肥的增效作用：氨基酸的酸性功能团可以吸收和贮存钾离子，防止在沙土及淋溶性强的土壤中随水流失，可以防止黏性土壤对钾的固定，对含钾的硅酸盐、钾长石等矿物有溶蚀作用，可缓慢分解并增加钾的释放，从而提高土壤速效钾的含量。

4）对中微量元素肥料的增效作用：作物生长除需要氮、磷、钾三大元素外，还需钙、镁、锌、锰、铜、硼、钼等多种中微量元素，它们是作物体内多种酶的组成成分，对促进作物的生长发育、提高抗病能力、增加产量和改善品质等都有非常重要的影响。氨基酸可与难溶性中微量元素发生螯合反应，生成溶解度好、易被作物吸收的氨基酸微量元素螯合物，并能促进被吸收的微量元素从根部向地上部转移，这种作用是无机微量元素肥料所不具备的。

（3）刺激作用：氨基酸含有多种官能团，被活化后的氨基酸成为高效生物活性物质，对作物生长发育及体内生理代谢有刺激作用。

1）色氨酸和蛋氨酸在土壤中主要被微生物合成生长素和乙烯，色氨酸是生长素的前体物质，蛋氨酸是乙烯的前体物质，因此二者可起到类激素作用，刺激根端分生组织细胞的分裂与增长，促进幼苗根系发育，增加作物次生根数量，增强根系吸收功能。

2）氨基酸进入植物体内后，对植物起到刺激作用，主要表现在增强作物呼吸强度、光合作用和各种酶的活动。

（4）营养作用

1）土壤环境中 80% 以上的氮是以有机态形式存在的，但过去人们认为植物是不能利用有机态氮的。直到 19 世纪末以后，不断有研究结果表明植物能够吸收一定量的氨基酸并加以利用，不仅作物的根能吸收氨基酸，有些作物的茎叶也能吸收氨基酸。氨基酸是农作物生长的必需物质，作物吸收氨基酸后能够在体内转化合成其他氨基酸，同时，作物与土壤中的微生物对氨基酸的吸收有一定的竞争关系。

2）氨基酸对植物生长特别是光合作用具有独特的促进作用，尤其是甘氨酸，它可以增加植物叶绿素含量，提高酶的活性，促进二氧化碳的渗透，使光合作用更加旺盛。氨基酸对提高作物品质、增加维生素 C 和糖的含量都有着重要作用。

（5）抗逆作用：施用氨基酸的作物，由于土壤结构得到改良，土壤微生物数量增多、繁殖速度加快，作物根系发达，吸收养分和水分的能力提高，光合作用加强，作物的抗性包括抗旱、抗涝、抗倒、抗病等能力增强。

（6）增产提质作用：大面积示范结果表明，氨基酸对不同作物的产量和产量构成因素的作用是不同的。对粮食作物有穗子增大、粒数增多和千粒重增重等增产作用，如玉米施用氨基酸肥料，可促进玉米早熟，增强抗倒性，增加穗粒数和千粒重，比施用其他肥料平均增产 7%~9%，每亩增收玉米 25~40 kg。经济作物施用氨基酸后，如西瓜含糖量增加 13.0%~31.3%，维生素 C 的含量增加 3.0%~42.6%。

（三）海藻酸

1. 概念

海藻是生长在海洋中的低等光合营养植物，不开花结果，在植物分类学上称为隐花植物。海藻是海洋有机物的原始生产者，具有强大的吸附能力，营养极其丰富，含有大量的非含氮有机物和陆生植物无法比拟的钾、钙、镁、铁等 40 余种矿物元素和丰富的维生素，特别含有海藻中所特有的海藻多糖、褐藻酸、高度不饱和脂肪酸和多种天然植物生长调节剂等，具有很高的生物活性，可刺激植物体内非特异性活性因子的产生，调节内源激素的平衡。因此，在化工、医药、食品及农业生产上经济价值巨大，用途广泛。

2. 成分

海藻干物质中主要含碳水化合物、粗蛋白、粗脂肪、灰分等有机物质。海藻中的主要有机成分为多糖类物质，占干重的 40%~60%；脂质占 0.1%~0.8%（褐藻脂质含量稍高）；蛋白质含量一般在 20% 以下；灰分在藻种间含量变化较大，一般为20%~40%（表 1-29）。

表 1-29　　　　　　　　　　　海藻的有机成分（%）

海藻名称	碳水化合物	粗纤维	粗脂肪	粗蛋白
海带 *Laminaria japonica*	42.3	7.3	1.3	8.2
羊栖菜 *S. fuslforme*	22.2	7.6	1.0	8.0
带菜 *Undaria pinnatifida*	30.1	9.0	1.7	16.0
条斑紫菜 *PorpHyra yezoensis*	46.9	0.6	0.2	36.3
石花菜 *Gelidium amansii*	49.4	10.8	0.5	21.3
浒苔 *EnteromorpHa clathrata*	26.3	9.1	0.4	19.0

3. 海藻酸的作用

（1）改良土壤作用：海藻酸是一种天然生物制剂，它含有的天然化合物如藻朊酸钠是天然土壤调理剂，能促进土壤团粒结构的形成，改善土壤内部孔隙空间，协调土壤中固、液、气三者比例，恢复由于土壤负担过重和化学污染而失去的天然胶质平衡，增加土壤生物活力，促进速效养分的释放。

（2）刺激生长作用：海藻中所特有的海藻多糖、高度不饱和脂肪酸等物质，具有很高的生物活性，可刺激植物体内产生植物生长调节剂，如生长素、细胞分裂素类物质和赤霉素等，具有调节内源激素平衡的作用。

（3）营养作用：海藻酸含有钾、磷、钙、镁、锌、碘等 40 余种矿物质和丰富的维生素，可以直接被作物吸收利用，改善作物的营养状况，增加叶绿素含量。

（4）缓释肥效作用：海藻多糖与矿物营养形成螯合物，可以使营养元素缓慢释放，延长肥效。

（四）木醋液

1. 概念

木醋液也叫植物酸，是以木头、木屑、稻壳和秸秆等植物废弃物为原料在无氧条件下干馏或者热解后的气体产物经冷凝得到的液体组分，以及再进一步加工后的组分的总称，是一种成分非常复杂的混合物。木醋液的性质因其制法或加工工艺不同而异，所以木醋液前应加上原料名称，如桦木木醋液、柞木木醋液、硬杂木锯（木）屑木醋液、竹木醋液和稻壳木醋液等。我国北方研究以杂木醋液为主，南方以竹醋液或稻壳醋液为主。竹醋液还可以根据竹子种类不同分为多种竹醋液。

2. 木醋液的成分

木醋液的组分种类和含量见表 1-30，且因原材料的种类、含水率、热分解方法、采集工艺、存放时间和精制方法等不同而异。木醋液的成分涉及到许多种类的化合物，其中大多数是微量成分，其主要成分是水，其次是有机酸、酚类、醇类、酮类及其衍生物等多种有机化合物。酸类物质是木醋液中最具特征的成分，在木醋液中的含量也最高，往往占有机物含量的 50% 以上。木醋液中的其它成分还有胺类、甲胺类、二甲胺类、毗咲类等分子中含氮的碱类物质以及 K、Ca、Mg、Zn、Ge、Mn、Fe 等微量元素。

表 1-30　　　　　　　　　　　　　木醋液的成分

化合物	质量百分比（%）	化合物	质量百分比（%）
乙酸 98	5.111 7	2- 环己烯酮 92	0.014 6
丙酸 97	0.376 7	二环［3.1.1］庚 -2- 酮 82	0.052 0
四氢糠醇 87	0.022 7	并环戊二烯 81	0.014 6
2，2- 二甲氧基丁烷 92	0.024 4	二羟基吡啶 83	0.581 3
4- 苄基 -1，3- 恶唑烷 -2- 酮 73	0.009 7	3- 甲基 -2- 环戊烯 -1- 酮 86	0.191 6
丙酸丙酯 87	0.024 4	2- 糠酸甲酯 78	0.048 7
环戊酮 94	0.128 3	苯酚 97	0.370 2
丁酸 88	0.052 0	甲基乙酰丙酸 94	0.043 8
3，5- 二甲基吡唑 -1- 甲醇 87	0.332 9	3，4- 二甲基 -2- 环戊烯 -1- 酮	0.017 9
2- 甲基环戊酮 88	0.024 4	2，5- 二氢 -3，5- 二甲基 -2- 呋喃酮 86	0.099 1
3- 甲基环戊酮 86	0.008 1	四氢 -2- 呋喃甲醇 93	0.183 5
二甲基丁酸 82	0.011 4	1，4- 二酮 -2，5- 环己二烯 85	0.037 3
2- 硝基戊烷 84/4，5- 二甲基 -1- 己烯	0.084 4	1，2- 环戊二酮 96	0.508 2
乙酰基甲基酯 96	0.131 5	2，3- 二甲基 -2- 环戊烯 -1- 酮 94	0.123 4
2- 甲基 -2- 环戊烯酮 92	0.152 6	乙醛二甲基缩醛 79	0.050 3
2- 乙酰基呋喃 86	0.172 1	1- 羟基 -4- 甲氧基 - 吡啶 77	0.175 4
丁酸乙烯基酯 92	0.022 7	邻甲基苯酚 94	0.212 7

（续表）

化合物	质量百分比（%）	化合物	质量百分比（%）
2-环戊烯-1-酮 89	0.077 9	2，3，4-三甲基-2-环戊烯-1-酮 85	0.024 4
2，5-己二酮 94	0.037 3	3-甲基苯酚 94	0.436 8
乙酰基环己烷 73	0.040 6	8-羟基-2H-苯并吡喃-2-酮 62	0.047 1
2-乙基-2-甲基-1，3-环戊二酮 74	0.029 2	2，6-二甲氧基-4-烯丙基苯酚 63	0.050 3
2，3-二甲酚 92	0.129 9	3，4-二乙基，二甲基酯 74	0.081 2
2，3-二甲酚 85	0.133 2	1-（6-氧杂二环［3.1.0］己-1-基）乙酮 81	0.037 3
2-甲氧基-6-甲基苯酚 83	0.077 9	2-甲氧基苯酚 98	0.595 9
2-甲氧基-4-甲基酚 87	0.037 3	3-乙基-4，4-二甲基-2-戊烯	0.077 9
2-甲氧基对甲酚 96	0.290 7	3-乙烯基环己酮 83	0.050 3
2，3-二甲酚 80	0.047 1	2，3-二甲基-4-羟基-2-丁内酯 75	0.029 2
3-丙基-2-羟基-2-环戊烯酮	0.050 3	2，6-二甲基对苯醌 73	0.043 8
3-（-乙基呋喃基）丙烯醛 83	0.021 1	2-甲基-3-羟基吡喃酮 86	0.030 9
2，6-二甲氧基酚 79	0.056 8	3-乙基-2-羟基-2-环戊烯-1-酮 95	0.196 5
2，5-二甲氧基甲苯 80	0.352 4	2-甲基二环 [2.2.2] 辛烷 81	0.047 1
茚满-1-酮 91	0.061 7	戊二羧酸二甲酯 76	0.019 5
3-羟基-2-（2-甲基环己-1-烯基）丙醛 69	0.103 9	丁香醛 64	0.058 5
2-羟基-1，3-二甲氧基苯 91	1.705 0	3，5-二甲氧基-4-羟基苯基丙烯	0.084 4
1，2，4-三甲氧基苯 83	0.557 0	1-（4-羟基-3，5-二甲氧基苯基）乙酮 85	0.116 9
2-甲氧基-4-丙烯基苯酚 81	0.113 7	3，5-二甲氧基-4-羟基苯基乙酸 77	0.211 1
1-（4-羟基-3-甲氧基苯基）乙酮 87	0.095 8	长链酯 70	0.019 5
1，2，3-三甲氧基-5-甲基苯 82	0.319 9	总有机相	16.238
1-（4-羟基-3-甲氧基苯基）-2-丙酮 91	0.225 7	水相	83.762

3. 木醋液的性质

（1）性状：黄褐色酸（碱）性液体，对食品有增香、除臭和防腐作用。

（2）闪点（℃）：112。

（3）溶解性：溶于水和乙醇。

（4）沸点（℃）：99。

（5）酸碱性与比重：用不同材料生产的木醋因原材料、含水量和生产工艺等不同而有差异，大体差异见表1-31。

表1-31　　　　　　　　　　不同材料生产的木醋液酸碱度差异

材料	硬杂木醋液	苹果木醋液	杨木醋液	花生壳醋液	竹醋液	稻壳醋液
酸碱度（pH）	2.87	3.36	3.10	3.01	3.31	7.8
比重	1.013	0.999 5	0.992 0	1.000 4	0.999 0	1.002

4. 木醋液在农业上的应用

木醋液在日本、美国、韩国等国家的农业生产中均获得推广应用。木醋液在美国应用于花卉园艺和林果业等方面。相比较而言，日本对木醋液的应用最为普遍，每年大约生产50 000 t的木醋液，其中约有一半应用于农业生产，主要用于促进作物生长及控制线虫、病原菌和病毒等。

我国台湾地区对木醋液的研究特别是应用研究起步也较早，主要应用于林果业、促进作物生长和病虫害防治等。我国内陆地区有些科研单位从1989年开始对木醋液也相继开展了研究工作，但在实际应用方面起步较晚。

（1）调节土壤碱性作用：木醋液是一种强酸性溶液或碱性溶液，酸碱度（pH）为3.0左右，是一种植物酸（碱），因此可以用于调节土壤酸碱性。

第一，东北地区水稻育苗基质调碱。根据土壤实际pH，每360 m^{2}使用500 mL酸性木醋液兑水300倍，均匀喷施在基质苗床上。

第二，东北地区水稻育苗床土调碱。根据土壤实际pH，将500 mL酸性木醋液稀释300倍均匀喷施于360 m^{2}铺完底土的苗床上。

第三，东北地区秧苗生育期调碱。水稻2叶期是秧苗生育转型期，此时期进行调酸，能有效控制水稻立枯病、青枯病的发生。将500 mL酸性木醋液稀释300倍均匀喷施于360 m^{2}秧苗的苗床上。

第四，对于酸性土壤调酸。对于南方土壤、中原地区和黄淮流域酸性土壤，可用碱性木醋液水溶肥进行调酸。

（2）土壤消毒作用：将木醋液喷洒在土壤中，能有效抑制阻碍植物生长的微生物类的繁殖，可以预防种子的立枯病；有杀死根结线虫等害虫的作用，因此可用作土壤消毒。

（3）刺激生长作用（类植物生长调节剂）

第一，生根剂作用。木醋能够提高农作物的根系活力指数，促进农作物的发根力。据李桂花等人研究，不同来源和不同浓度的木醋液（200倍以下）对水稻发根能力均比空白对照有所增加，以500~700倍稻壳木醋液促进水稻的发根能力为最好。据杨华研究，用含有木醋液的基质进行大白菜、小白菜、萝卜、水萝卜和黄瓜育苗栽培，结果表明，木醋液对其幼苗根系均有很好的促进作用。据山东省临沂市农业科学院范永强研究，在番茄、黄瓜、西葫芦、草莓和油菜等作物移栽后冲施木醋液5 L/亩，茼蒿、菠菜等蔬菜的苗期冲施木醋液5 L/亩，对其根系均具有显著的促进作用。在小麦播种后，冲施木醋液5 L/亩，能显著增强小麦的发根力。

第二，膨大作用。桃树开花前喷施酸性木醋液80倍，谢花后喷施150~200倍木醋液，桃树套袋前，喷施150~200倍木醋液，20 d桃的单果重提高28.3%。

第三，延缓衰老作用。在桃树谢花后，结合病虫害防治，喷施酸性木醋液100~150倍，连续喷施2次，较不喷施的桃树落叶晚7~10 d。据范永强进行小麦沙培盆栽试验研究，小麦播种后，每冲施5 L木醋液，小麦枯死时间较对照晚12 d。

第四，能够提高作物的叶绿素含量。在桃树和苹果膨果期喷施酸性木醋液100~150倍，施后15 d调查，桃树和苹果树的叶绿素含量均有显著提高，桃树较空白对照提高24.7%，苹果树较空白对照提高32.1%。

（4）对杀虫剂的增效作用（农药增效剂）

第一，防治桃小绿叶蝉的增效作用。结合防治桃小绿叶蝉，喷施150倍的酸性木醋液，防治效果提高46.2%。

第二，防治茶小绿叶蝉的增效作用。结合防治茶小绿叶蝉，喷施150倍的酸性木醋液，防治效果提高38.7%。

第三，防治桃蚜的增效作用。桃树谢花后结合防治桃蚜，喷施150倍的酸性木醋液，防治效果提高31.1%。

（5）钝化重金属

第一，对重金属镉的钝化。据研究，在装有土壤、木醋液和含磷化合物的栽培盆内进行盆栽试验（油菜）表明，木醋液能促进碳酸钙中镉的吸收利用，相反能降低磷酸钙、溶性磷肥和堆肥中的镉的吸收利用（图1-26）。

第二，对铜的钝化作用。据研究，在装有土壤、木醋液和含磷化合物的栽培盆内进行盆栽试验（油菜）表明，木醋液能促进碳酸钙中铜的吸收利用，相反能降低溶性磷肥和堆肥中的铜的吸收利用，对磷酸钙中的铜的吸收没有作用（图1-27）。

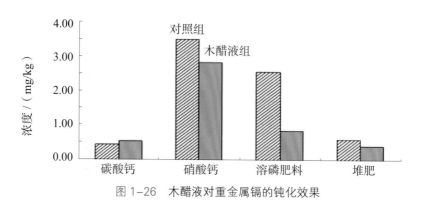

图 1-26　木醋液对重金属镉的钝化效果

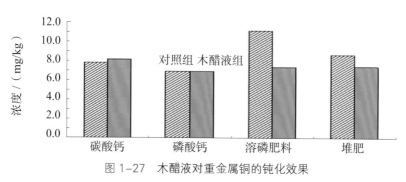

图 1-27　木醋液对重金属铜的钝化效果

（6）提高磷和钙的吸收利用

第一，对磷的吸收利用。据研究，在装有土壤、木醋液和含磷化合物的栽培盆内进行盆栽试验（油菜）表明，木醋液能促进磷酸钙和堆肥中的磷的吸收利用，相反对碳酸钙和溶性磷肥中的磷的吸收利用不利（图 1-28）。

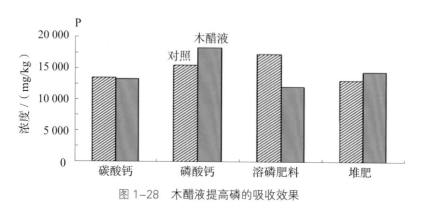

图 1-28　木醋液提高磷的吸收效果

第二，对钙的吸收利用。据研究，在装有土壤、木醋液和含磷化合物的栽培盆内进行盆栽试验（油菜）表明，木醋液能促进碳酸钙中钙的吸收利用，相反，对磷酸钙、溶性磷肥和堆肥中的钙的吸收利用不利（图 1-29）。

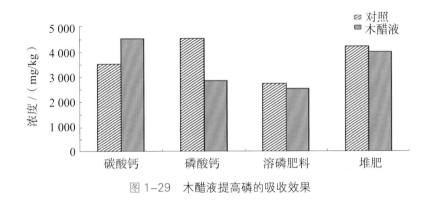

图 1-29　木醋液提高磷的吸收效果

（7）含木醋液的植物源生物刺激素

1）果树清园剂：由山东临沂农业科学院范永强研制的"一种促进植物生长持效期长的果树清园用农药水剂"获国家发明专利（国家发明专利号：ZL 2017 10 576 849.7），其原料组分及其稀释倍数为酸性木醋液 80 倍、30% 苯甲·丙环唑乳油 2 000~3 000 倍、2.5% 高效氯氟氰菊酯 500 倍、40% 毒死蜱乳油 500 倍，在桃树（大樱桃、杏树、梨树等）开花前 5~7 d、苹果树（葡萄、冬枣等）萌芽前 5~7 d 喷施树干，能够代替石硫合剂，具有较好的杀虫杀菌作用，且较喷施石硫合剂早开花或早发芽 3~5 d，还具有防止倒春寒的作用。

2）木醋液氨基酸叶面肥：设施栽培草莓或果树，结合病虫害防治，喷施 150~200 倍液；露地栽培草莓或果树，结合病虫害防治，喷施 150~200 倍液；禾本科作物（小麦、水稻等），结合病虫害防治，喷施 150~200 倍液。

3）水溶性肥料：露地栽培或设施栽培草莓移栽前、设施栽培草莓上棚升温后冲施 5~10 L/亩；设施栽培蔬菜或当年生花卉，在移栽后冲施 5~10 L/亩；块茎类（山药、地瓜、马铃薯）、辛辣类（大蒜、大姜、大葱）作物移栽后，结合浇水冲施 5~10 L/亩；块根（萝卜、甜菜）类作物，在块根膨大前，结合浇水冲施 5~10 L/亩。

（五）甲壳素

1. 概念

甲壳素又称甲壳质，经脱乙酰化后称为壳聚糖，英文名称 Chitin。中文学名几丁质、甲壳素，化学名称 β-（1-4）-2-乙酰氨基 -2- 脱氧 -D- 葡萄糖，别名壳多糖、几丁质、甲壳质、明角质、聚乙酰氨基葡糖，分子式（$C_8H_{13}NO_5$）$_n$。外观为类白色无定形物质，无臭、无味，能溶于含 8% 氯化锂的二甲基乙酰胺或浓酸，不溶于水、稀酸、碱、乙醇或其他有机溶剂。自然界中甲壳素广泛存在于低等植物菌类细胞壁和甲壳动物如虾、蟹和昆虫等外壳中。它是一种线型的高分子多糖，即天然的中性黏多糖，若经浓碱处理去掉乙酰基即得脱乙酰壳多糖。甲壳素化学上不活泼，与体液不发生变化，对组织不起异物反应。

2. 甲壳素的作用

（1）培养基作用：甲壳素能促进土壤有益微生物的快速繁衍增生，高效率分解、转化利用有机无机养分，同时土壤有益微生物可把甲壳素降解转化成优质的有机肥料，供作物吸收利用。

（2）净化和改良土壤：甲壳素进入土壤后是土壤有益微生物的营养源，可以大大促使有益细菌如固氮菌、纤维分解菌、乳酸菌、放线菌的增生，抑制有害细菌如霉菌、丝状菌的生长。用甲壳素灌根 1 次，15 d 后测定：有益菌如纤维分解细菌、自生固氮细菌、乳酸细菌增加 10 倍，放线菌增加 30 倍。有害菌如常见霉菌是对照的 1/10，其他丝状真菌是对照的 1/15。微生物的大量繁殖可促进土壤团粒结构的形成，改善土壤的理化性质，增强透气性和保水保肥能力，从而为根系提供良好的土壤微生态环境，使土壤中的多种养分处于有效活化状态，可提高养分利用率，减少化学肥料用量。同时，放线菌分泌出抗生素类物质可抑制有害菌（腐霉菌、丝核菌、尖镰孢菌、疫霉菌等）的生长，乳酸细菌本身可直接杀灭有害菌，从而净化土壤、消除土壤连作障碍。

（3）肥料增效与提高肥效（螯合作用）：甲壳素分子结构中含有氨基（—NH_2），与土壤中钾、钙、镁和微量元素铁、铜、锌、锰、钼等阳离子能产生螯合作用，供作物吸收利用，从而提高了肥效，提高化肥利用率而减少化肥使用量。甲壳素分子结构中含有氨基（—NH_2）、醛基（—COH）、羟基（—OH）对酸根（H^+）、碱根（OH^-）都有很强的吸附能力，因此可有效地缓解土壤酸碱度。

（4）提高产量，改善品质：甲壳素对作物的增产、提高品质作用十分突出，这是因为甲壳素进入土壤后，可促进有益微生物的种群和数量的增生，促进土壤中残存或施入土壤中的有机质最大化地保护和转化分解合成为作物可直接吸收的养分。甲壳素衍生物可以激活、增强植株的生理生化机制，促使根系发达、茎叶粗壮，增强植株吸收甲壳素降解的氨基葡萄糖等高营养级营养的能力，增强作物利用水肥的能力和光合作用的能力等。用甲壳素处理粮食作物种子，可增产 5%~15%；用于果蔬类作物喷灌等，可增产 20%~40% 甚至更多。除增产外，甲壳素还可以改善作物的品质，比如，增加粮食蛋白质和面筋的含量以及果蔬中糖的含量。

（六）矿物源生物刺激素（一种红外线响应的矿物源生物刺激素）

1. 红外线的基本概念

红光外侧的光线，被称为红外光，又称红外线，属于电磁波的范畴，是一种具有强热作用的电磁波。红外线的波长范围很宽，人们将不同波长范围的红外线分为近红外、中红外和远红外区域，相对应波长的电磁波称为近红外线、中红外线及远红外线。

2.红外线的来源

自然界有无数的远红外放射源，如宇宙中的星体、太阳等；还有地球上的海洋、山岭、岩石、土壤、森林、城市、乡村以及人类生产制造出来的各种物品，凡在（−273.15℃）以上的环境，无所不有地发射出不同程度的红外线。我们生产和生活中常见的发生远红外线的物质有以下几个方面。

（1）生物炭：高温竹炭、竹炭粉、竹炭粉纤维以及各种制品等。

（2）碳纤维制品：用来取暖的碳纤维地暖片、碳纤维发热电缆、碳纤维暖气片等，在产生热量的同时，会产生85%左右的远红外线辐射热量。

（3）电气石：电气石原矿、电气石颗粒、电气石粉、电气石微粉纺织纤维以及各种制品等。

（4）玉石：含有各种微量元素，如钙，镁，锌，硒，锰等对人体有益矿物质各种玉石，加热后具有更多的有益于人体的远红外线。中国自古就有"人养玉，玉养人"之说。

3.红外线对植物的作用原理

（1）红外线波段标准：红外线的波长大于可见光线，波长为0.75~1 000 μm。红外线可分为三部分，即近红外线，波长为0.75~2.5 μm；中红外线，波长为2.5~25.0 μm；远红外线，波长为25.0~500 μm。

（2）对农作物的作用机理

1）光子生物分子激活剂作用：一种红外线响应的肥料增效剂，具有较强的远红外线（波段2~16 μm），特别是该远红外线有较强的渗透力和辐射力，具有显著的温控效应和共振效应，易被物体吸收并转化为物体的内能，使生物体的分子能级被激发而处于较高震动能级，这激活了核酸蛋白质等生物大分子的活性，使生物体细胞处于最高振动能级。由于生物细胞产生共振效应，促进生物体内的各种循环，强化各组织之间的新陈代谢，增加组织的再生能力，提高机体的免疫能力。从而发挥了生物大分子调节生物体代谢、免疫等活动的功能，有利于生物体能的恢复和平衡，达到防治病害的目的。

2）改变水分子结构：可使体内水分子产生共振，使水分子活化，水温升高，密度减小，离子积增大，增强其分子间的结合力，从而导致植物生长发育速度加快，水中溶解氧浓度增加，分解农药残留能力增强，无机盐的溶解度下降，使得盐碱地对植物生长的影响降低。

4.一种超强远红外线的红外线光肥

（1）组成成分与加工工艺：由山东蒙山等地特有的麦饭石、火山石、二钾石、砭石和木鱼石等岩石为原料，经破碎—搅拌混合—低温烧制—破碎—高温烧制—破碎—添加多种微量元素—粉筛—包装而成。

（2）在农业生产中应用

1）促进农作物种子萌发，增强农作物种子萌发过程中的抗逆性（抗酸、抗盐碱、抗寒等），提高发芽势和发芽率。据山东临沂农业科学院范永强和山东德寿生态农业发展有限公司王寿峰研究（表 1-32）：在土壤 pH 为 4.1 的沙壤土上栽植水稻，栽植前结合施肥每亩施用具有超强红外线的蒙山红陶（粉剂），明显提高水稻的抗酸性，促进水稻的生长，其中株高较对照增加 10.0 cm，提高 18.2%；单株有效分蘖增加 1 个，较对照增加 10.0%；显著增加穗粒数，较对照增加 15.1 粒，提高 20.1%；明显提高千粒重，较对照增加 2.2 g，提高 9.2%（图 1-30）。

表 1-32　　　　　　　　　　红外线光肥对水稻抗酸性影响

处理	远红外线	对照	增减（%）
株高（cm）	65	55	+18.2
单株有效分蘖（个）	11	10	+10.0
穗粒数（粒）	90.4	75.3	+20.1
千粒重（g）	26.1	23.9	+9.2

据山东临沂农业科学院范永强和山东德寿生态农业发展有限公司王寿峰研究：在土壤 pH 为 4.1 的沙壤土上种植小麦，播种前结合施肥每亩施用具有超强红外线光肥，能明显提高小麦的抗酸性，促进小麦的生长。其中，株高较对照增加 6.9 cm，提高 16.2%；单株有效分蘖增加 1.3 个，较对照增加 13.6%；显著增加穗粒数，较对照增加 11.2 粒，提高 18.1%；明显提高千粒重，较对照增加 1.9 g，提高 8.8%（图 1-31）。

图 1-30　红外线光肥对水稻生长的示意

图 1-31　红外线光肥对冬小麦生长的影响示意

用 1 000 目的具有超强红外线的红外线光肥拌小麦种（100 g/12.5 kg 种子），明显提高小麦的发芽势和发芽率（表 1-33，图 1-32）。

表 1-33 不同处理对小麦发芽的影响

处理	对照	红外线光肥拌种	增减（%）
发芽率（%）	70.1	85.9	22.5
根长（cm）	6.8	7.5	10.3
根重（g）	11.6	13.2	13.8
株高（cm）	15.7	16.7	6.4

图 1-32 红外线光肥对冬小麦发芽的影响（右为对照）

2）提高作物的抗碱性：在土壤 pH 为 8.9 的沙壤土上种植小白菜，播种前结合施肥每亩施用具有超强红外线光肥，明显提高小白菜的抗碱性，促进小白菜的生长，其中单株重量较对照提高 40.8%（图 1-33）。

图 1-33　红外线光肥对小白菜生长的影响（左为对照）

3）提高作物的抗寒性：大蒜种植前结合施肥，每亩施用 10 kg 具有超强红外线光肥，明显提高大蒜的抗冻性（图 1-34）。

图 1-34　红外线光肥对大蒜抗冻性影响

结合桃树秋季施肥，每棵盛果期桃树（映霜红）追施 0.5 kg 具有超强红外线光肥，2019 年早春倒春寒影响显著减轻，桃树开花期提前 3 d，坐果率较对照提高 36.2%。

4）提高产量和品质：在黑鸡枞菇生产床上面每亩施用 30 kg 具有超强红外线的蒙山红陶（粉剂），能够促进黑鸡枞菇的发菇率和快速生长，发菇率较对照提高 28.8%，产量较对照提高 51.4%（图 1-35）。

图 1-35 中红外线对黑鸡枞菇生长的影响（右为对照）

2018 年结合桃树秋季施肥，每棵盛果期桃树（映霜红）追施 0.5 kg 具有超强远红外线光肥，2019 年秋季桃品上色早 5 d，桃的可溶性固形物较对照的 15.3% 提高到 18.4%，硬度提高 4.2 kg/cm^2（图 1-36）。

图 1-36 红外光肥对桃（映霜红）着色的影响（左为对照）

5）增加果品的保质期：据山东省农业科学院陈蕾蕾研究，在 26℃ 的恒温条件下用具有超强红外线的蒙山红陶（保鲜盒）处理保鲜大樱桃 48 h，大樱桃腐烂率较对照降低 54.5%。

5. 施用方法

（1）一年生设施蔬菜或花卉的施用方法：移栽前结合基肥撒施 5.0~15.0 kg/ 亩；

（2）多年生设施栽培花卉或果树施用方法：生育期间结合追肥施用 10.0~15.0 kg/ 亩。

（七）添加生物刺激素的肥料

1. 添加腐植酸尿素肥料

（1）工艺：通过尿素造粒工艺技术制成含腐植酸尿素。

（2）标准：执行 Hg/T 5045—2016 标准（表 1-34）。

表 1-34 含腐植酸尿素标准要求 Hg/T 5045—2016

项目		指标
总氮（N）的质量分数（%）	≥	45
腐植酸的质量分数（%）	≥	0.12
氨挥发抑制率（%）	≥	5.0
缩二脲的质量分数（%）	≤	1.5
水分[a]（%）	≤	1.0
亚甲基二脲[b]（以 HCHO 计）的质量分数（%）	≤	0.6
粒度[c]（%）	d 0.85~2.80 mm ≥ d 1.18~3.35 mm ≥ d 2.00~4.75 mm ≥ d 4.00~8.00 mm ≥	90

a 水分以生产企业出厂检验数据为准。b 若尿素生产工艺不加甲醛，可不做亚甲基二脲含量的测定。c 只需符合四档中的任一档即可，包装标识中应标明粒径范围。

2. 添加腐植酸复合肥料

（1）加工工艺：用风化煤、褐煤、泥炭为原料进行腐植酸提取，经过腐植酸活化后与无机肥料配制成腐植酸复合肥料。

（2）标准：执行 Hg/T 5046—2016 标准（表 1-35）。

表 1-35 含腐植酸复合肥技术要求 Hg/T 5046—2016

项目		指标		
		高浓度	中浓度	低浓度
总养分（N+P$_2$O$_5$+K$_2$O）的质量分数[a]（%）	≥	40.0	30.0	25.0
水溶性磷占有效磷百分数[b]（%）	≥	60.0	50.0	40.0
活化腐植酸含量（以质量分数计）（%）	≥	1.0	2.0	3.0
总腐植酸含量（以质量分数计）（%）	≥	2.0	4.0	6.0
水分（H$_2$O）质量分数[c]（%）	≤	2.0	2.5	5.0
粒度（1.00~4.75 mm 或 3.35~5.60 mm）[d]（%）		90		
氯离子质量分数[e]（%）	"未标含氯"的产品 ≤	3.0		
	标识"含氯（低氯）"的产品 ≤	15.0		
	标识"含氯（中氯）"的产品 ≤	30.0		

（续表）

a 表明的单一养分含量不得低于 4.0%，且单一养分测定值与表明值负偏差的绝对值不得大于 1.5%。b 以钙镁磷肥等枸溶性磷肥为基础磷肥并在包装容器上注明为"枸溶性磷"时，"水溶性磷占有效磷百分率"项目不做检验和判定；若为氮、钾二元素肥料，"水溶性磷占有效磷百分率"项目不做检验和判定。c 水分以出厂检验数据为准。d 当用户对粒度有特殊要求时，可由供需双方协议确定。e 氯离子质量分数大于 30% 的产品，应在包装上标明"含氯（高氯）"标识，"含氯（高氯）"产品氯离子质量分数可不做检验和判定。

3. 含海藻酸尿素

（1）生产工艺：以海藻为主要原料制备海藻酸增效液，添加到尿素生产过程中，通过尿素造粒工艺制成海藻酸尿素。

（2）标准：执行 Hg/T 5049—2016 标准（表 1-36）。

表 1-36　　　　　含海藻酸尿素标准要求 Hg/T 5045—2016

项目			指标
总氮（N）的质量分数（%）		≥	45.0
海藻酸的质量分数（%）		≥	0.03
氨挥发抑制率（%）		≥	0.5
缩二脲的质量分数（%）		≤	1.5
水分 [a]（%）		≤	1.0
亚甲基二脲 [b]（以 HCHO 计）的质量分数（%）		≤	0.6
粒度 [c]（%）	d 0.85~2.80 mm	≥	90
	d 1.18~3.35 mm	≥	
	d 2.00~4.75 mm	≥	
	d 4.00~8.00 mm	≥	

a 水分以生产企业出厂检验数据为准。b 若尿素生产工艺不加甲醛，可不做亚甲基二脲含量的测定。c 只需符合四档中的任一档即可，包装标识中应标明粒径范围。

4. 含海藻酸类肥料

（1）加工工艺：以海藻为主要原料制备海藻酸增效液，添加到肥料生产过程中制成含有一定海藻酸的海藻酸包膜尿素，再将含海藻酸包膜尿素与其他肥料混合制成海藻酸复合肥、海藻酸掺混肥和海藻酸水溶肥。

（2）标准：执行 Hg/T 5050—2016 标准（表 1-37~表 1-41）。

表 1-37　　　　　海藻酸包膜尿素技术标准 Hg/T 5050—2016

项目		指标
总氮（N）的质量分数（%）	≥	45.0
海藻酸的质量分数（%）	≥	0.05
氨挥发抑制率（%）	≥	10.0
粒度（2.00~4.75 mm）（%）	≥	90

表 1-38　　　部分海藻酸包膜尿素的掺混肥料技术标准 Hg/T 5050—2016

项目		指标
海藻酸的质量分数（%）	≥	0.02
海藻酸尿素占总尿素总氮质量分数（%）	≥	40.0

注：海藻酸包膜尿素应符合本标准表 41 的要求。

表 1-39　　　　　海藻酸复合肥技术标准 Hg/T 5050—2016

项目		指标
海藻酸的质量分数（%）	≥	0.05
氨挥发抑制率（%）	≥	5

注：不含尿素的复合肥产品不检测该项指标。

表 1-40　　　　　含海藻酸水溶肥技术标准 Hg/T 5050—2016

项目		指标
海藻酸的质量分数（%）	≥	1.5

表 1-41　　　含木醋液氨基酸水溶肥技术标准 Hg/T 5050—2016

项目		指标
氨基酸的质量分数（%）	≥	10.0
木醋液的质量分数（%）	≥	60.0

第七节 土壤改良型肥料

一、多功能土壤改良型肥料（氰氨化钙）

（一）氰氨化钙的理化性质

氰氨化钙英文名称为 Calcium Cyanamide，分子式 $CaCN_2$，CAS 编号 156-62-7；分子量 80.09，相对密度 2.29，表观密度 $1.0\sim1.2\ g/cm^3$，熔点 1 300℃，在 >1 150℃时开始升华。氰氨化钙外观深灰色或黑灰色微型颗粒，质地较轻，微溶于水，不溶于酒精，易吸潮起水解作用。氰氨化钙含氮（N）19.8%~21.0%，含钙（Ca）35.0% 左右，pH 12.5 左右。

（二）氰氨化钙在土壤中的反应原理

1. 氰氨化钙施入土壤后，在一定温度条件下遇水反应生成氢氧化钙 $[Ca(OH)_2]$ 和酸性氰氨化钙 $[Ca(HCN_2)_2]$；

$$CaCN_2+H_2O \longrightarrow Ca(OH)_2+Ca(HCN_2)_2（酸性氰氨化钙）$$

2. 酸性氰氨化钙再与土壤胶体上的氢离子（H^+）发生阳离子代换，生成单氰胺（H_2CN_2）和双氰胺（$H_4C_2N_4$）；

$$Ca(HCN_2)_2+[土壤胶体]H^+ \longrightarrow H_2CN_2（单氰胺）+[土壤胶体]Ca^{2+}$$

3. 两个单氰胺分子形成一个双氰胺分子；

$$2H_2CN_2 \longrightarrow H_4C_2N_4（双氰胺）$$

4. 单氰胺、双氰胺和水继续反应生成尿素 $[CO(NH_2)_2]$；

（1）单氰胺与水反应生产尿素：

$$H_2CN_2+H_2O \longrightarrow CO(NH_2)_2$$

（2）双氰胺与水反应生产尿素：

$$H_4C_2N_4+2H_2O \longrightarrow 2CO(NH_2)_2$$

5. 尿素在土壤中逐渐水解成铵态氮（NH_4^+），铵态氮再转化成硝态氮（NO_3^-）被作物吸收利用。

（1）尿素在土壤中水解成铵态氮：

$$CO(NH_2)_2+2H_2O \longrightarrow (NH_4)_2CO_3$$

（2）铵态氮转化成硝态氮：

$$2NH_4^++3O_2+2OH^- \longrightarrow 2HNO_2+4H_2O$$

$$2HNO_2+O_2 \longrightarrow 2HNO_3$$

氰氨化钙在土壤中的分解如图 1-37 所示。

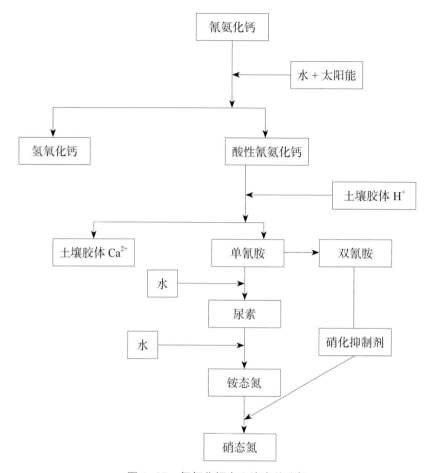

图 1-37　氰氨化钙在土壤中的分解

（三）氰氨化钙在土壤中的反应特点

氰氨化钙在土壤中的反应速度，与土壤含水量、土壤温度和施用量有关。在土壤相对持水量不低于 70%、土壤 5 cm 深处平均地温不低于 15℃ 的情况下，氰氨化钙才开始分解，否则停止分解或分解缓慢。氰氨化钙在土壤中的分解速度随着地温升高而加快，随着施用量的增加而减慢。试验研究表明，在土壤 5 cm 深处平均温度为 15℃ 以上、土壤田间相对持水量保持 70% 以上的条件下，氰氨化钙在土壤中的反应速度为 10 kg/3 d。

（四）氰氨化钙对土壤障碍的修复作用

1. 对土壤酸碱度的影响

（1）防止土壤酸化：氰氨化钙在土壤中与水反应，生成氢氧化钙和酸性氰氨化钙。氢氧化钙能中和土壤溶液的酸，即活性酸（表酸）；酸性氰氨化钙与土壤胶体上的氢离子发生交换，能降低土壤胶体上的氢离子浓度，即降低土壤的交换性酸（潜酸）。因此，施用氰氨化钙能够防止土壤酸化，改善土壤的生物学功能。表 1-42，图 1-38 是对桃树连续 4 年环状施用氰氨化钙土壤酸度的变化情况。

表 1-42　　　　　　　　　氰氨化钙对土壤 pH 的影响（4 年定位）

处理	对照（0）		硝酸钙 （50 g / 棵）	氰氨化钙 1 （150 g / 棵）	氰氨化钙 2 （250 g / 棵）	氰氨化钙 3 （350 g / 棵）
	1980	2010				
pH	6.50	5.80	5.71	6.29	6.40	6.49

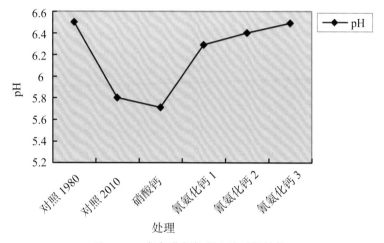

图 1-38　氰氨化钙抑制土壤酸性的效果

　　据研究（图 1-39，范永强），在山东省莒南县石莲子镇西高家埠村的土壤酸碱度（pH）为 4.62 的酸性土壤上连续 4 年种植花生，结合整地起垄，每亩撒施氰氨化钙 5 kg，其土壤 pH 为 4.66，不施用氰氨化钙的处理 pH 为 4.27，施用氰氨化钙的处理较原来提高 0.04，较不施用氰氨化钙的处理 pH 提高 0.39。因此，在农业生产中连续施用氰氨化钙，能够抑制土壤酸化的作用。

　　（2）长期合理施用氰氨化钙会防止土壤碱化：氰氨化钙的 pH 为 12.5 左右，是一种强碱性肥料。据德国阿兹肯公司提供的研究资料表明，在年降水 1 100 mm 的气候条件下，连续 17 年施用 80 kg/hm² 不同形态的氮肥（N），施用 5.33 kg/ 亩氰氨化钙酰胺态氮肥（折合氰氨化钙 27 kg/ 亩），氰氨化钙不会对土壤造成碱化。相反，单独施用其他的氮肥如硝酸铵、尿素等对土壤的 pH 影响很大（图 1-40）。

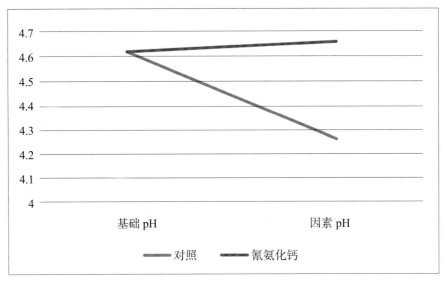

图 1-39　连续施用氰氨化钙对连作花生土壤酸碱度的影响

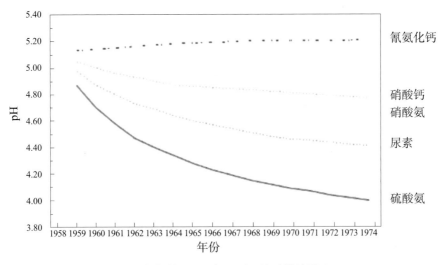

图 1-40　长期施用不同氮肥对土壤酸性的影响

2. 对土壤有机质含量的影响

据研究（范永强），在连续 3 年施用有机肥的情况下，9 月结合桃树秋季管理，增施硝酸钙 500 g/ 棵，对土壤有机质含量增长影响不大（表 1-43）。在施用有机肥的同时连续 3 年增施氰氨化钙 150 g/ 棵、250 g/ 棵和 350 g/ 棵，能够显著提高土壤有机质含量，分别达到 18.81 g/kg、19.27 g/kg 和 19.73 g/kg，较施用有机肥（对照组）土壤有机质含量分别提高 31.2%、34.4% 和 37.6%。这说明有机肥结合增施氰氨化钙，有提高土壤有机质含量的作用（图 1-41）。

表 1-43 施用氰氨化钙对土壤有机质的影响 （单位：g/kg）

处理	对照 （0 g/ 棵）	硝酸钙 （500 g/ 棵）	氰氨化钙1 （150 g/ 棵）	氰氨化钙2 （250 g/ 棵）	氰氨化钙3 （350 g/ 棵）
有机质含量	14.34	14.81	18.81	19.27	19.73

注：连续 3 年施用，2010 年 9 月取样效果。

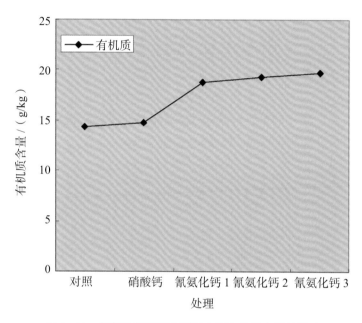

图 1-41 氰氨化钙不同处理对土壤有机质含量的影响

据研究（范永强），在连续 3 年种植花生条件下，结合整地起垄每年增施氰氨化钙 5 kg/ 亩，土壤有机质含量为 7.9 g/kg，较对照组的有机质含量 7.3 g/kg 提高 7.9%。

3. 对土壤微生物的影响

据研究（范永强），在黄瓜 / 芹菜栽培模式连作 20 年的日光温室塑料大棚内，8 月 12 日撒施氰氨化钙 40 kg/ 亩，羊粪 3 m³/ 亩，对照处理只施用羊粪 3 m³/ 亩。然后翻耕，起垄，盖地膜，在膜下浇大水。8 月 31 日移栽芹菜。收获时随机取 4 株样本，取根际土壤、非根际土壤进行分析。结果表明（表 1-44），施用氰氨化钙，根际土壤真菌数量较对照减少 27.4%，差异显著，非根际土壤真菌数量较对照减少 9.78%，差异不显著；但是，施用氰氨化钙，根际土壤细菌、放线菌和微生物总量均较对照分别增加 75.6%、70.2%、101.6%，差异显著；非根际土壤细菌和放线菌较对照均有所增加，但差异不显著，非根际土壤微生物总量较对照有减少趋势，差异也不显著。

表 1-44 施用氰氨化钙对大棚芹菜土壤微生物的影响

处理 （土壤）	真菌 （10^3 cfu/g）	细菌 （10^3 cfu/g）	放线菌 （10^5 cfu/g）	微生物总量 （10^6 cfu/g）
处理根际	15.3 ± 0.3	23.0 ± 4.3	17.7 ± 2.8	25.4 ± 5.7
处理非根际	16.6 ± 0.6	5.9 ± 2.7	7.9 ± 1.7	6.3 ± 2.4
对照根际	21.1 ± 1.4	13.1 ± 3.6	10.4 ± 0.3	12.6 ± 2.9
对照非根际	18.4 ± 0.92	5.8 ± 2.3	6.1 ± 1.5	$7.3 + 0.9$

4. 氰氨化钙对土壤酶活性的影响

德国阿兹肯公司提供的资料表明，连续 53 年施用氰氨化钙，能够提高土壤中脱氢酶、过氧化氢酶、磷酸酯酶、蛋白酶、淀粉酶、硝化酶和生物活性物质的活性，从而提高土壤酶的总活性指数（图 1-42）。

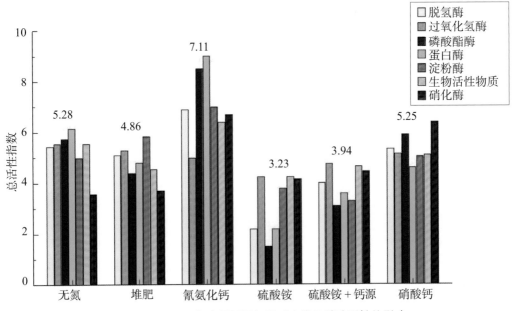

图 1-42 53 年应用不同氮肥对土壤 7 种酶活性的影响

5. 氰氨化钙对土壤物理性质的影响

试验结果表明（范永强），在桃树上连续 4 年环状施用氰氨化钙，施肥区土壤容重降低到 1.34 g/cm³，较常规施肥区域土壤容重 1.63 g/cm³ 降低 0.29 g/cm³；施肥区土壤孔隙度显著提高到 50.57%，较常规施肥区域土壤孔隙度的 38.49% 提高 12.08%（表 1-45，图 1-43、图 1-44）。

表 1-45　　　　　　　　施用氰氨化钙对土壤物理性状的影响

处理	对照 1980	对照 2010	硝酸钙（500 g/棵）	氰氨化钙 1（150 g/棵）	氰氨化钙 2（250 g/棵）	氰氨化钙 3（350 g/棵）
容重（g/m³）	1.49	1.63	1.59	1.36	1.34	1.3
孔隙度（%）	43.4	38.49	40	48.68	50.57	50.94

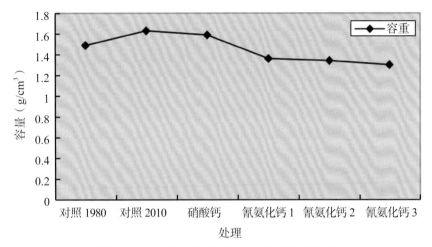

图 1-43　施用氰氨化钙对土壤物理性状的影响

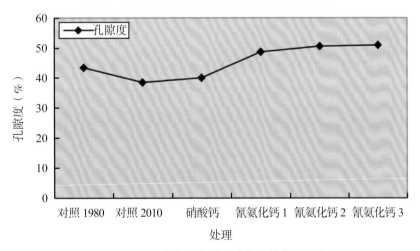

图 1-44　施用氰氨化钙对土壤物理性状的影响

6. 氰氨化钙对土壤氮素营养的影响

试验结果表明（范永强），氰氨化钙在土壤中遇水反应生成尿素，尿素再进一步转化成铵态氮和硝态氮肥被作物吸收。双氰胺具有硝化细菌抑制剂的作用，能延缓铵态氮向硝态氮转化，因此氰氨化钙是一种缓释性氮肥，施用氰氨化钙可明显增加土壤中碱解氮的含量（表 1-46，图 1-45）。

表 1-46　　　　　　　　　　施用氰氨化钙对土壤碱解氮的影响

处理	对照	硝酸钙 （500 g/ 棵）	氰氨化钙 1 （150 g/ 棵）	氰氨化钙 2 （250 g/ 棵）	氰氨化钙 3 （350 g/ 棵）
碱解氮（mg/kg）	184.94	190.31	237.23	257.73	270.93

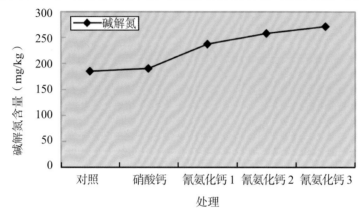

图 1-45　氰氨化钙对土壤碱解氮的影响

7. 氰氨化钙对土壤速效磷的影响

试验结果表明（范永强），结合施用氮磷钾肥料增施氰氨化钙，可明显提高土壤中的速效磷的含量。在桃树上连续 4 年环状增施氰氨化钙，施肥区土壤中的速效磷较对照提高 31.4%（表 1-47，图 1-46）。

表 1-47　　　　　　　　　　施用氰氨化钙对土壤速效磷的影响

处理	对照	硝酸钙 （500 g/ 棵）	氰氨化钙 1 （150 g/ 棵）	氰氨化钙 2 250 g/ 棵）	氰氨化钙 3 （350 g/ 棵）
速效磷（mg/kg）	86.33	80.82	130.73	144.72	148.36

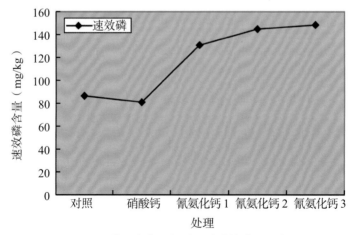

图 1-46　施用氰氨化钙对土壤速效磷的影响

8. 氰氨化钙对土壤速效钾的影响

试验结果表明（范永强），结合施用氮磷钾肥料增施氰氨化钙，明显提高土壤中速效钾的含量。对桃树连续 4 年环状增施氰氨化钙，施肥区土壤中的速效钾较对照提高 22.4%（表 1-48，图 1-47）。

表 1-48　　　　　　　　　施用氰氨化钙对土壤速效钾的影响

处理	对照	硝酸钙（500 g/ 棵）	氰氨化钙 1（150 g/ 棵）	氰氨化钙 2 250 g/ 棵）	氰氨化钙 3（350 g/ 棵）
速效钾（mg/kg）	130.2	135.7	153.1	159.4	165.7

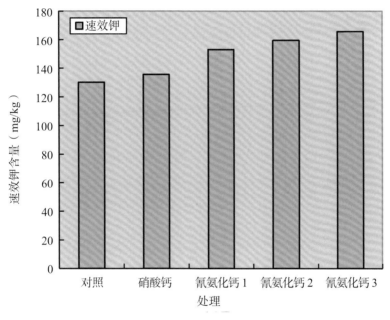

图 1-47　施用氰氨化钙对土壤速效钾的影响

9. 氰氨化钙对土壤钙的有效性的影响

氰氨化钙含钙量和供钙强度均较高，氰氨化钙的含钙（Ca）量仅次于石灰石和生石灰，达到 35%，氯化钙和硝酸钙的含钙量仅为 18%~19%（表 1-49）。

表 1-49　　　　　　　　　不同钙肥的含钙量及供钙强度

钙肥	主要成分	有效成分（%）			供钙强度
		Ca	N	P_2O_5	
生石灰	CaO	56~72			极低
熟石灰	Ca（OH）$_2$	≥ 42.0			极低

（续表）

钙肥	主要成分	有效成分（%）			供钙强度
		Ca	N	P_2O_5	
石膏	$CaSO_4$	23.0			极低
硝酸钙	$Ca(NO_3)_2$	19.0	15.0		低
氰氨化钙	$CaCN_2$	35.0	19.8		高
磷矿粉	$CaF(PO_4)_3$	21~32		19~30	极低
普通过磷酸钙	$Ca(H_2PO_4)_2 \cdot H_2O + CaSO_4$	12.5~21.0		12~20	极低
重过磷酸钙	$Ca(H_2PO_4)_2 \cdot H_2O$	13.5		46	极低
钙镁磷肥		22.7		12~18	极低
氯化钙	$CaCl_2$	>18.5			低
炉渣钙肥	CaO	>14.0			极低

石灰石和生石灰的供钙强度非常低，而且易溶于水的硝酸钙和氯化钙的有效性也较低。结合施用氮磷钾肥料增施氰氨化钙，氰氨化钙在土壤中与水反应生成的酸性氰氨化钙，再与土壤胶体上的氢离子发生阳离子代换，形成土壤胶体钙，能够有效防止钙的固定和流失，明显提高土壤中有效钙的含量，显著提高了钙肥利用率。对桃树连续 4 年环状增施氰氨化钙，施肥区土壤中的交换性钙较对照提高 11.6%（图 1-48，表 1-50）。

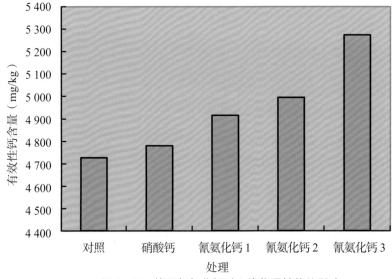

图 1-48 施用氰氨化钙对土壤物理性状的影响

表 1-50 氰氨化钙对土壤有效钙的影响

处理	对照	硝酸钙 （500 g/ 棵）	氰氨化钙 1 （150 g/ 棵）	氰氨化钙 2 250 g/ 棵）	氰氨化钙 3 （350 g/ 棵）
有效性钙（mg/kg）	4 726	4 779	4 916	4 995	5 273

10. 氰氨化钙对中、微量元素的影响

试验结果表明（范永强），结合施用氮磷钾肥料增施氰氨化钙，土壤中的锌、硼有效性有降低的趋势；镁的有效性有提高的趋势，但增加或降低都不是很明显；对铁的有效性显著提高；对铜的有效性显著降低（表 1-51，图 1-49、图 1-50）。

表 1-51 施用氰氨化钙对土壤中、微量元素的影响 （单位：mg/kg）

元素	对照	硝酸钙 （500 g/ 棵）	氰氨化钙 1 （150 g/ 棵）	氰氨化钙 2 （250 g/ 棵）	氰氨化钙 3 （350 g/ 棵）
锌	3.82	3.61	3.49	3.10	3.04
硼	0.65	0.69	0.61	0.60	0.53
铜	1.36	1.31	0.61	0.56	0.48
铁	59.40	57.32	97.27	110.21	117.34
镁	275.00	273.63	278.13	288.63	292.51

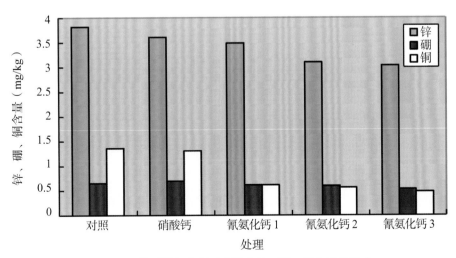

图 1-49 施用氰氨化钙对土壤中锌、硼、铜含量的影响

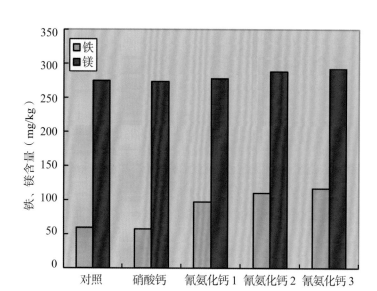

图 1-50　施用氰氨化钙对土壤中铁、镁含量的影响

11. 注意事项

在施用氰氨化钙前后 24 h 内，严禁饮酒或带酒精的饮料；施用方法与施用量要严格按照产品说明书进行操作。

二、土壤调理剂肥料

（一）土壤调理剂的基本概念

土壤调理剂是指以矿物原料、有机原料、化学原料等为组成成分，并经标准化加工工艺生产的物料。施入障碍土壤中，可用于改善土壤物理、化学或生物性状，改善土壤结构，降低土壤盐碱危害，调节土壤酸碱度，改善土壤水分状况或修复污染土壤等。

（二）土壤调理剂的分类

根据原料的来源和加工工艺，土壤调理剂可以分为矿物源土壤调理剂、有机源土壤调理剂和化学源土壤调理剂三大类，其主要成分标识如表 1-52 所示。

表 1-52　　　　　　　　　土壤调理剂技术标准（NY/T 3034—2016）

土壤调理剂类型	固态
矿物源土壤调理剂	至少标明其所含钙、镁、硅、磷和钾等主要成分及含量、pH、粒度和细度、有害有毒成分限量等
有机源土壤调理剂	至少应标明有机成分及含量、pH、粒度和细度、有害有毒成分限量等，所标明的成分应有明确的界定，不应有重复叠加
化学源土壤调理剂	至少标明其所含主要成分及含量、粒度和细度、有害有毒成分限量等

1. 矿物源土壤调理剂

一般由富含钙、镁、硅、磷和钾等，经标准化工艺或无害化处理加工而成，用于增加矿质养料，以改善土壤物理、化学和生物性状。

2. 有机源土壤调理剂

一般将有机物为原料经标准化工艺进行无害化加工而成，用于为土壤微生物提供所需养分，增加土壤微生物的活性，以提高土壤生物肥力，改善土壤物理、化学和生物性状。

3. 化学源土壤调理剂

由化学制剂经标准化工艺加工而成，用于改善土壤物理、化学和生物性状。

（三）一种用氰氨化钙（石灰氮）为主要原料生产的新型矿物源土壤调理剂

据范永强研究，利用石灰氮和硫化氢反应生产硫脲（CH_4N_2S）和氢氧化钙 $[Ca(OH)_2]$。氢氧化钙的 pH 达到 10.0~12.0，是一种非常好的土壤调理剂。

1. 配方

以氢氧化钙为主要原料，添加辅料如七水硫酸锌（$ZnSO_4 \cdot 7H_2O$）、七水硫酸亚铁（$FeSO_4 \cdot 7H_2O$）、硫酸锰（$MnSO_4$）、五水硫酸铜 $[Cu(H_2O)_4 \cdot 5H_2O]$ 和硼砂（$Na_2B_4O_7 \cdot 10H_2O$）等。

2. 主要技术指标

pH 10.0~12.0，钙（CaO）含量≥30%。

3. 生产工艺

原料混合——造粒——烘干——包装。

4. 在农业生产中的作用

（1）调节土壤酸性：据范永强研究，在山东临沂市临港区团林镇团林村的强酸性（pH 为 4.05）沙壤土上，2016 年 10 月种植小麦，2017 年 6 月种植玉米，2018 年 4 月种植花生，分别施用该矿物源土壤调理剂。2018 年 9 月取土分析土壤酸碱度，增施该矿物源土壤调理剂的土壤 pH 提高到 4.7，较 2016 年提高了 0.65，较对照 2018 的土壤酸碱度提高了 0.9（表 1-53）。

表 1-53　　　　　矿物源土壤调理剂对土壤酸碱度（pH）的影响

处理	2016 年	2018 年	提高
土壤调理剂处理	4.05	4.7	+0.65
对照（CK）	4.05	3.8	-0.25

（2）对土壤矿物养分状况的影响：同以上试验，三季作物种植前结合基肥分别施用该矿物源土壤调理剂 80 kg，2018 年 9 月花生收获后取土分析土壤矿物养分状况。

连续施用该矿物源土壤调理剂，能够提高土壤有机质、硝态氮（NO_3^--N）、有效钙（CaO）、有效硫（S）、有效铁（Fe）、有效锌（Zn）和有效硼（B）的含量，分别较对照提高 35.4%、79.5%、80.4%、210.2%、10.4%、38.7% 和 25.0%；同时，施用该矿物源土壤调理剂对土壤的铵态氮（NH_4^+-N）、有效磷（P_2O_5）、有效钾（K_2O）和有效镁（Mg）有降低的趋势，分别较对照降低 23.8%、12.5%、6.6% 和 51.7%（表 1-54）。

表 1-54　　　　　矿物源土壤调理剂对土壤养分状况的影响

项目	对照（CK）	处理	增减（%）
有机质 /（g/kg）	0.65	0.88	+35.4
NH_4^+-N/（mg/kg）	62.6	47.7	−23.8
NO_3^--N/（mg/kg）	13.2	23.7	+79.5
P_2O_5/（mg/kg）	142.5	124.7	−12.5
K_2O/（mg/kg）	78.4	73.2	−6.6
CaO/（mg/kg）	293.7	529.9	+80.4
Mg/（mg/kg）	89.8	43.4	−51.7
S/（mg/kg）	6.8	21.1	+210.2
Fe/（mg/kg）	266.4	294.2	+10.4
Zn/（mg/kg）	3.1	4.3	+38.7
B/（mg/kg）	1.2	1.5	+25.0

（3）增产作用：同以上试验，分别施用该矿物源土壤调理剂，2016 年 /2017 年度小麦产量较对照增产 64%，2017 年玉米产量较对照增产 76.2%，2018 年花生产量较对照增产 80%，2018/2019 年度小麦产量增加了 411.8%。因此，随着施用年限的增加，种植农作物的产量增加更明显（表 1-55）。

表 1-55　　　　　矿物源土壤调理剂对小麦、玉米和花生产量影响

处理	年份（kg/ 亩）			
	2016 年 /2017 年（小麦）	2017 年（夏玉米）	2108 年（春花生）	2018 年 /2019 年（小麦）
土壤调理剂处理	256.2	486.2	370.7	321.4
处理 1（对照）	156.2	275.9	205.9	62.8
增减（%）	64.0	76.2	80.0	411.8

5. 施用方法

（1）在酸性或强酸性土壤上，结合整地或施肥每亩施用 40~60 kg。

（2）在不能进行高温闷棚的设施栽培生产中，可以结合基肥施用撒施 100~150 kg。

（四）一种用磷石膏生产的新型矿物源酸性土壤调理剂

1. 磷石膏的主要成分

磷石膏的主要成分是硫酸钙·$2H_2O$（含量 85%~89%），含钙（CaO）27%~29%，pH（酸碱度）为 4.0 左右。

2. 配方

用磷石膏为主要原料，添加辅料氢氧化钙、一种红外线肥料增效剂、七水硫酸锌（$ZnSO_4 \cdot 7H_2O$）、七水硫酸亚铁（$FeSO_4 \cdot 7H_2O$）、硫酸锰（$MnSO_4$）、五水硫酸铜 [$Cu(H_2O)_4 \cdot 5H_2O$] 和硼砂（$Na_2B_4O_7 \cdot 10H_2O$）等。

3. 主要技术指标

pH 10.0~12.0，钙（CaO）含量 ≥25%。

4. 生产工艺

原料混合——造粒——烘干——包装。

5. 施用方法

在酸性土壤上，结合整地或施肥每亩施用 40~60 kg。

（五）一种用磷石膏生产的新型矿物源碱性土壤调理剂

1. 磷石膏的主要成分

磷石膏的主要成分是 $CaSO_4 \cdot 2H_2O$（含量 85%~89%），含钙（CaO）27%~29%；pH（酸碱度）为 4.0 左右。

2. 配方

用磷石膏为主要原料，一种红外线响应的肥料增效剂、七水硫酸锌（$ZnSO_4 \cdot 7H_2O$）、七水硫酸亚铁（$FeSO_4 \cdot 7H_2O$）、硫酸锰（$MnSO_4$）、五水硫酸铜 [$Cu(H_2O)_4 \cdot 5H_2O$] 和硼砂（$Na_2B_4O_7 \cdot 10H_2O$）等。

3. 主要技术指标

pH 5.0~6.0，钙（CaO）含量 ≥20%。

4. 生产工艺

原料混合——造粒——烘干——包装。

5. 施用方法

在碱性土壤上，结合整地或施肥每亩施用 20~30 kg。

第八节　水溶性肥料

水溶性肥料是经水溶解或稀释，用于灌溉施肥、叶面施肥、无土栽培、浸种蘸根等的液体或固体产品，是一种多元复合肥料。它能迅速地溶解于水中，作物吸收利用率相对较高。更为关键的是，它可以应用于喷滴灌等设施农业，实现水肥一体化，达到省水、省肥、省工的效果。根据水溶性肥料的形态，又分为液态肥料（清水型和悬浮型）和固体肥料（粉剂型和颗粒型）。

一、尿素硝铵溶液

（一）生产工艺

尿素溶液与硝酸铵溶液混合搅拌而成。

（二）产品特点

尿素硝铵溶液是氮肥中的复合肥，含有 3 种形态氮元素，即硝态氮（NO_3^-）、铵态氮（NH_4^+）和酰胺态氮（—$CONH_2$）。常压为液态，无色，不易燃；极微腐蚀性，安全性能好；水溶性 100%，无任何杂质，利用率达 90%。如配合喷雾器及灌溉系统施用尿素硝铵溶液，既高效、安全、环保，又多效、简单易用。尿素硝铵溶液具有极高的稳定性，能很好地兼容其他肥料和化学品，可与其他化学农药及肥料混合施用，一次施肥，多种用途，省时省力（表 1-56）。

表 1-56　　　　　　　　几种尿素硝铵溶液物理指标

氮含量（%）	28	30	32
硝酸铵（%）	40.1	42.2	44.3
尿素（%）	30.0	32.7	35.4
水（%）	29.9	25.1	20.3
比重（g/mL）	1.283	1.303	1.320
盐析温度（℃）	-18	-12	-2

二、聚磷酸铵溶液

（一）生产工艺

美国在 20 世纪 60 年代研发了聚磷酸铵肥料。在管式反应器中热法或湿法聚磷酸于高温条件下与氨气反应，生成聚磷酸铵溶液。热法聚磷酸生产的配方为 11 ∶ 37 ∶ 0，湿法聚磷酸生产的配方为 10 ∶ 34 ∶ 0。农用聚磷酸的聚合度通常为 2~10。以含磷（P_2O_5）37% 的聚磷酸铵为例，不同聚合度的磷形态含量为：正磷酸形态 7.8%，焦磷酸形态 11.4%，三聚磷酸形态 8.5%，四聚磷酸形态 4.4%，五聚磷酸形态 2.6%，大于六聚磷酸的占 2.3%。不同厂家的产品各形态的比例存在差别。

（二）产品特点

聚磷酸铵养分含量高，溶解性好，不易与土壤溶液中的钙、镁、铁、铝等离子反应，而使磷酸根失效。聚磷酸铵还具有螯合金属离子的作用，提高诸如锌、锰等微量元素的活性。由于聚磷酸铵的优点，该产品在农业发达国家得到广泛使用，是液体肥料的主要品种。聚磷酸铵施入土壤后，在酶的作用下产生水解反应，水解反应相当复杂。聚磷酸铵溶液含有多种化合物如正磷酸、焦磷酸、三聚磷酸和更多元的聚合物，正磷酸盐是聚磷酸盐水解的最终产物。土壤或栽培基质的温度、水分、pH 和其他因素都会影响水解的速率，但一般水解的速率较快，可以在几个小时到几天内完成。通常作物只吸收正磷酸盐形态的磷，故聚磷酸盐水解速率的快慢决定了磷肥肥效的快慢。由于聚磷酸中有一部分为正磷酸，因此，聚磷酸铵是一种速效长效结合的磷肥。

单独施用聚磷酸铵成为氮磷二元复合肥料。一方面，国外已做了大量聚磷酸铵与磷酸一铵或磷酸二铵的对比试验，大部分情况下聚磷酸铵的肥效要优于磷酸一铵或磷酸二铵。另一方面，聚磷酸铵完全溶解，相容性好，是液体肥料的重要基础原料。聚磷酸铵也可以与其他肥料如氯化钾、硝酸钾配成三元复混肥，与中微量元素肥料一起可以组成多种清液肥料或悬浮肥料。

三、焦磷酸钾

（一）生产工艺

中和煅烧法：以磷酸和氢氧化钾为原料生产焦磷酸钾。

$$H_3PO_4+2KOH \longrightarrow K_2HPO_4+2H_2O$$

$$2K_2HPO_4 \longrightarrow K_4P_2O_7+H_2O$$

将氢氧化钾和磷酸反应生成磷酸氢二钾溶液，经喷雾干燥得粉末，再用转窑于 350~400℃ 焙烧后冷却制得产品，如需溶液产品可将粉体用去离子水溶解制得。

（二）产品特点

焦磷酸钾分子式为 $K_4P_2O_7$，为白色粉末或块状，溶于水，水溶液呈碱性，溶解度较大，25℃ 时 100 g 水中的焦磷酸钾溶解度为 187 g，磷酸二氢钾的溶解度每 100 g 水中仅仅达到 20 g，溶解度是磷酸二氢钾的近 20 倍。焦磷酸钾具有其他聚合磷酸盐的所有性质。焦磷酸根离子（$P_2O_7^{4-}$）对于微细分散的固体具有很强的分散能力，能促进细微和微量物质的均一混合。

四、大（中、微）量元素水溶性肥料

（一）大（中、微）量元素水溶性肥料的特点

大（中、微）量元素水溶性肥料原材料纯度高，无杂质，电导率低，施用浓度十分方便。即使对幼嫩的幼苗也十分安全，不用担心引起烧苗等不良后果，可放心施用于各种农作物及经济作物。

大（中、微）量元素水溶性肥料的水溶性能好，微量元素为螯合形态，能被农作物完全有效吸收。因此，水溶性肥料适合于一切施肥系统，可用于底施、滴灌、喷灌、冲施、叶面喷施等，节约水、肥料和劳动力。大（中、微）量元素水溶性肥还具有良好的兼容性，可与多数农药（强碱性农药除外）混合使用，达到降低操作成本的目的。

（二）大（中、微）量元素水溶性肥料的行业标准（NY/T 110—2020）

1. 大量元素水溶性肥料标准（中量元素型）（表1-57）

表1-57　　　　　　　　　　　**大量元素水溶性肥料的标准（中量元素型）**

项目	粉剂指标	水剂指标
大量元素含量（≥）	50.0%	500 g/L
中量元素含量（≥）	1.0%	10 g/L
水不溶物含量（≤）	5.0%	50 g/L
pH（1：250倍稀释）	3.0~9.0	3.0~9.0
水分（H_2O）含量（≤）	3.0%	

2. 大量元素水溶性肥料标准（微量元素型）（表1-58）

表1-58　　　　　　　　　　　**大量元素水溶性肥料的标准（微量元素型）**

项目	粉剂指标	水剂指标
大量元素含量（≥）	50.0%	500 g/L
微量元素含量（≥）	0.2%~3.0%	2~30 g/L
水不溶物含量（≤）	5.0%	50 g/L
pH（1：250倍稀释）	3.0~9.0	3.0~9.0
水分（H_2O）含量（≤）	3.0%	

注：微量元素为多元素型或单一元素型。单一元素型是指产品中只含铁、锰、铜、锌、硼、钼等多种元素中的一种。

3. 微量元素水溶性肥料标准（表1-59）

表1-59 微量元素水溶性肥料的指标

项目	粉剂指标	水剂指标
微量元素含量（≥）	10.0%	10 g/L
水不溶物含量（≤）	5.0%	50 g/L
pH（1：250倍稀释）	3.0~10.0	3.0~10.0
水分（H_2O）含量（≤）	6.0%	

4. 氨基酸水溶性肥料标准（中量元素型）（表1-60）

表1-60 含氨基酸水溶性肥料指标（中量元素型）

项目	粉剂指标	水剂指标
游离氨基酸含量（≥）	10.0%	100 g/L
中量元素含量（≥）	3.0%	30 g/L
水不溶物含量（≤）	5.0%	50 g/L
pH（1：250倍稀释）	3.0~9.0	3.0~9.0
水分（H_2O）含量（≤）	4.0%	

5. 氨基酸水溶性肥料标准（微量元素型）（表1-61）

表1-61 含氨基酸水溶性肥料指标（微量元素型）

项目	粉剂指标	水剂指标
游离氨基酸含量（≥）	10.0%	100 g/L
微量元素含量（≥）	2.0%	20 g/L
水不溶物含量（≤）	5.0%	50 g/L
pH（1：250倍稀释）	3.0~9.0	3.0~9.0
水分（H_2O）含量（≤）	4.0%	

6. 腐植酸水溶性肥料标准（中量元素型）（表1-62）

表1-62 含腐植酸水溶性肥料的标准（中量元素型）

项目	粉剂指标	水剂指标
腐植酸含量（≥）	3.0%	30 g/L
中量元素含量（≥）	20.0%	200 g/L

（续表）

项目	粉剂指标	水剂指标
水不溶物含量（≤）	5.0%	50 g/L
pH（1 : 250 倍稀释）	4.0~10.0	4.0~10.0
水分（H_2O）含量（≤）	5.0%	

7. 腐植酸水溶性肥料标准（微量元素型）（表 1-63）

表 1-63　　　　含腐植酸水溶性肥料的标准（微量元素型）

项目	粉剂指标
腐植酸含量（%）（≥）	3.0
微量元素含量（%）（≥）	6.0
水不溶物含量（%）（≤）	5.0
pH（1 : 250 倍稀释）	4.0~10.0
水分（H_2O）含量（%）（≤）	5.0

第二章

科学施肥的基本原理和依据

第一节　植物的养分需要

一、植物的营养成分

植物的组成极为复杂，一般新鲜植物含有 75%~95% 水分和 5%~25% 干物质。在干物质中组成植物有机体的主要元素为碳（C）、氢（H）、氧（O）、氮（N），占 95% 以上。另外，还包括钙（Ca）、钾（K）、磷（P）、硫（S）、镁（Mg）、铁（Fe）、锰（Mn）、锌（Zn）、铜（Cu）、硼（B）、钼（Mo）、氯（Cl）、硅（Si）、铝（Al）、钠（Na）、钡（Ba）、锶（Sr）、钴（Co）、镍（Ni）、矾（V）等，在植物体内只占 1%~5%。每一种元素在植物体内的含量，因作物种类和品种、土壤条件、气候因素及栽培管理技术等的不同而异（表 2-1）。

表 2-1　　　　　　　　　几种作物的主要元素含量（占干物质 %）

元素	小麦			水稻			蚕豆			玉米（籽粒、茎秆、叶、根平均）	马铃薯
	籽粒	茎秆	平均	茎叶	根	穗	籽粒	茎秆	平均		
C、H、O 合计	91.81	93.98	92.89	—	—	—	92.10	93.12	92.39	94.24	94.24
N	2.21	0.67	1.19	1.01	1.28	1.88	4.31	1.54	3.09	1.46	1.38
灰分	1.98	5.35	4.12	—	—	—	3.59	5.34	4.52	4.30	3.78
P	0.41	0.11	0.22	0.29	0.28	0.80	0.62	0.14	0.35	0.20	0.28
K	0.50	0.61	0.57	0.64	0.05	0.15	1.25	1.91	1.61	0.92	1.90
Ca	0.05	0.22	0.16	0.41	0.14	0.04	0.13	1.01	0.61	0.23	0.06

（续表）

元素	小麦			水稻			蚕豆			玉米（籽粒、茎秆、叶、根平均）	马铃薯
	籽粒	茎秆	平均	茎叶	根	穗	籽粒	茎秆	平均		
Mg	0.15	0.08	0.10	0.12	0.07	0.13	0.15	0.18	0.17	0.18	0.11
S	0.17	0.19	0.18	0.29	0.34	0.32	0.27	0.27	0.27	0.17	0.08
Fe	—	—	—	0.27	0.77	0.08	—	—	—	0.08	—
Si	0.02	1.70	1.08	4.79	0.79	1.14	0.01	0.13	0.10	1.17	0.03
Cl	0.01	0.09	0.06	—	—	—	0.07	0.23	0.16	0.14	0.13
Mn	—	—	—	—	—	—	—	—	—	0.04	—
Na	0.03	0.06	0.05	—	—	—	0.02	0.07	0.05	—	0.08
其他	0.64	2.29	1.70	—	—	—	1.07	1.40	1.20	1.17	1.11

在以上的十几种元素中，有些元素是植物生长发育所必需的，尽管有些含量很低，但缺乏这些元素，植物的正常生长发育进程就会受到干扰和破坏，表现出病态，也就是常说的生理性病害。相反，有些元素可能是偶然被植物吸收，甚至在体内有大量积累，但这些元素不一定是植物生长发育所必需的，缺乏这部分元素，植物的生长发育也不受影响。

确定植物生长发育必需元素，最常采用营养液培养法。即在培养液中有意识地减去某一种或几种元素，如果植物生长发育正常，则说明减去的元素不是植物生长发育所必需；相反，如果植物的生长发育受到干扰和破坏，表现出异常，则说明减去的元素是植物生长发育所必需。必需元素具备 3 个条件：完成生命周期不可缺少；缺少时呈现专一的缺素症，补充后才能得到恢复；有直接营养作用效果。目前已经确定了16 种植物必需营养元素（表2-2）。

表2-2　　　　　　　　　　　　　植物营养元素

营养元素	高等植物	藻类	真菌	细菌
碳（C）	+	+	+	+
氢（H）	+	+	+	+
氧（O）	+	+	+	+
氮（N）	+	+	+	+
磷（P）	+	+	+	+

（续表）

营养元素	高等植物	藻类	真菌	细菌
钾（K）	+	+	+	+
钙（Ca）	+	+	±	±
硫（S）	+	+	+	+
氯（Cl）	+	+	−	±
铁（Fe）	+	+	+	+
镁（Mg）	+	+	+	+
硼（B）	+	±	−	−
锰（Mn）	+	+	+	+
锌（Zn）	+	+	+	+
铜（Cu）	+	+	+	+
钼（Mo）	+	+	+	±
钠（Na）	±	±	−	±
硒（Se）	±	−	−	−
硅（Si）	±	±	−	−
钴（Co）	−	±	−	±
碘（I）	−	±	−	−
矾（V）	−	±	−	−

注：（+）表示必需，（±）表示部分植物必需，（−）表示不必需。

上表中所列的钠、硅和钴是部分高等植物的必需营养元素，如钠为盐生草（*Halogeton glomerotus*）和囊滨藜（*Atriplex vesicaria*）等植物的必需营养元素，硅是水稻生长发育的必需营养元素，硒为黄芪类（*Astragalus spo*）植物的必需营养元素，钴为豆科植物共生固氮所必需营养元素，如供给铵态氮或硝态氮，则不需要钴元素。

高等植物所必需的 16 种元素，在植物体内的含量差异极大，可分为大量元素、中量元素和微量元素。大量元素常占干物质的 1.0% 以上，即在 10 000 mg/kg 以上；中量元素常占干物质的 0.1% 以上，即在 1 000 mg/kg 以上；微量元素常占干物质的 0.01% 以下（表 2-3）。

表 2-3 高等植物的必需营养元素及其适宜浓度

元素类别	营养元素	有效形态	在干物质中的含量	
			（%）	（mg/kg）
大量元素	碳（C）	CO_2	45	450 000
	氧（O）	O_2，H_2O	45	450 000
	氢（H）	H_2O	6	60 000
	氮（N）	NO_3^-，NH_4^+	1.5	15 000
	钾（K）	K^+	1.0	10 000
中量元素	钙（Ca）	Ca^{2+}	0.5	5 000
	镁（Mg）	Mg^{2+}	0.2	2 000
	磷（P）	$H_2PO_4^-$，HPO_4^{2-}	0.2	2 000
	硫（S）	SO_4^{2-}	0.1	1 000
微量元素	氯（Cl）	Cl^-	0.01	100
	铁（Fe）	Fe^{2+}	0.01	100
	锰（Mn）	Mn^{2+}	0.005	50
	硼（B）	Bo^{3-}	0.002	20
	锌（Zn）	Zn^{2+}	0.002	20
	铜（Cu）	Cu^{2+}，Cu^+	0.000 6	6
	钼（Mo）	MoO_4^{2-}	0.000 01	0.1

二、部分作物营养元素的主要生理功能

（一）必需元素的主要生理功能

表 2-4 和表 2-5 介绍了部分作物营养元素的主要生理功能，缺乏和过剩时植物表现症状。

表 2-4 一般作物必需营养元素的主要生理功能

营养元素	主要生理功能
碳、氢、氧（C、H、O）	作物进行光合作用，用碳、氢、氧制造碳水化合物——糖，糖进一步形成复杂的淀粉、纤维，以及转化为蛋白质、脂肪等重要化合物。氧和氢在作物体内氧化还原过程中也起着很重要的作用
氮（N）	氮是构成蛋白质的主要元素，蛋白质又是细胞原生质组成中的基本物质。氮也是叶绿素、酶（生物催化剂）、核酸、维生素、生物碱等的主要成分

（续表）

营养元素	主要生理功能
磷（P）	磷是核酸和核苷酸的组成部分，是组成原生质和细胞核的主要成分。核苷酸及其衍生物参与作物体内有机物质转变与能量转变过程。作物体内很多磷酯类化合物（磷的一种贮藏形态）和酶分子中都含有磷，促进作物的代谢
钾（K）	钾能调节原生质的胶体状态，提高光合作用的强度，与作物体内糖类的形成和运输有密切关系，促进作物的氮代谢。钾还能增强作物的抗逆性，减轻病害，防止倒伏
钙（Ca）	钙对于作物体内碳水化合物和含氮物质代谢作用有一定的影响，能消除一些离子（如铵、氢、铝、钠）对作物的毒害作用。果胶酸钙存在于细胞壁的中层，能增强作物的抗病力
镁（Mg）	镁是叶绿素和植酸盐（磷酸的贮藏形态）的组成成分，能促进磷酸酶和葡萄糖转化酶的活化，有利于单糖的转化，因而在碳水化合物代谢过程中起着重要作用
硫（S）	硫是构成蛋白质和酶的主要成分，维生素 B_1（硫胺素）对促进植物根系的生长有良好的作用。硫还参与植物体内的氧化还原作用
铁（Fe）	铁促进叶绿素的形成。作物体内许多呼吸酶都含有铁，铁能促进作物呼吸，加速生理的氧化
硼（B）	硼对根、茎生长，分生组织的发育，作物开花结实等均有一定作用；硼能加速作物体内碳水化合物的运输，氮素的代谢；硼能增强作物的光合作用，改善有机物的供应和分配；硼能增强豆科作物根瘤菌的活动，提高其固氮能力，还能增强作物的抗病能力
锰（Mn）	锰是酶的活化剂，与作物的光合、呼吸以及硝酸还原作用都有密切关系，也可促进叶绿素形成
铜（Cu）	铜是作物体内各种氧化酶活化基的核心元素，催化作物体内氧化还原反应。铜能促进叶绿素的形成，含铜酶与蛋白质的合成有关
锌（Zn）	锌是作物体内碳酸酐酶的组成成分，能促进碳酸分解过程。锌与作物的光合作用、呼吸作用以及碳水化合物的合成、运转等过程有关；锌能保持作物体内正常的氧化还原势，对于作物体内某些酶具有一定的活化作用；作物体内生长素的形成与锌有关
钼（Mo）	钼是作物体内硝酸还原酶的成分，参与硝态氮的还原过程。钼还能提高根瘤菌和固氮菌的固氮能力
氯（Cl）	氯在叶绿体内光合反应中，起着辅助酶的作用。在细胞遭到破坏或正常的叶绿体光合作用受到影响时，氯能使叶绿体的光合反应活化，对叶绿素的稳定起保护作用
钴（Co）	钴与种子中某些水解酶和作物体内某些酶的活化有关。钴能防止吲哚乙酸的破坏，与促进细胞生长有关。钴对 ATP 合成反应的某一阶段有促进作用，对花粉的发芽、生长和呼吸有显著的促进作用，对豆科作物的固氮起一定的作用

表 2-5   作物营养元素缺乏和过剩的表现症状

元素	缺乏症状	过剩症状
氮（N）	1. 全株绿色显著减退，呈淡黄色 2. 植株生长减缓，分蘖减少 3. 根的发育细长，瘦弱 4. 籽实减少，品质变坏	1. 叶深绿色，多汁而柔软，抗病力降低 2. 茎伸长，分蘖增加，抗倒伏性降低 3. 虽然根的伸长旺盛，但细胞少 4. 籽实成熟推迟，果实着色不良
磷（P）	1. 一般缺乏症发生在下位叶，再扩展到上位叶 2. 叶变窄，呈暗绿、赤绿、青绿或紫色 3. 着色数减少，开花结实延迟 4. 根毛粗大而发育不良，分蘖明显减少或不分蘖	1. 一般不出现过剩症 2. 营养生长停止，过分早熟，导致低产 3. 大量施用磷肥，将诱发钙、锌、铁、镁等的缺乏症
钾（K）	1. 因钾易于移动，缺乏症首先发生在老叶 2. 新叶和老叶的中心部呈暗绿色，叶的尖端和叶缘部分黄化、坏死，病健界限明显，类似胡麻斑病 3. 叶片褶皱弯曲 4. 只在主根附近形成根，侧向生长受到限制	1. 虽然和氧一样可以过量吸收，但难以出现过剩症 2. 土壤中的钾过剩时，抑制了镁、钙的吸收，促使出现镁、钙的缺乏症
钙（Ca）	1. 钙在植株体内难以移动，缺乏症出现在生长点 2. 生长组织发育不健全，芽的先端枯死，细根少而短粗 3. 籽实不饱满，妨碍成熟 4. 花生空壳，番茄脐腐病，芹菜、白菜心腐病，核果类果树流胶，苹果黑痘，葡萄裂果等	1. 一般不出现过剩症 2. 大量施用石灰则抑制植物对镁、钾和磷的吸收 3. 酸性高时，锰、硼、铁等的溶解性降低，引起缺乏症
镁（Mg）	1. 妨碍叶绿素的形成，叶脉间黄化，禾本科植物呈条状黄化，阔叶植物呈网状黄化 2. 黄化部分不发生坏死 3. 单独施钾肥引起缺乏症	土壤中 Mg/Ca 高时，作物生长受到阻碍
硫（S）	1. 在我国北方天然硫供给量高，加之施用硫酸根肥料，很难出现缺硫症，南方某些土壤可见缺乏症 2. 幼叶落黄、窄小，植物矮小，茎韧性低，结实率低	1. 一般植物不发生硫缺乏症 2. 大量施用硫酸根肥料，导致土壤酸化 3. 腐败水田易产生 H_2S 4. 亚硫酸气体的毒害
钼（Mo）	1. 叶中脉残存鞭状黄化 2. 叶脉间黄化 3. 叶片上产生黄斑 4. 叶卷曲成杯状 5. 植株矮化，呈各种形状	1. 一般植物不发生钼过剩症 2. 叶片失绿 3. 马铃薯幼株呈赤黄色，番茄呈金黄色
铜（Cu）	1. 麦类叶片黄白化，变褐，穗部因萎缩不能从剑叶里完全抽出，结实不好 2. 缺铜使果树枝条枯萎，嫩枝上发生水肿状的斑点，叶片上出现黄斑	1. 主根的伸长受阻，分枝根短小 2. 铜过剩引起缺铁 3. 植株生长不良，叶片失绿

（续表）

元素	缺乏症状	过剩症状
氯（Cl）	1. 叶尖枯萎，叶片失绿，进而发展成青铜色坏死 2. 大田极少看到氯的缺乏症状	盐害形成不是由于吸收了过量的氯，而是盐分浓度障碍
铁（Fe）	1. 阻碍叶绿素的形成，叶片发生黄化或白化，但不发生褐色坏死 2. 缺乏症发生在上部叶片 3. 喷施硫酸亚铁则迅速恢复 4. 磷、锰、铜的过量吸收，助长铁的缺乏	1. 水稻的还原障碍是由于吸收了过多 Fe^{2+} 2. 大量施入含铁物质，则增大了磷酸的固定，从而降低了磷的肥效
锰（Mn）	1. 禾本科植物呈条状黄化，进而发展到坏死，阔叶植物则发生斑状黄化和坏死 2. 酸碱高和有机质过多的土壤易发生缺锰	1. 根变褐，叶片出现褐斑，或叶缘部发生白色化，变紫色等 2. 果树异常落叶，腐殖质土壤开垦为水田后发生赤枯症 3. 促进缺铁
硼（B）	1. 植株矮小，茎叶肥厚弯曲，叶呈紫色 2. 茎的生长点发育停止，变褐 3. 植株发生大量侧枝，严重缺乏时花而不实（不孕症） 4. 根的伸长受阻碍，细根发生减少	1. 叶缘黄化，变褐 2. 硼属施用容许范围窄的微量元素，易发生过剩症
锌（Zn）	1. 叶片小（小叶病）、变形，叶脉间产生黄色斑点（斑叶病） 2. 细根发育不全	新叶发生黄化，叶片、叶柄产生赤褐色斑点。阔叶类作物出现根系坏死

（二）北方作物常见缺素症状

1. 缺氮症（图 2-1~图 2-82）

图 2-1　花生缺氮

图 2-2　棉花缺氮

图 2-3　葡萄缺氮

图 2-4　黄瓜缺氮

图 2-5　玉米缺磷

图 2-6　甘薯缺磷

图 2-7　番茄缺磷

图 2-8　玉米缺钾

图 2-9　花生缺钾

图 2-10　甘薯缺钾

图 2-11 甘薯缺钾

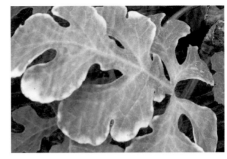

图 2-12 西瓜缺钾

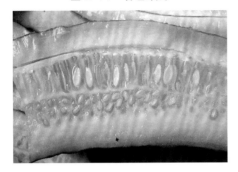

图 2-13 黄瓜缺钾

图 2-14 番茄缺钾

图 2-15 葡萄缺钾

图 2-16 葡萄缺钾

图 2-17 苹果缺钾

图 2-18 桃树缺钾

图 2-19　花生缺钙

图 2-20　花生缺钙

图 2-21　番茄缺钙

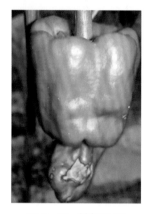

图 2-22　辣椒缺钙

图 2-23　辣椒缺钙

图 2-24　西瓜缺钙

图 2-25　西瓜缺钙

图 2-26　甜瓜缺钙

图 2-27 甜瓜缺钙

图 2-28 黄瓜缺钙

图 2-29 黄瓜缺钙

图 2-30 黄瓜缺钙

图 2-31 黄瓜缺钙

图 2-32 黄瓜缺钙

图 2-33 茄子缺钙

图 2-34 茄子缺钙

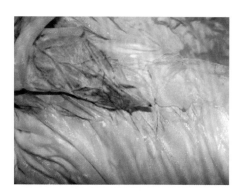
图 2-35　大白菜缺钙

图 2-36　芹菜缺钙

图 2-37　苹果缺钙

图 2-38　桃缺钙

图 2-39　桃缺钙（流胶病）

图 2-40　桃缺钙（流胶病）

图 2-41　桃缺钙（流胶病）

图 2-42　桃缺钙（流胶病）

图 2-43 大樱桃缺钙

图 2-44 大樱桃缺钙（流胶病）

图 2-45 赵县梨缺钙（鸡爪病）

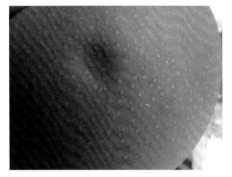

图 2-46 梨（秋月）缺钙（木栓病）

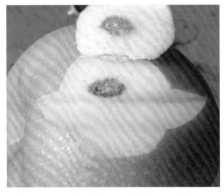

图 2-47 梨（秋月）缺钙（木栓病）

图 2-48 葡萄缺钙

图 2-49 葡萄缺钙

图 2-50 草莓缺钙

图 2-51　番茄缺镁

图 2-52　黄瓜缺镁

图 2-53　西瓜缺镁

图 2-54　茄子缺镁

图 2-55　甜瓜缺镁

图 2-56　茄子缺镁

图 2-57　葡萄缺镁

图 2-58　茄子缺镁

图 2-59　花生缺铁

图 2-60　花生缺铁

图 2-61　黄瓜缺铁

图 2-62　黄瓜缺铁

图 2-63　番茄缺铁

图 2-64　大姜缺铁

图 2-65　山药缺铁

图 2-66　苹果缺铁

图 2-67　桃树缺铁

图 2-68　大樱桃缺铁

图 2-69　苹果缺铁

图 2-70　葡萄缺铁

图 2-71　草莓缺铁

图 2-72　蓝莓缺铁

图 2-73　蓝莓缺铁

图 2-74　玉米果缺锌

图 2-75 玉米缺锌

图 2-76 苹果缺锌

图 2-77 大樱桃缺锌

图 2-78 草莓缺锌

图 2-79 甜瓜缺硼

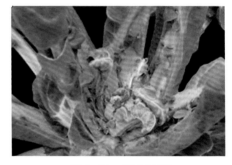

图 2-80 菜花缺硼

图 2-81 油菜缺硼

图 2-82 水萝卜缺硼

（三）关于氯营养元素

氯是作物生长所必需的营养元素，对保证作物正常的生理功能有重要作用。自1954 年 T.C.Broyer 确定氯为植物必需营养元素以来，受到广泛重视和研究。但是，长期以来人们对含氯肥料存在错误观念和认识，误认为施用含氯肥料会降低作物的产量和品质。

氯广泛存在于土壤、雨水和空气中。在水溶液中为氯化物，易被植物吸收。在大田中很少出现缺氯现象。在 7 种必需的微量元素中，植物含氯量最高。

1. 氯在作物营养平衡中的作用

（1）参与光合作用：氯作为含锰放氧系统的辅助因子，参与光合系统 Ⅱ 的光解水放氧反应。氯在叶绿体中优先积累，对叶绿素的稳定起保护作用。缺氯时，作物光合作用受到抑制，叶面积减少，生长量明显下降。氯离子过量则会影响光合产量和光合产物的运转。

（2）调节植物细胞渗透压：在植物体内氯主要维持细胞的膨压和电荷平衡。氯在植物体内有较高的移动性，植物对其浓度也有广泛适应性。氯在与阳离子保持电荷平衡和保持细胞膨压方面起着重要作用。氯能维持细胞液的缓冲和液泡的渗透调节，氯化物在作物体内积累，可以增加茎叶与外界介质间的水势梯度，有利于对水分的吸收，提高作物的抗旱能力。

（3）氯与酶和激素的关系：氯可活化若干酶系统，氯离子与膜的结合对于活化氧释放过程的酶是必需的。在原生质膜和液泡膜上存在着一种需要氯化物激活的 H^+-泵 ATP 酶，这种酶仅靠氯化物激活。在细胞遭破坏和正常的叶绿体光合作用受到影响时，氯能使叶绿体的光合反应活化。

氯是植物体内某些激素的组成成分，从豌豆中分离出了含有氯的生长素，即 4-氯吲哚 -3- 乙酸。乙烯含量变化也受氯离子的促进和调控。适量的氯还能促进氮代谢中谷氨酰胺的转化，有利于碳水化合物的合成与转化。

（4）调节气孔运动：氯离子能通过调节气孔开闭，间接影响光合作用和植物生长。有些植物（如蚕豆）保卫细胞中的叶绿体充分发育，气孔张开时 K^+ 的流入量可消耗保卫细胞中等当量浓度的苹果酸。在洋葱中，保卫细胞的叶绿体发育差，因而缺乏供苹果酸合成所需的淀粉。K^+ 的流入必须与等当量阴离子（主要是 Cl^-）相抵消。因此，缺氯时洋葱气孔的开启受阻，导致水分过多损失。

（5）影响作物对其他营养元素的吸收。氯对植株吸收矿物养分有一定的影响。通过对水稻、大豆、甘蓝、草莓、花生、春小麦等作物施氯后营养状况的研究结果表明，氯与部分离子之间存在拮抗或促进作用。如植株体内 NO_3^-、$H_2PO_4^-$ 和 K^+ 等的含量会受到氯离子浓度变化的影响，尤其 Cl^- 浓度增加对 NO_3^- 的吸收有明显的抑制作用，这对改善作物品质尤其是蔬菜品质有着良好的作用。

氯对作物吸收和利用磷的影响报道不一致。据马国瑞等（1993）研究报道，在富磷的土壤上，马铃薯体内含磷量并未因施用含氯化肥而减少，反而老叶和茎中的含磷量随含氯量增加而提高。王德清（1990）等提出，土壤含氯量低于 400 mg/kg，并不影响草莓等作物对磷的吸收，高于此值则有一定的抑制作用。

氯对钾的影响与供氯水平有关，在低氯浓度下，植物吸收带负电的氯离子（Cl^-）后，为保持电荷平衡，需吸收带正电的阳离子（K^+）来平衡；然而在高氯条件下，氯会干扰细胞的正常代谢，导致对钾吸收的减少。至于钙（Ca）、镁（Mg）、硫（S）、锰（Mn）、锌（Zn）、铜（Cu）、硅（Si）等元素，常因施用含氯化肥而有利于作物对其吸收。

2. 关于"忌氯"问题

长期以来，国内存在"忌氯作物"的概念，导致农民在烟草、马铃薯、甘薯等作物施肥上谈"氯"色变。华南农业大学张承林教授刨根问底地找出"忌氯作物"概念的来源，发现其根源是"翻译"问题。外文中"Cl sensitive crop"应译成"对氯敏感作物"，而不是"忌氯作物"。"敏感"的含义是"慎用"，将"敏感"翻译成"忌"，含义就变成了"禁止""忌讳"和"避免"，由此误导了农民认为"忌氯作物"不能施用含氯肥料。这种错误观念导致国内复合肥企业放弃氯化钾转而大量生产硫酸钾型复合肥，大大增加肥料厂的生产成本和农民施用成本。事实上，含氯肥料具有突出的优点，如溶解快、全水溶、价格低、氯易淋洗和钾含量高等，是生产水溶肥的基础原料。从世界钾肥施用量统计数据来看，发达国家一直把氯化钾作为钾源，氯化钾是钾肥中最受欢迎的产品，氯化钾的销售量约占钾肥销售总量的70%。尤其是在美国、巴西或印度等国家，氯化钾占钾肥销售总量的90%，氯化钾的施用量逐年增加，而且增加速度远远超过硫酸钾。

传统概念认为，马铃薯和烟草是"忌氯作物"的代表。20 世纪 50~80 年代，美国在马铃薯和烟草类作物上施用氯化钾后，发现这些所谓的"代表作物"生长结果不但没有受到任何影响，反而产量更高、品质更好。

实践证明，只要施用科学，所有作物都能用含氯肥料。在非盐渍化、含氯量低的土壤上，即使对氯敏感的"忌氯作物"，只要掌握适量的原则，施用含氯肥料完全不会影响正常生长，因为氯是植物所需的微量元素，合理使用能促进作物的生长。

毛知耘、李家康等在近 20 年前提出了"植物的土壤氯容量"的概念，代替绝对化的"忌氯""喜氯"的说法。判定作物能否施用含氯肥料，多用或少用，如何施用，要与土壤状况与作物自身的"耐氯特质"联系起来。最好的办法就是测定土壤饱和溶液 EC 值和氯含量，然后根据作物耐氯类型及土壤氯容量，确定作物的施肥量。

施用含氯肥料原则：优先用于耐氯力强的作物；优先用于含氯量低的土壤；优先用于降水量大的地区；避开作物敏感时期，合理施用，防止盐指数高带来的不利影响。

不同作物施用含氯肥料还应根据作物耐氯能力，分类施用。据此可以把作物分为三类：

（1）强耐氯作物：如粮食作物水稻、高粱、谷子，果树猕猴桃、香蕉，蔬菜萝卜、番茄、茄子等。这类作物在较高氯浓度环境下生长发育和产量品质均好，而且还能节约使用成本。

（2）中等耐氯作物：如粮食作物麦类、玉米，豆科植物大豆、蚕豆、花生、豌豆，以及山楂、草莓、花椰菜、菠菜等，在一般氯浓度环境下生长发育、产量品质也不受影响。这类作物可适量施用含氯肥料。

（3）弱耐氯作物：如甘薯、马铃薯、西瓜、烟草、莴苣、茶树等，这类作物对氯敏感，主要是降低品质，或糖分降低，或口感变差，或燃烧性差等；大樱桃和桃树对氯离子敏感，轻者造成肥害，引起叶片枯死，重者造成死亡。因此，应结合当地土壤状况，根据作物类型慎用含氯肥料（图2-83）。

图2-83　果树氯离子毒害

我国土壤含氯量差异很大，北方高于南方，沿海高于内地；盐渍化土壤高于非盐碱化土壤；地势高处因淋洗贫化，低处富集；土壤表层含量较高，底层随深度的增加而大大减少。对于含氯量高的土壤，施用含氯肥料将对作物生长产生不良影响。对于含氯量低于或介于缺氯临界点 2×10^{-6} 的土壤，施用含氯肥料能促进作物的生长发育，提高产量，改善品质。因此，缺氯土壤、降水量大的地区及水稻产区，应优先施用含氯肥料；富氯土壤及干旱地区要少用或不用；盐碱地区禁用。含氯肥料适宜的土壤类型较广，除盐碱地、强酸性土壤外，中性土壤、偏碱石灰性土壤、弱酸性土壤都可以施用。

含氯肥料要优先施用于土壤含氯量低的水浇地或年降水量在 500 mm 以上的地区。由于氯离子不能被土壤胶体所吸附且可以随水流动，因此，氯在水浇地或者年降水量较大的地区很少残留。只有在排水受阻的情况下，氯才会在土壤耕层积累。在土壤含氯量 <100 mg/kg 的地区，耐氯力中等的多数作物适宜施用含氯肥料，避开作物敏感时期施用。

氯化钾和氯化铵对种子萌发和幼苗生长有不良影响，故含氯肥料不能作种肥，作苗肥也应慎用。随着作物的生长发育，作物耐氯能力将逐渐增强，可以避开敏感时期施肥，避免与作物直接接触。氯化钾和氯化铵既可作基肥，又可追肥。作基肥时，最好在施肥后 1 周播种、移栽，避开作物幼苗期追肥。

三、植物对养分的吸收

（一）根部营养

1. 根的构造及主要吸收部位

植物地下部分的所有根称为根系，有直根系和须根系之分。直根系分布较深，有明显的直根和各级侧根，双子叶植物常具有直根系。须根系分布较浅，没有明显的主侧根之分，主要由不定根组成，单子叶植物常具有须根系。

主根、侧根、不定根，在根毛生长处及以下的一段称为根尖，从顶端依次可分为根冠、分生区、伸长区和根毛区四部分。根的主要吸收部分在根毛区和伸长区，事实上矿质营养的旺盛吸收部位比水分的旺盛吸收部位更接近根尖，因此，在对作物进行施肥时，应尽量施于作物根系分布较集中的地方。

2. 生物膜的构造

植物细胞的原生质体被一层选择性半透性膜包被着，使细胞内外得以隔开，这层膜可调节化合物及离子的进出。膜的主要成分是磷脂和蛋白质，含有一个极性头部及两个非极性尾部组成的磷脂，具有形成双层脂膜的特性。膜蛋白存在着多种排列方式，可分为外围蛋白和整体蛋白两大类。生物膜的状态是可以改变的，从而改变其透性，可用流动镶嵌模型来说明（图 2-84）。

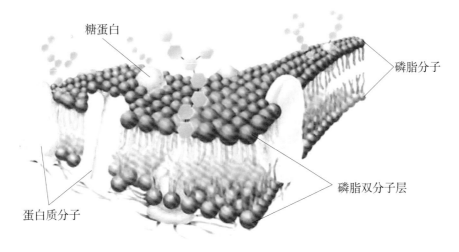

图 2-84　生物膜结构型

3.根部对无机态养分的吸收

大多数无机态养分是以离子状态进入根部细胞的，这一过程可分为两个阶段：第一阶段即为离子进入外层空间。一般认为外层空间的位置在皮层薄细胞的细胞间隙或细胞壁与细胞膜之间。对于单个细胞来说，外层空间存在于细胞壁和细胞膜之间，而对于整个组织来说，外层空间的延伸不能进入内皮层。第一阶段离子借浓度梯度或静电引力进入根内的外层空间，或者与细胞膜上吸附的离子进行代换，在很短时间内达到平衡，这个过程又称为离子的被动吸收。第二阶段是离子进入内层空间。这个阶段的离子必须逆浓度梯度缓慢地进入根细胞内，这个过程需要消耗能量，又称为离子的主动吸收或选择吸收。当然这两个阶段不能绝对地截然分开。

（1）离子的被动吸收：离子的被动吸收是通过截获、质流、扩散和离子交换来实现的。截获是指根系伸展于土壤中直接吸收养分，一般根系的截获量是很少的。质流也是离子进入根内的一种途径，土壤溶液中离子态养分的含量越高，蒸腾作用越强时，质流量也就越多。离子扩散是离子由高浓度的地方向低浓度的地方移动，但由于植物体内不断进行新陈代谢，离子态养分在体内外的分布是不平衡的，这可用杜南平衡学说来解释。杜南平衡指两相间存在一种半透性膜，可让外相的离子自由通过，但不让内相的胶体带电粒子通过，透过的阴阳两种离子在达到平衡时，内外两相的离子浓度乘积相等，即：

$$[M^+]_i \cdot [A^-]_i = [M^+]_o \cdot [A^-]_o$$

$[M^+]_i$表示内相阳离子浓度，$[A^-]_i$表示内相阴离子浓度，$[M^+]_o$表示外相阳离子浓度，$[A^-]_o$表示外相阴离子浓度。

根细胞呼吸产生的碳酸，在土壤溶液中离解成H^+和HCO_3^-，可以与土壤胶体表面吸附的交换性阴离子进行交换，为作物所吸收。作物的根与土粒是密切接触的，当黏粒表面吸附的阳离子与根表面吸附的H^+水膜互相重叠时，可发生离子交换而引起吸收，称为接触吸收，不过这种吸收量是很微小的。

（2）离子的主动吸收：植物离子态养分浓度常比外界土壤溶液浓度高，有时可高数十倍至数百倍，而仍能逆浓度有选择性吸收，很难用被动吸收的理论解释。这就说明，植物对离子态养分的吸收还存在主动吸收途径。

目前，从能量的观点和酶的动力学原理来研究植物对养分的主动吸收，提出了离子泵解说和载体解说。原理是：因为细胞膜带负电荷，K^+、Mg^{2+}等可直接进入根细胞内，促使ATP酶活化，分解ATP。磷酰基水解产生的H^+被泵出膜外，产生pH梯度，形成负电位势。阳离子（如K^+）等直接进入质膜而不需能量，ADP水解产生的OH^-则排出体外。此时由膜上的阴离子载体将阴离子移入细胞内，这个过程是逆浓度吸收，需要能量。

酶动力载体解说认为，载体分布在质膜上，而且载体对离子具有一定的专一性，离子可由不同的载体或同一载体而结合在不同位置上，通过质膜运入细胞内。至于载体如何运载离子，主要有下列两种假说。

第一种假说认为，质膜上的磷酸激酶通过 ATP 形成磷酸化载体（活化载体），载体是亲脂性的，可以在质膜脂双分子层扩散。当扩散到质膜靠外界溶液时，就与溶液中的离子结合，形成磷酸化载体——离子，又在质膜类脂层扩散。当遇到质膜上的磷酸脂酶时，水解放出能量，将离子从载体的结合部位解离出来，活化载体还原为原载体。然后再活化，反复将离子态养分通过质膜运入细胞内，ADP 通过光合磷酸化或氧化磷酸化再形成 ATP。整个循环过程可用下列简单反应式说明：

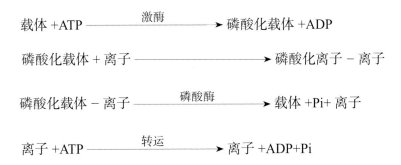

第二种假说认为，载体是蛋白质类大分子化合物，类似于透过酶。它是质膜的一部分，从膜的一边延伸到膜的另一边，有两种形态，ATP 为别构效应物。载运过程如下：在转移前 ATP 和底物分别在质膜内外；ATP 和底物分别进入酶的两个结合部位；由于别构效应物的作用，酶的形态发生转变，使底物从一侧转移到另一侧；别构效应物 ATP 转变成 ADP；ADP 不适合别构部位而脱离，同时底物也脱离出来，酶恢复原来形态。这个过程循环反复，不断地将底物转运到细胞内。ADP 通过光合磷酸化或氧化磷酸化作用，形成 ATP。

（二）根外营养

作物除了通过根部吸收养分外，叶部也能吸收养分，并直接供给作物吸收，防止养分在土壤中被固定和转化，且吸收速度快，能及时满足作物需要，因而叶部吸收营养是经济有效的。养分一般是从叶片角质层和气孔进入，最后通过质膜进入细胞，叶部吸收养分的形态和机制与根部相似。

除了叶部吸收养分外，茎部、果树的茎干或枝条等也可吸收养分，果树的茎干注射法和打洞埋藏法施肥，就是利用茎部对养分的吸收特性。

（三）影响作物对养分吸收的外界因素

影响作物对养分吸收的外界因素，主要有温度、通气、土壤溶液反应、养分浓度和离子间的相互作用等。

1. 温度

在一定温度范围内，温度增加，呼吸作用加强，植物吸收养分的能力也随之增加。低温时植物代谢较缓慢；在高温时易引起体内酶的变性，从而影响植物对养分的吸收。每一种作物都有吸收养分的最适温度，一般在20℃左右。

2. 土壤通气状况

土壤通气有利于作物有氧呼吸作用，因而也有利于养分吸收。当氧气的供应强度达到一定值后，吸收养分的能力也最高。

3. 土壤溶液反应

土壤溶液反应能影响根细胞表面的电荷，常影响作物对养分的吸收。在酸性反应中，作物更易吸收阴离子；在碱性反应中，作物易于吸收阳离子。据研究，土壤溶液过酸或过碱都会严重影响作物对矿物养分的吸收（图2-85）。

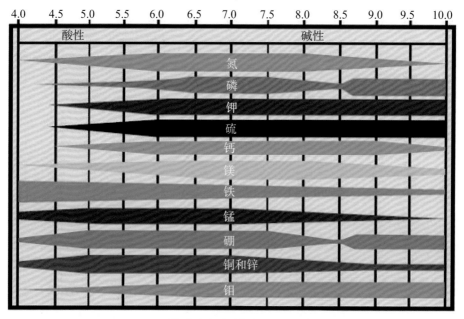

图2-85 土壤酸碱度对矿物养分吸收利用的影响

4. 养分浓度

只有养分浓度适当，才能有利于作物吸收。养分浓度低，根的负电化学位较小，吸收速度慢；养分浓度太高则会对根系造成伤害，影响养分吸收。因此，每一种作物都有一个适宜的养分吸收浓度范围，在这个范围内适当提高养分浓度有利于作物吸收。

5. 离子间的相互作用

离子间有拮抗作用和协助作用。拮抗作用是指某一种离子的存在，能抑制另一种离子的吸收。协助作用是指某一种离子的存在，能促进另一种离子的吸收。阳离子间表现拮抗作用，如 K^+、Ca^{2+}、Cs^+ 和 Rb^+ 之间有拮抗作用，NH_4^+ 对 Cs^+，Ca^{2+} 对 Mg^{2+}，K^+ 对 Fe^{2+} 也有拮抗作用。当然阴离子之间也有拮抗作用，如 Cl^- 与 Br^-，$H_2PO_4^-$、NO_3^- 和 Cl^-，都有不同程度的拮抗作用。离子间也存在协助作用，如 Ca^{2+}、Mg^{2+} 和 Al^{3+} 能促进 K^+、Rb^+ 和 Br^- 吸收，NO_3^-、$H_2PO_4^-$ 和 SO_4^{2-} 均能促进阳离子吸收。离子间的拮抗作用是很复杂的，在一种浓度下拮抗，在另一种浓度下可能协助，不同的作物反应也不尽相同。

总之，影响作物对养分吸收的各种因素，可以通过采取适当的施肥方法得到改善。

第二节 科学施肥的基本原理

一、养分补偿学说

养分补偿学说是养分归还学说的发展，是施肥的基本原理之一。德国化学家李比希 1843 年在《化学在农业和生理学上的应用》中，系统地阐述了植物、土壤和肥料中营养物质变化及其相互关系，提出了养分归还学说。他认为人类在土地上种植作物，并把产物拿走，作物从土壤中吸收矿质元素，就必然会使地力逐渐下降，土壤中所含养分将会越来越少。如果不把植物吸收的营养元素归还给土壤，土壤最终会由于肥力衰减而成为不毛之地。因此，必须给土壤补充肥力、归还养分，处理好用地与养地的矛盾。需要指出的是，李比希所说的归还，是生物循环过程中通过人为的施肥手段对土壤养分亏损的积极补偿。在农业科学不断发展的今天，地力的恢复及更新还可采用轮作等生物技术措施，因此采用养分补偿学说或养分更新学说，更能反映出植物、土壤和肥料三者之间关系的本质。

作物必需的营养元素可分为大量元素、中量元素和微量元素，它们在植物体内的含量差异显著，然而对于植物的生长发育而论，其重要性是相同的。每一种元素各自具有着特殊的营养功能，是其他元素不能替代的，缺乏任何一种元素，植物的生长发育都会受影响，严重者甚至会死亡，只有补充该元素才能恢复正常的生理代谢。因此，在实际施肥过程中，必须根据作物要求和土壤特性，考虑不同种类肥料的配合，达到营养元素的协调供应。

元素不能互相代替，但有些元素在作物新陈代谢过程中起着相似的作用。某一元素缺少时，可部分地被另一种元素代替。例如，钾、锰和铵可活化为醛脱氢酶，锌、锰和镁可活化为羧化酶，硼能部分消除亚麻缺铁症，钠可部分满足糖用甜菜对钾的要求。元素间的这种作用，一方面反映了某些作物营养要求的多样性，另一方面反映化学性质相似的一些元素在作物营养中有极其复杂的关系。值得指出的是，元素间的这种代替仅仅是部分的和次要的，绝大多数作物必需营养元素是不能代替的。

二、最小养分律

最小养分律是人们在长期的农业生产实践中，在认识土壤养分与作物产量关系的基础上，归纳出来的作物营养学中的一条基本定律。阐明了作物的生长发育需要多种养分，但决定作物产量的却是土壤中有效含量最小的养分——养分限制因子。无视这种养分的短缺，即使其他养分非常充足，也难以提高作物产量。

需要提出的是，最小养分不是指土壤中绝对含量最小的养分，而是对作物的需要而言的，是指土壤中有效养分相对含量最小（即土壤的供给能力最低）的养分。最小养分随作物种类、产量和施肥水平而变。一种最小养分得到满足后，另一种养分就可能成为新的最小养分。例如，新中国成立初期基本上没有化肥工业，土壤贫瘠，突出表现缺氮，施用氮肥都有明显的增产效果。20 世纪 60 年代，化学氮肥的施用量有了一定增长，作物产量也在提高，但有些地区开始出现单施氮肥增产效果不明显的现象，土壤供磷不足就成了进一步制约产量提高的因素。在施氮肥基础上，增施磷肥，作物产量大幅度增加。到了 70 年代，随氮、磷用量的增长和复种指数的提高，作物产量提高到了一个新水平，对土壤养分有了更高的要求。南方有些地区开始表现缺钾，北方一些高产地块也出现了土壤供钾不足或某种微量元素的缺乏。最小养分一般是指大量元素，但对某些土壤或某些作物来说，也可能是微量元素。例如，我国南方的一些地区，由于土壤缺硼，出现油菜花而不实或棉花的蕾铃脱落；北方出现的水稻赤枯病和玉米白化苗病，只有在施用硼肥或锌肥后，病症才会消退。

最小养分率可用图 2-86 形象地表示出来。土壤好比一个盛水的木桶，构成木桶的每一块木板代表土壤中一种营养元素，如果土壤缺氮，氮素就是最小养分，代表氮素的木板就比其他木板低一些。木桶的盛水量代表作物的产量，盛水超过代表氮素的木板就会自然流出，要想提高木桶的盛水量，必须提高氮素木板的高度。

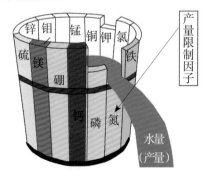

图 2-86 木桶效应

根据最小养分律，在施肥实践上，应根据土壤有效养分含量和作物需肥特性，首先施用含最小养分的那种肥料，当发生最小养分转变、新的最小养分出现时，施肥的目的随之转变到解除新的最小养分限制作用上来，因而在实际施肥过程中，要进行各种肥料的配合施用，使各种养分因子在较高水平上满足作物需要，可用图 2-87 来说明。

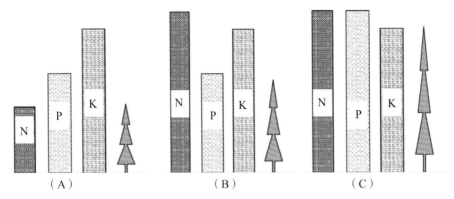

图 2-87　作物产量受最小养分律的限制

图中氮、钾、磷是土壤养分的相对含量，氮较少，磷居中，钾丰富。如 A，不施氮肥，即使施用磷、钾肥，产量也只能达到氮所在的水平；如 B，施用氮肥，磷成为新的最小养分因子，产量就能提高到磷所在的水平；如 C，施用氮、磷肥，产量就能提高到钾所在的水平。

三、报酬递减律

报酬递减律是反映肥料投入与产出客观存在的规律，即在生产条件相对稳定的前提下，随着施肥量的增加，作物产量也随之增加，但增产率为递减趋势。从单位肥料量所形成的产量分析，经济学上叫"边际分析说"，即每一单位肥料量所获得的报酬，随着施肥量的递增而递减（图 2-88）。

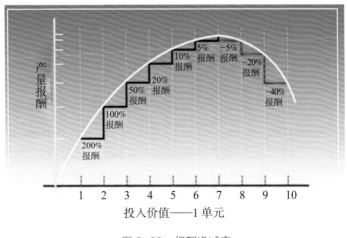

图 2-88　报酬递减率

如果生产条件改变，如品种改良、水利条件改善等，施肥量可相应提高，在更高的产量水平上表现出肥料报酬递减律。

四、因子综合作用律

农业生产技术是一个完整的技术体系，施肥只是其中一种技术措施。农作物高产是综合因子共同作用的结果，只有把单一的施肥技术与综合的农业技术措施相结合，才能发挥肥料的增产效果。所谓综合因子，就是指那些与农作物生长发育直接有关的环境条件与生态因子，如土壤酸碱度、温度、水与光照、养分等。其中必有一个起主导作用的限制因子，也影响产量。合理施肥是重要因子之一，决定着栽培模式。为了充分发挥肥料的"联合效应"和综合效益，施肥必须与其他农业技术措施密切配合，形成一个完整的技术体系。

第三节 科学施肥的依据

一、作物与施肥

（一）作物对养分的需求量

作物生长发育需要 16 种必需营养元素，但不同作物的需要量是有差异的。作物不同生长发育阶段，对养分的需求量也不相同。有些作物还需要 16 种必需元素之外的一些元素，如水稻需要较多的硅，豆科植物固氮时需要微量的钴等。

不同种类的作物由于产品器官不同，需要不同比例的养分。例如，块茎块根类作物，需要较多的钾；豆科作物对磷、钾肥的需要量比一般的作物多；叶用蔬菜、茶、桑等叶用作物需要较多的氮；棉、麻等纤维类作物需要较多的氯；油菜和甜菜需要较多的硼；马铃薯、烟草、葡萄、柑橘等需要很少的氯。

同一种作物的不同品种对养分的需求也有差异，矮秆、株型紧凑、抗病力强的品种需要养分量较大。各种作物不仅对养分的需求量不同，而且对养分的吸收能力也不同，如油菜和花生等豆科植物能很好地吸收磷肥。各种作物对养分的需求差异也表现在肥料形态方面，如水稻的氮素营养以铵态氮为好，烟草则以硝态氮为好。

（二）作物对养分的需求特性

作物在不同生长发育时期营养特性不同，同一作物在不同的生育阶段对养分的需求量和敏感程度不同。在作物由种子→植株→种子的生长过程中，实际上可分为营养阶段和生殖阶段。生长初期吸收养分的数量和强度较低，生长中期对养分吸收的数量和强度都增强，生长后期吸收养分的数量和强度又逐渐降低。对于多年生果树，不仅存在一个完整的生长发育过程，也有一个年生长周期。每年萌芽时期，主要靠树体内贮藏的养分维持生长活动的需要，随着叶片的展开和根系的活动，根吸收的养分和叶片制造的光合产物用来维持生长发育的需要，并为生殖生长打下基础。在秋末和冬季，生长活动减缓或停止，对养分的吸收减弱或停止。

（三）作物营养的临界期和最大效率期

作物对养分的吸收具有一定的规律，有些时期吸收养分的数量多、速度快，另一些时期则相反。不过，在作物生长发育过程中，常有一个时期，对某种养分的需求量并不太多，但却很敏感，若缺乏该种养分供应，其生长发育会受到严重抑制，即使以后改善了养分供应状况也很难弥补，这个时期称为该种养分的临界期。如磷营养临界期：冬小麦在开始分蘖时期，玉米在五叶期以前，棉花在二、三叶期。氮营养临界期：冬小麦在分蘖和幼穗分化期，玉米在幼穗分化期，棉花在现蕾期。钾营养临界期：水稻在分蘖初期和幼穗形成期。

在不同时期对作物施肥，增产效果有很大差异，其中有一个时期，肥料的营养效果最好，这个时期称为最大效率期。如玉米的氮肥最大效率期是在大喇叭口至抽雄初期，棉花氮、磷的最大效率期均在花铃期，甘薯的氮最大效率期在生长初期，甘薯磷、钾的最大效率期在块根膨大期。

需要指出的是，作物对养分的吸收特性虽然具有明显的阶段性，但也要看到它的连续性，在生产上依据不同的条件灵活运用（表2-6）。

表2-6　　　　　　部分作物不同生育期吸收氮、磷、钾的比例

作物名称	时期	吸收百分比（%）		
		氮（N）	磷（P_2O_5）	钾（K_2O）
水稻	秧苗期	0.50	0.26	0.40
	分蘖期	23.16	10.58	16.95
	圆秆期	51.40	58.03	59.74
	抽穗期	12.31	19.66	16.92
	成熟期	12.63	11.47	5.99

（续表）

作物名称	时期	吸收百分比（%）		
		氮（N）	磷（P$_2$O$_5$）	钾（K$_2$O）
冬小麦	返青前	14.87	9.07	6.95
	返青期	2.17	2.04	3.41
	拔节期	23.64	17.78	29.75
	孕穗期	17.40	25.74	36.03
	开花期	13.89	37.91	23.81
	乳熟期	20.31	—	—
	成熟期	7.72	7.46	—
玉米	幼苗期	5.0	5.0	5.0
	孕穗期	38.0	18.0	22.0
	开花期	20.0	21.0	37.0
	乳熟期	11.0	35.0	15.0
	成熟期	26.0	21.0	21.0
谷子	幼苗—分蘖	3.37	1.57	3.86
	拔节—孕穗	20.54	19.41	42.52
	抽穗—灌浆	25.86	37.96	37.77
	乳熟期	50.03	41.06	15.85
棉花	苗期	7.0	5.0	5.0
	现蕾期	45.0	35.0	35.0
	开花期	45.0	50.0	50.0
	成熟期	3.0	10.0	10.0
糜子	苗期	10.0	10.0	—
	抽穗期	60.0	40.0	90.0
	成熟期	30.0	50.0	10.0
油菜	苗期	45	50	43
	现蕾开花期	50	41	40
	成熟期	5	9	17
甘蔗	萌芽期	0.6	0.3	0.4
	分蘖期	6.3	2.7	5.6
	伸长期	50.7	73.3	78.8
	收获期	42.7	23.7	15.2

二、土壤条件与施肥

（一）土壤养分与养分含量

土壤中的有机质和氮、磷、钾、钙、镁、硫、铜、铁、锌、硼、锰、钼、氯、硅等元素，是作物养分的基本来源。

我国土地辽阔，成土条件及耕作措施复杂多样，土壤养分含量有较大差异。通常认为土壤有机质含量达 2.5% 以上为高，1.0%~2.5% 为中等，1.0% 以下为低。土壤含磷（P_2O_5）量在 0.08%~0.10%，是一个缺磷界限。就钾（K_2O）含量来说，凡是大于 2.2% 的属高含量，1.4%~2.2% 的为中等含量，小于 1.4% 属低含量。

我国土壤养分含量的总体趋势是：有机质和氮素含量以东北的黑土最高，其次是华南和长江流域的水稻土，华北平原、黄土高原土壤最低；土壤磷素含量有较大变幅，总体上从南到北、从东到西呈逐渐增加的趋势，淹水土壤有效磷有所提高；土壤钾的含量比较高，且由南到北、由东到西逐渐增加。从土壤氮、磷、钾 3 种养分互相比较看，大部分土壤高氮，富磷，相对缺钾。我国土壤分级标准见表 2-7、表 2-8。

表 2-7 　　　　　　　　　　　　　土壤酸碱度与常见养分分级标准

编码	pH	碳酸钙（%）	有机质（%）	全氮（%）	全磷（%）	速效磷（mg/kg）	全钾（%）	速效钾（mg/kg）
1	≤ 4.5	≤ 0.25	>4.00	>0.200	>0.100	>20	>2.50	>200
2	4.6~5.5	0.26~1.0	3.01~4.00	0.151~0.200	0.081~0.100	16~20	2.01~2.00	151~200
3	5.6~6.5	1.1~3.0	2.01~3.00	0.101~0.150	0.061~0.080	11~15	1.51~2.00	101~150
4	6.6~7.5	3.1~5.0	1.01~2.00	0.076~0.100	0.041~0.060	6~10	1.01~1.50	51~100
5	7.6~8.5	5.1~15.0	0.61~1.00	0.051~0.075	0.021~0.040	4~5	0.51~1.00	31~50
6	8.6~9.0	>15	≤ 0.60	≤ 0.050	≤ 0.020	≤ 3	≤ 0.5	≤ 30

表 2-8 　　　　　　　　　　　　　常见养分分级标准

编码	有效铜（mg/kg）	有效锌（mg/kg）	有效铁（mg/kg）	有效锰（mg/kg）	有效钼（mg/kg）	有效硼（mg/kg）
1	>1.80	>3.00	>20	>30	>0.30	>2.00
2	1.01~1.80	1.01~3.00	10.1~20	15.1~30	0.21~0.30	1.01~2.00
3	0.21~1.00	0.51~1.00	4.6~10	5.1~15.0	0.16~0.20	0.51~1.00
4	0.11~1.20	0.31~0.50	2.6~4.5	1.1~5.0	0.11~0.15	0.21~0.50
5	—	≤ 0.30	—	—	≤ 0.10	≤ 0.20

（二）土壤的保肥性和供肥能力

土壤中的养分可分为潜在养分和有效养分，前者主要是指有机态和不溶性矿质养分，后者主要指交换性和弱酸溶性养分，这两种养分在适当条件下可互相转变。土壤中的养分大部分是潜在养分，不能被作物直接吸收利用，只有少数养分能被作物吸收利用。一般沙性土壤气热状况较好，有利于养分活化，供肥速度快，但保肥性能较差，养分易流失，黏性土壤正好相反。

（三）土壤反应（酸碱度）

土壤反应（pH）对农作物生长非常重要，适宜大多数农作物生长的土壤 pH 为 7 或略小于 7。根据土壤酸碱度，可分为中性土壤、微酸性土壤、酸性土壤、强酸性土壤、弱碱性土壤、碱性土壤和强碱性土壤 7 个级别（表 2-9）。

表 2-9　　　　　　　　　　　　土壤酸碱度分级

土壤类型	中性土壤	微酸性土壤	酸性土壤	强酸性土壤	弱碱性土壤	碱性土壤	强碱性土壤
土壤酸碱度（pH）	6.5~7.5	5.5~6.5	4.5~5.5	<4.5	7.5~8.5	8.5~9.5	>9.5

1. 土壤酸性

根据 H^+ 在土壤中存在的方式，土壤酸度分为活性酸度和潜性酸度。土壤溶液中的 H^+ 浓度为活性酸度，土壤胶体吸收性 H^+ 或 Al^+ 引起的为土壤潜性酸度。

（1）土壤酸化：在自然条件下土壤酸化是一个相对缓慢的过程，土壤 pH 每下降一个单位需要数百年甚至上千年。我国自 20 世纪 80 年代初以来，几乎所有土壤类型的 pH 下降了 0.2~1.0 个单位，平均下降了约 0.6 个单位，南方地区和东部沿海地区更为严重，有的局部地区甚至下降了 2.0 个单位。据研究，我国经济作物体系土壤酸化比粮食作物体系更为严重，局部地区的 pH 已经下降到 5.0 以下，即使是抗酸化的土壤类型如盐碱地，其 pH 在下降。据有关资料报道，我国土壤酸化的面积已占国土面积的 40% 以上，比 20 世纪 80 年代增加 1 倍多。

尽管土壤酸化由酸雨引起，但土壤酸化受耕作活动，特别是施肥影响很大。据研究，我国氮肥的消费量已经从 1981 年的 1 118 万 t 增长至 2022 年的 3 638.7 万 t，增长了 3 倍多。国家刺激粮食生产的政策和农民千家万户小地块的分散经营生产，是国内氮肥消费一直增长的主要原因（图 2-89）。

我国的化学肥料结构，主要以酰胺态氮（尿素）、铵态氮（碳酸氢铵、氯化铵、硫酸铵、磷酸二铵、磷酸一铵等）、硝态氮（硝酸铵、硝酸铵钙）和以此为原料生产的复合（混）肥为主。过量施用氮肥是引起土壤活性酸度增强的主要原因。图 2-90

是长期（17年）施用不同形态的氮肥，每公顷施用纯氮 80 kg，在年降雨 1 100 mm 的情况下对土壤酸碱度的影响（图 2-90）。

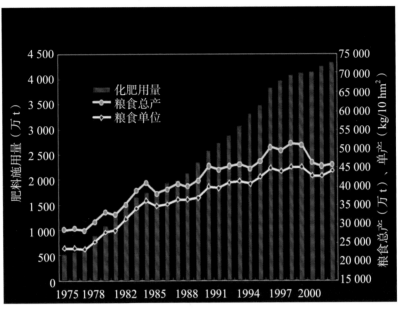

图 2-89　我国化学肥料施用情况

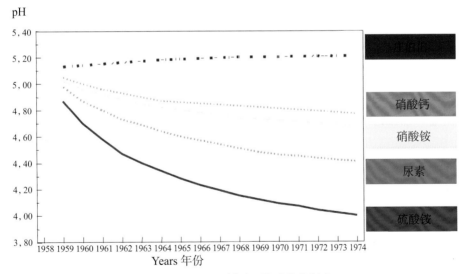

图 2-90　不同肥料对土壤酸化的影响

　　大量施用没有腐熟的动物粪便，如鸡粪、鸭粪、猪粪、牛粪等，由于生物的呼吸作用和有机物分解过程中释放出的二氧化碳溶于水形成碳酸，有机质嫌气分解过程中会产生少量的有机酸，以及土壤中因氧化作用而产生的少量无机酸，都会影响土壤酸化程度。

长期种植豆科作物（花生、大豆等）也能加重土壤酸化的程度。据山东省临沂市农业科学院范永强研究，在临沂市莒南县沙壤土上连续种植 6 年春花生，与小麦—玉米一年两作相比，花生连作 6 年的土壤 pH 从 5.0 下降到 4.4，小麦—玉米一年两作的土壤 pH 从 5.0 下降到 4.8，花生连作较小麦—玉米轮作明显降低土壤 pH。

（2）土壤酸化对营养元素可吸收性的影响：土壤酸化从两个方面影响作物对养分的吸收。一方面是影响作物正常的生理代谢。过酸或过碱的土壤都不利于作物生长，严重影响对养分的吸收（图 2-91），当土壤酸性（pH）低于 6.0 时，土壤中的氮、磷、钾、硫、钙、镁、钼等营养元素的可吸收性开始降低；土壤酸性低于 5.0 时，土壤中的氮、磷、钾、硫、钙、镁、钼等营养元素的可吸收性极显著降低，几乎达到不可吸收的程度。另一方面通过影响土壤的有益微生物数量和活动影响土壤中有效养分含量。据研究，土壤中大部分微生物生活在中性条件下。一般土壤细菌、放线菌在中性偏碱的土壤中生长较好。土壤严重酸化后，土壤微生物量降低，微生物群落减少，碳的利用效率降低，呼吸熵则增高。当酸性土施用氰氨化钙或草木灰后，pH 上升，总的微生物活性上升，细菌生长率提高，细菌群落组成发生变化，实验室中可培养的细菌数大大增加。

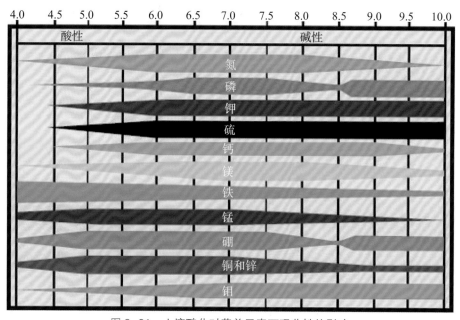

图 2-91　土壤酸化对营养元素可吸收性的影响

2. 土壤碱性

土壤溶液中 OH^- 的主要来源，是 CO_3^{2-} 和 HCO_3^- 的碱金属（Na、K）及碱土金属（Ca、Mg）的盐类。碳酸盐碱度和重碳酸盐碱度的总和称为总碱度。可用中和滴定法测定。不同溶解度的碳酸盐和重碳酸盐对土壤碱性的贡献不同，$CaCO_3$ 和 $MgCO_3$ 的溶解度很小，在正常的 CO_2 分压下，它们在土壤溶液中的浓度很低，故富含 $CaCO_3$ 和 $MgCO_3$ 的石灰性土壤呈弱碱性（pH 7.5~8.5）。Na_2CO_3、$NaHCO_3$ 及 $Ca(HCO_3)_2$ 等都是水溶性盐类，可以大量出现在土壤溶液中，使土壤溶液中的总碱度很高，从土壤 pH 来看，含 Na_2CO_3 的土壤，pH 一般较高，可达 10；含 $NaHCO_3$ 及 $Ca(HCO_3)_2$ 的土壤，pH 常在 7.5~8.5。

土壤胶体上吸附的 Na^+、K^+、Mg^{2+}（主要是 Na^+）等离子的饱和度增加到一定程度，会引起交换性阳离子的水解作用：

$$土壤胶体（xNa）+yH_2O \rightleftharpoons 土壤胶体 [（x-y）Na、yH] +yNaOH$$

在土壤溶液中产生 NaOH，使土壤呈碱性。此时钠离子（Na^+）饱和度称为土壤碱化度。

（1）土壤碱化：土壤碱化过程是土壤吸附的钠离子过多造成的，该过程又称为钠质化过程。土壤碱化过程一般发生在水盐汇集的平原与盆地中，多具有微度起伏不平的地势和岗、坡、洼相结合的中微地形上。碱化过程的结果可使土壤呈强碱性反应。

（2）土壤碱化的原因：

1）气候因素：碱土大都分布在干旱、半干旱和漠境地区，这些地区的年降水量远远小于蒸发量，尤其在冬春干旱季节蒸降比一般为 5~10，甚至达 20 以上。降雨量集中分布在高温的 6~9 月，占年降雨量的 70%~80%，该气候条件下土壤具有明显的季节性积碱和脱碱频繁交替的特点。

2）生物因素：不同植被类型的选择性吸收不同，高等植物的选择性吸收富集了钾、钙、钠、镁等盐基离子，因此，荒漠草原和荒漠植被对碱土的形成起重要作用。

3）母质的影响：母质是碱性物质的来源，如基性岩和超基性岩富含钙、镁、钾、钠等碱性物质，风化体含较多的碱性成分。此外，土壤不同质地和不同质地在剖面中的排列，会影响土壤水分的运动和盐分的移动，从而影响土壤碱化程度。

（四）土壤盐分

1.土壤盐分指标

土壤中由阳离子与氯根（Cl^-）和硫酸根（SO_4^{2-}）所组成的中性盐的含量称为土壤含盐量，用 g/kg 表示。根据 0~20 cm 土壤的含盐量可以把土壤分成以下几种类型（表 2-10）。

表 2-10　　　　　　　　　　土壤盐分分级

土壤类型	正常土壤	轻盐土	中盐土	重盐土	盐土
土壤含盐量（g/kg）	<1.0	1.0~3.0	3.0~6.0	6.0~10.0	10.0~20.0

2. 土壤盐化

土壤盐化是指土壤在自然和人为作用下，土壤表层盐分含量不断增加以至超过某一限度的地质过程和现象。研究表明，当土壤含盐量达到土壤干重的 0.3%~1.0% 时，农作物产量将减少到正常产量的 1/10~1/30。土壤盐化对农业生产的危害很大，是土壤退化的一种表现。目前我国盐化比较重的地区主要分布在北纬 33° 以北的干旱和半干旱地区，即沿"淮河—巴彦克拉山—唐古拉山"一线以北地区，盐化速度较快的省份是山东省，平均每年扩展面积为 664.2 hm^2，其次是黑龙江。

3. 土壤盐化的原因

（1）气候条件：在干旱和半干旱条件下，没有足够的降雨，不能有效淋溶土壤中的可溶性盐分，导致可溶性盐分在土壤表层积累，成为盐土；另一方面，强烈的蒸发作用引起土壤深层盐分随土壤毛细管水上升到土壤表面，导致表土盐分含量增加 2~20 倍。

（2）矿物风化的释放：由于生物活动，土壤中的 CO_2 分压提高，则 H_2CO_3、HCO_3^- 和 CO_3^{2-} 的溶解量增多。

（3）灌溉水：地下水是现在土壤积盐的主导因素，它是不同来源盐分的重要载体，土壤的积盐量和盐分组成与地下水的矿化度和盐分组成有密切关系；同时，农作物大水灌溉，降低了土壤的透气性，影响了水对土壤盐分的淋溶作用，提高了土壤表层内的水溶性盐分含量。

（4）施肥：一方面是化学肥料对土壤盐化的影响。农业生产中施用的许多化学肥料，包括氮素肥料（硝酸铵、硫酸铵、尿素等）、磷素肥料（如磷酸一铵、磷酸二铵、过磷酸钙等）和钾素肥料（如硫酸钾、氯化钾等）都是可溶性的盐，只要施用就会引起土壤可溶性盐分含量的增加（表 2-11）。另一方面是不同肥料因为所含离子不同，对土壤盐化的影响程度也不同。

表 2-11　　　　　　　　　　不同肥料的盐分指数

肥料	盐分指数	肥料	盐分指数
硝酸铵	105	硝酸钠	100
石灰	61	37% 氮溶液	78
硫酸铵	69	硝酸钾	74
氰氨化钙	31	氯化钾	116
硝酸钙	65	尿素	75

4. 土壤盐化对农作物生长的影响

盐渍土上农作物生长的障碍主要是盐分浓度过高引起的。由于淋溶作用较弱，大量水溶性盐分存留于根层土壤中，如含有高浓度的 K^+、NH^+、Na^+、Ca^{2+}、Mg^{2+}、

Zn^{2+}、Cu^{2+} 等，它们会通过不同的方式影响植物的生长。

（1）高离子浓度降低水分有效性，影响溶液的渗透势：当土壤溶液中盐分含量增加时，渗透压也随之提高，而水分的有效性，即水势却相应降低，使植物根系吸水困难，即使土壤含水量并未减少，也可能因盐分过高而造成植物缺水，出现生理干旱现象。这种影响的程度取决于盐分含量和土壤质地。在土壤含水量相同的条件下，盐分含量越高，土壤越黏重，则土壤水的有效性越低。

植物体内盐分过多，会增加细胞汁液的渗透压，提高细胞质的黏滞性，从而影响细胞的扩张。因此，在盐渍土上生长的植株一般都比较矮小，叶面积也小，使得叶绿素相对浓缩，表现为叶色深绿。植物体内水分有效性降低会影响蛋白质三级结构的稳定，降低酶的活性，从而抑制蛋白质的合成。

（2）产生单盐毒害作用：在离子浓度相同的情况下，不同种类的盐分对植物生长的危害程度不同。盐分种类之间的这种差异与各种离子特性有关，属于离子单盐毒害作用。在盐渍土中，若某一种盐分浓度过高，其危害程度比多种盐分同时存在时要大。

据英国 Unwin（1981）研究，如果土壤的酸碱度（pH）为 6.5，所有作物都可以容忍土中含 70 mg/kg EDTA-Cu（EDTA-Cu 指可被 EDTA 提取之铜，即可被吸收之铜）；如果土壤中所施的铜量（外加人工肥料铜）增加，导致玉米产量降低，主要是对磷的吸收量减少所引起的。磷吸收减少导致植物根系生长不良，以致植物无法正常生长（表 2-12）。

表 2-12　　　　　　　　　　玉米施铜量与产量、化学成分之间的关系

土壤	处理	干物质含量							
	施铜量（mg/kg）	干物质产量（g/盆）	有机氮（mg）	硝态氮（mg）	磷酸根（mg）	钾（mg）	铜（mg）	锰（mg）	磷摄取相对值
黄土	0	95.7	935	24	96	714	4.5	86	1
	40	93.3	941	19	98	727	8.7	125	0.99
	80	88.1	1 010	20	84	726	11.9	161	0.81
	120	50.0	1 605	247	89	968	23.7	254	0.48
	160	16.1	1 846	560	61	1 007	36.2	303	0.11
沙土	0	71.3	1 096	40	97	601	2.9	355	1
	100	68.1	1 153	36	91	641	7.6	393	0.90
	200	59.5	1 217	60	78	655	10.6	460	0.67
	300	47.1	1 321	89	61	699	14.2	486	0.42
	400	26.9	1 538	141	53	708	16.0	481	0.21

据范永强研究，在棕壤土上种植花生，土壤 pH 为 5.5 时，如果土壤含锌量（外加人工肥料锌）增加 5 倍以上（12.7 mg/kg），会影响花生对磷和铁的吸收。磷吸收减少导致植物根系生长不良，以至植物无法正常生长，对铁的吸收减少会导致花生叶绿素的合成受阻，以至花生不能进行正常的光合作用，严重影响花生正常生长，甚至导致花生的死亡（图 2-92）。

图 2-92　养殖污染（猪粪）对花生生长的影响

（3）破坏膜结构：高浓度盐分尤其是钠盐会破坏根细胞原生质膜的结构，引起细胞内养分的大量外溢，造成植物养分缺乏。受盐害的植物体电解质外渗液的主要成分是 K^+，会导致植物严重缺钾。植物体内钠含量过高，会抑制膜上排钠泵的功能，导致钠不能及时排出膜外。

（4）破坏土壤结构，阻碍根系生长：高钠的盐土，土粒分散度高，易堵塞土壤孔隙，导致气体交换不畅，根系呼吸微弱，代谢作用受阻，养分吸收能力下降，造成营养缺乏。在干旱地区，因土壤结构遭破坏，土壤易板结，根系生长的机械阻力增强，造成植物扎根困难。

（五）土壤氧化还原性

一般地讲，在适当的浓度范围内，氧化态产物是植物养料的主要形态，而还原态有的易于挥发，有的有毒性，只有 NH_4^+、Fe^{2+}、Mn^{2+} 等少数养料是有效形态。

土壤的氧化还原性是土壤通气状态的标志，它直接影响作物根系和微生物的呼吸作用，同时也影响各种物质的存在状态。一般地说，土壤通气良好，氧化还原电位高，会加速土壤中养分的活化过程，使有效养分增多。在通气不良时，氧化还原电位降低，有些土壤养分被还原，或在缺氧条件下分解的有机质产生一些有毒物质，对作物生长不利。

一般来说，土壤养分含量低，供肥和保肥性能差，土壤反应不利于各种养分活化，应适当多施些肥料，反之则少施。对于保肥性能差的沙性土壤，施肥宜少量多次；保肥性能好的黏性土壤，一次施肥量可适当加大，施肥次数相应减少。

（六）重金属污染

1. 我国土壤重金属污染的现状

我国受重金属污染的土壤面积达 2 000 万 hm^2，约占总耕地面积的 1/5，因工业"三废"和农业面源污染而引起的重度污染农田近 350 万 hm^2，导致粮食每年减产 1 000 万 t。有资料显示，华南地区有的城市有 50% 的耕地遭受镉、砷和汞等有毒重金属和石油类有机物的污染；长江三角洲地区有的城市连片农田受镉、铅、砷、铜和锌等多种重金属污染，10% 的土壤基本丧失生产力。

2. 引起土壤重金属污染的主要原因

（1）工业"三废"：工业"三废"是指工业生产排放的废气、废水和废渣。工业"三废"中含有多种有毒和有害物质，若不经妥善处理，未达到规定的排放标准而排放到环境（大气、水域、土壤）中，超过环境自净能力的容许量，将对环境产生污染，破坏生态平衡和自然资源。污染物对农作物产生严重的危害（图 2-93），轻者影响作物产量，重者导致作物绝产，更重要的是危害人们的身体健康。

图 2-93　工业废水引起的污染危害

（2）生活污染源：生活污染源是指人类生活产生的污染物发生源，主要包括生活用煤、生活废水和生活垃圾等。主要是由于城市规模扩大，人口越来越密集造成的。

（3）农业污染：农业污染主要是农药污染和养殖污染。我国是农药生产和使用大国。近年来我国农药总施用量达 130 余万 t（成药），平均每亩施用接近 1 kg，比发达国家高出 1 倍。土壤中的残留农药量一般高达 60%，大多随地表径流污染地下水和地表水。农药进入土壤的途径主要是直接进入土壤（如使用芽前除草剂、拌种剂和防治地下害虫的杀虫剂）和间接进入土壤（如防治病、虫、草害喷洒于农作物和杂草上的各类农药），喷施或撒施的各类农药随大气沉降、灌溉水和动植物残体而进入土壤，影响作物的正常生长（图 2-94）。

图 2-94　除草剂残留对花生生长的影响

　　从历史原因来看，农药对农业生态环境造成的污染，主要是我国以前使用的农药都是广谱、杀灭性强和持效期长的品种，尚未重视农药对生态环境的影响。在管理方面侧重对农药质量及药效的监督，缺少农药安全性评价，缺少对农药安全性的监督管理。由于对农药毒性了解和监督不够，造成高毒、高残留的农药使用量长期占我国农药总量的 60% 以上，严重污染农业土壤生态环境。另外，由于有些农民环保意识差，使用农药不科学，单纯追求杀虫、杀菌、杀草效果，擅自提高农药使用浓度，甚至提高到规定浓度的两三倍，大量过剩的农药导致直接接纳农药的耕地表面土层中和间接接纳动植物残体农药大量蓄积，形成一种隐性危害。同时在土壤中残留期长的农药残留物质对后茬作物也造成污染。如 20 世纪 70 年代使用的"六六六"现在仍可在土壤中监测出来。这些农药直接污染土壤和作物，还会通过食物链进入人体，导致人体生理过程的致命恶变。

我国现阶段为了养活日益增长的人口，不得不在短期内最大限度地提高农作物产量，结果是过度利用了土壤耕层土这种"可更新"的资源。由于长期忽视了保护土壤的必要性，我国农业土壤的生态环境总体趋于恶化，农业生产受到严重影响。

（4）养殖业污染：常见的养殖业污染是指畜禽配合饲料中加入了一定量的食盐、微量元素（铜、锌和重金属砷、铬、铅和镉等）。食盐中的钠和微量元素不是畜禽生长的必需元素，这样 NaCl 和许多未被畜禽吸收的微量元素积累在畜禽粪便中排出（表 2-13），使以畜禽粪肥为主要原料的有机肥中氯化钠、微量元素和重金属含量较高，给土壤带来较多的污染。

表 2-13　　　　　　　　　猪摄取饲料及其排出粪尿中微量元素含量

样品	A			B			C		
微量元素	铜	锌	砷	铜	锌	砷	铜	锌	砷
喂猪量（g）	249	416	3.86	451	581	2.71	369	507	3.12
粪尿排出量（g）	180	382	3.88	343	561	4.22	292	489	4.45
排出量 / 摄取（%）	72.2	91.7	100.5	76.1	96.6	155.7	79.2	96.5	142.7

据英国 Unwin（1981）研究，摄取高铜饲料的猪排出粪便样品，含铜量为 600~900 mg/kg（干物质），在沙土上连续 3 年每公顷灌溉 1 800 m^3 的猪场废水，其土中所含的铜量有积累效应，但当深度大于 45 cm 后，与对照组的差别就会消失（表 2-14）。

表 2-14　　　　沙质土地上连续 3 年施猪粪土壤中铜积累量　　（单位：EDTA Cu，mg/kg）

土壤层（cm）	对照组	每年每公顷施 1 800 m^3 猪场废水
表层	3.3	109.0
0~5	1.9	23.3
5~15	1.4	3.8
15~30	1.0	1.5
30~45	0.5	0.7
45~60	0.5	0.5

3. 土壤重金属污染的危害

（1）重金属污染对土壤微生物产生重要影响：在重金属污染或土壤酸性化的土壤中，有益细菌和放线菌减少，有害菌增加，同时也影响土壤中的微生物活动，土壤生态系统内的微生物间相互影响构成的生态系统平衡被打乱。

据研究，土壤中的有机物质以及施用的厩肥、人粪尿和绿肥中的很多营养成分在未分解前作物不能吸收利用，只有变成可溶性物质，才能被作物吸收利用。只有生活在土壤中的细菌、放线菌等微生物才具备这种功能。例如磷细菌微生物，能分解一些含磷有机物，为植物提供可利用的可溶性磷肥。硅酸盐细菌能把钾从含钾丰富的石块中分解出来溶解于水中，供植物吸收利用。植物遗体等有机物大多都是被这些土壤微生物分解成为无机物，再被植物循环利用。所以说，如果土壤微生物失去这些机能的话，循环就会中断，整个生态系统将遭到严重破坏。

（2）土壤重金属污染对土壤酶活性的影响：土壤重金属一般不易随水移动和被微生物分解，常在土壤中积累，含量较高时能降低土壤酶活性，使之失活，破坏参与蛋白质和核酸代谢的蛋白酶、肽酶和其他有关酶的功能。

（3）土壤重金属污染对作物生长发育的影响

1）镉（Cd）对植物生长发育的影响：镉是危害植物生长发育的有害元素，土壤中过量镉会对植物生长发育产生明显的危害。有研究表明，镉胁迫时会破坏叶片的叶绿素结构，降低叶绿素含量，使叶片发黄，严重时几乎所有叶片都出现褪绿现象，叶脉组织成酱紫色、变脆、萎缩、叶绿素严重缺乏，表现为缺铁症状。何振立、吴燕玉等指出，叶片受伤害时，植物生长缓慢，植株矮小，根系受到抑制，造成生长障碍，产量降低，镉浓度过高时植株死亡。土壤中镉胁迫对植物代谢的影响更加显著，胁迫引起植物体内活性氧自由基剧增，超出了活性氧清除酶的歧化—清除能力，使根系代谢酶活性降低，严重影响根系活力。随胁迫时间的延长，SOD 活性受到影响而急剧下降，从而使其他代谢酶活性也受到影响，最终使植株死亡。

2）铅（Pb）对植物生长发育的影响：铅并不是植物生长发育的必需元素，当铅被动进入植物根、皮或叶片后，积累在根、茎和叶片中，影响植物的生长发育，使植物受害，主要表现在铅显著影响植物根系的生长，能减少根细胞的有丝分裂速度。如铅毒害草坪植物主要的中毒症状为根量减少，根冠膨大变黑、腐烂，植物地上部分生物量随后下降，叶片失绿明显，严重时逐渐枯萎，植株死亡。铅的积累还直接影响细胞的代谢作用，其效应也是引起活性氧代谢酶系统的破坏作用。高浓度铅还使种子萌发率、胚根长度、上胚轴长度降低，甚至出现胚根组织坏死。

3）汞（Hg）对植物生长发育的影响：汞是植物生长发育的非必需元素，是对植物具有显著毒性的污染物质。Hg^{2+} 不仅能与酶活性中心或蛋白质中的巯基结合，还能取代金属蛋白中的必需元素（Ca^{2+}、Mg^{2+}、Zn^{2+}、Fe^{2+}），导致生物大分子构象改变、酶活性丧失、必需元素缺乏，干扰细胞的正常代谢过程。Hg^{2+} 能干扰细胞中的物质运输过程。Hg^{2+} 胁迫与其他形式的氧化胁迫相似，能产生大量的活性氧自由基，自由基会损伤主要的生物大分子（如蛋白质、DNA 等），引起膜脂过氧化。Hg^{2+} 达到一定浓度时会抑制植物种子萌发。

4）铬（Cr）对植物生长发育的影响：铬是有些植物生长发育所必需的，缺乏铬元素会影响植物的正常发育，但体内积累过量又会引起毒害作用。研究表明，土壤中的 Cr^{3+} 浓度为 20×10^{-6}~40×10^{-6} g/kg，对玉米苗生长有明显的刺激作用；但达到 320×10^{-6} g/kg，则对玉米生长有抑制作用。Cr^{6+} 浓度为 20×10^{-6} g/kg，对玉米苗生长具刺激作用；浓度为 80×10^{-6} g/kg 有明显的抑制作用。铬还可引起永久性的质壁分离并使植物组织失水。周建华等发现，高浓度的 Cr^{3+} 处理可使水稻幼苗叶片可溶性糖和淀粉含量降低，低浓度则对它们稍起促进作用。

5）铜（Cu）对植物生长发育的影响：铜是植物必需的营养元素，它是几种涉及电子传递和氧化反应的酶的结构成分和催化活性成分，如多酚氧化酶、Zn/Cu 超氧化物歧化酶、抗坏血酸氧化酶、铜胺氧化酶、半乳糖氧化酶和质体蓝素等。铜的缺乏会减少质体蓝素和细胞色素氧化酶的合成，导致植物生长受抑制，光合作用、呼吸作用的降低。过量的铜对植物有明显的毒害作用，主要是妨碍植物对二价铁的吸收和在体内的运转，造成缺铁病。在生理代谢方面，过量的铜抑制脱羧酶的活性，间接阻碍 NH_4^+ 向谷氨酸转化，造成 NH_4^+ 的积累，使根部受到严重损伤，主根不能伸长，常在 2~4 cm 就停止生长，根尖硬化，生长点细胞分裂受到抑制，根毛少甚至枯死。

6）锌（Zn）对植物生长发育的影响：锌是植物生长发育不可缺少的元素，锌是部分酶的组分，与叶绿素和生长素的合成有关。缺锌时叶片失绿，光合作用减弱。但过量的锌会伤害植物根系，使植物根系生长受到阻碍。此外，锌过量还使地上部分有褐色斑点并坏死。

三、问题土壤

问题土壤是基于自然气候环境、农事耕作、人为疏忽以及外来重金属物质的移入，对永续性农业生产造成物理或化学性障碍的土壤。我国问题土壤大体分为亚健康土壤和病态土壤。

（一）亚健康土壤

亚健康土壤是指基于自然气候环境（主要是酸雨）和农事耕作（主要是过多地施用氮肥、磷肥）等对永久性农业生产带来物理性质恶化（如土壤沙化、板结等）、自我修复能力变差以及化学指标（如土壤酸碱性、有机质、土壤大量元素和中微量元素等）和微生物种群（如土壤细菌、真菌、放线菌等）超出适当范围，还会引发病虫害增加，抑制农作物对有益营养元素的吸收，引起综合肥力下降的一类土壤。我国绝大多数土壤处于亚健康状态。

（二）病态土壤

病态土壤是指基于自然气候环境、农事耕作、人为疏忽以及外来重金属物质的移入，对永续性农业的生产造成物理或化学性严重障碍的土壤。全球病态土壤大体分为以下几种类型：

1.酸化土壤

因气候（主要是降水）、长期不合理地施用化学肥料（主要是过量施用氮肥）以及因种植豆科作物引起土壤 pH 快速下降（<5.0），严重影响农作物的正常生长和农副产品的质量安全（图 2-95~ 图 2-100）。

图 2-95　土壤酸化对小麦生长的影响　　　　图 2-96　土壤酸化对花生生长的影响

图 2-97 土壤酸化对玉米生长的影响

图 2-98 土壤酸化对马铃薯生长的影响

图 2-99 土壤酸化对大姜生长的影响

图 2-100 土壤酸化对苹果生长的影响

2. 次生盐渍化土壤

次生盐渍化又称"次生盐碱化",是由于不合理的人为措施而引起耕作土壤盐渍化的过程。土壤盐分达到 3.0 g/kg,影响农作物的正常生长,主要是人为原因导致的(图 2-101)。

3. 盐碱地土壤

图 2-101 土壤次生盐渍化

盐碱地是盐类集积的一个土壤种类,是指在各种自然环境因素和人类活动因素综合作用下,盐类直接参与土壤形成过程,并且以盐(碱)化过程为主导作用而形成的,具有盐化层或碱化层,土壤含有大量可溶盐类,从而抑制作物正常生长的土壤(图 2-102)。盐碱地可以分为轻度盐碱地、中度盐碱地和重度盐碱地。轻盐碱地指它的含盐量在3‰以下,出苗率在 70%~80%;重盐碱地指它的含盐量超过 6‰,出苗率低于50%;介于轻与重盐碱地之间的为中度盐碱地。各种盐碱土都是在一定自然条件下形成的，其实质是各种易溶性盐类在地面作水平方向与垂直方向的重新分配，从而使盐分在集盐地区的土壤表层逐渐积聚起来。

图 2-102　重度盐碱地对棉花出苗影响

4. 污染土壤

因工业"三废"、生活垃圾和养殖粪便等污染的土壤。

5. 镉大米土壤

因土壤酸化或工农业污染引起土壤重金属镉超标的土壤，在此土壤上生产的稻谷镉含量超出农产品国家质量安全标准。

6. 矿物元素营养比例严重失调土壤

因长期不合理地施肥，引起土壤中的大量元素（氮、磷、钾）、中量元素（钙、镁、硫）和微量元素（铁、锰、锌、硼、铜、钼、氯）中某个或几个元素特别富有或缺乏，严重影响了作物的生长（图 2-103、图 2-104）。

图 2-103　土壤硼含量高对苹果着色的影响　　图 2-104　土壤铜含量高对苹果果面的影响

7. 设施农业综合障碍病土壤

设施栽培是在全年封闭或季节封闭环境下，受高度集约化、高复种指数、高肥料投入、高农药用量、过量灌水、过量施肥、过度耕作与践踏等高强度、高频度人为干预，土壤长期处于高温高湿状态，土壤健康状况急剧恶化。一般种植 2~3 年就出现土壤营养失衡、土壤酸化、土壤次生盐渍化、土壤有害物质积累、土壤微生物种群多样性和功能退化等一系列土壤病害（图2-105~图2-112）。

图 2-105　设施栽培土壤综合障碍

图 2-106　设施栽培黄瓜综合障碍

图 2-107　设施栽培土黄瓜综合障碍

图 2-108　设施栽培西葫芦综合障碍

图 2-109　设施栽培番茄综合障碍

图 2-110　设施栽培番茄综合障碍

图 2-111　设施栽培桃综合障碍

图 2-112　设施栽培草莓综合障碍

8. 老果园综合障碍病土壤

老果园是一个与"新果园"相对应的概念，主要是指果园连续生产期长，一般超过 5 年，因长期不合理地施肥和用药而引起土壤物理和化学性质严重恶化（图 2-113）。如土壤有机质严重不足，土壤 pH 严重下降，土壤氮、磷、铜等元素因长期不合理施肥和病虫害防治引起严重超标，土壤钾、钙和锌等元素严重缺乏，果树采伐后残留在土壤中的根系腐烂产生的自毒物质较多，果树更新换代后植株抗性变差，果园综合功能老化，严重影响果园整体效益的提升，甚至成为产业可持续发展的制约因素。

图 2-113　老果园土壤综合障碍

9. 忌重茬土壤

种植不耐重茬作物的土壤中会导致土壤中的某几种微量元素格外缺乏，造成土壤中养分失衡，从而抑制后续种植的作物的生长和发育；另外有一些真菌、细菌对作物产生寄生作用，加重土传病害的发生；此外还有根系的自毒作用，这些不耐重茬的作物根系会分泌出毒素，来毒害相邻的作物根系，在这类作物重迎茬种植的情况下，会造成根系分泌的毒素在土壤中富集，对重茬的作物根系产生毒害作用，造成长势不佳、产量降低、品质下降的情况（图 2-114、图 2-115）。不耐重茬的作物很多，如三七、西洋参、人参、香芋、大姜、西（甜）瓜、辣椒、大豆、绿豆、花生等。

图 2-114　忌重茬作物（香芋）非重茬生长　　图 2-115　忌重茬作物（香芋）重茬生长

四、水肥一体化与施肥

（一）水肥一体化的概念

水肥一体化（Integrated management of water and fertilizer），是将现代化灌溉与施肥融为一体的农业新技术。广义上定义为根据作物需求，对农田水分和养分进行综合调控和一体化管理，以水促肥，以肥调水，实现水肥耦合，全面提升农田水肥利用效率；狭义而言是指将溶解在水中的肥料，借助管道灌溉系统（如喷灌、滴灌等），适时适量地将肥料与水分同时喷洒到作物叶面上或输送到作物根区附近，满足作物对二者需求，实现水肥一体化管理和高效利用。

新世纪以来，随着农业结构的调整，20多个中央指导"三农"工作的中央一号文件明确强调要加强农田水利设施等方面建设，高效节水的灌溉方式成为农业生产的一大课题；2013年，原农业部办公厅印发《水肥一体化技术指导意见》，这是我国第一次正式将水肥一体化作为一个战略政策发布，明确了水肥一体化在我国农业领域的重要地位及作用，将大大推进农业的可持续发展，减少水资源及肥料等农资资源的浪费，减轻甚至能够避免土壤及水源受肥料等的污染和破坏，促使化肥需求结构和农业新技术研发发生根本性变化；2016年4月，农业部办公厅进一步制定了《推进水肥一体化实施方案（2016~2020年）》，再次提升了其地位，明确指出水肥一体化有助于保证农药、化肥施用零增长行动的实施，是保障国家粮食安全、发展现代节水型农业、转变农业发展方式和促进农业可持续发展的必由之路。

（二）水肥一体化的发展

我国水肥一体化始于20世纪90年代末，最早应用于大棚蔬菜及新疆棉花膜下滴灌。2013年我国水肥一体化面积约200万hm^2，2014年应用面积超过250万hm^2，2015年应用面积已发展到450多万hm^2，增长33%~74%，足以表明水肥一体化在我国的发展势头之迅猛。如今，农业部在全国20多个省市区推广水肥一体化技术的试验示范，应用作物从棉花、蔬菜等经济作物扩展到小麦、玉米等粮食作物，设备费用已从每亩约2 500元大幅降低到每亩约800元，高效水溶肥价格也从20 000元/t降低到10 000元/t，着力推进水肥一体本土化、轻型化和产业化，从设施农业走向大田应用。据测算，我国超过3 000多万hm^2耕地适宜发展水肥一体化，发展潜力巨大。

（三）水肥一体化的优势

通过水肥一体化技术施用水溶性肥料，有以下显著特点：

1. 省时省力

应用水肥一体化技术，肥随水走，水由管道自动进入田间地头的每株作物根部或叶面。自2014年中共中央办公厅、国务院办公厅《关于引导农村土地经营权有序流转发展农业适度规模经营的意见》提出后，农用地流转趋势不断增强，农村土地规模化、集约化的生产经营模式成为一种趋势。但近几年土地流转后，农村劳动力跨地区跨部门转移现象严重，加之农村老龄化问题加剧，使得土地流转大户对劳动力的需求与供给极度不平衡，人力成本提高，因此水肥一体化省时省力的优点更加明显。

2. 节水省肥

我国水资源短缺，地下水开采严重，农业用水问题严峻，特别是近年来旱灾造成的农业损失日趋增大，平均每年受旱灾影响的粮食面积达到 1 300 万 hm^2，损失粮食超过 3 000 万 t，是上世纪的两倍以上。大水漫灌每亩需要 30~50 t 水，同时，土壤的一些矿物营养随着大水流失或者下渗到深层，造成养分的极大浪费。水肥一体化技术利用管道（如滴灌设备）可将水分直接滴到作物根区附近或者微喷灌将细小液滴落到叶片之上，将"浇地"变为浇"作物"，节水 40%~70%（微灌可达 90%），节肥 20% 以上，可以大大缓解我国水资源紧缺的矛盾。

3. 防止土壤板结

大水漫灌对土壤侵蚀、压实的作用很强，会挤出土壤内的空气，使土壤处于缺氧环境，一些根系和土壤微生物会因为缺氧而死亡，土壤的团粒结构也被破坏，造成土壤板结。采取水肥一体化，滴灌或喷灌对土壤的压实作用小，土壤中的空气排出的少，土壤微生物受到的伤害小，对土壤团粒结构破坏小，可有效防止土壤板结。

4. 防止土传病害的发生与发展

农作物的根腐病、腐烂病和线虫病等许多土传病菌都是随水传播。大水漫灌后，土传病菌就会随水流到每一株作物的根茎部位，条件适宜就会侵染健康作物，造成土传病害的流行。应用水肥一体化可降低土传病害的传播。

5. 促进作物根系的生长

我国著名的果树专家魏钦平教授做过这样一个有趣的实验，将一棵苹果树栽植在四个方形花盆的中间，也就是说将果树的根系分成四部分分别进行浇水。结果表明，每次只浇一个花盆（即四分之一浇水），果树营养生长较小，容易成花；每次四个花盆都浇水的果树（即四分之四浇水），营养生长量很大，枝叶茂盛，却难以成花。这个实验表明，对果树进行适度的有控制的浇水方能达到理想的效果。

土壤 30 cm 以内的耕层（果树根际）分布着大量的吸收根，这些根系对环境变化非常敏感，耕层土壤的变温、干旱和洪涝等都会造成根系死亡。研究表明，大水漫灌后，由于表层土壤的通气性、温度、含水量等发生很大变化，处于表层土壤的吸收根往往大量死亡，会造成果树营养的暂时亏缺。所以，一些果树经过大水漫灌后，会出现叶片发黄或者落果等现象。另一方面，大水漫灌后，由于果树吸收了过多的水分，营养生长大大增强，容易引起果树旺长，难以成花。新梢的旺长，又会消耗过多的光合营养和矿质营养，打破营养分配平衡，分配到果实、根系、花芽的营养就会相对减少，根系生长受到抑制，枝条不充实，花芽难以形成，果实难以长大。

6. 增强作物抗逆性

水肥一体化灌溉技术可将各种营养元素随水适时适量地供给作物，使得作物不旱不涝，养分充足，提高其自身抵抗力。在大棚中应用水肥一体化，可显著降低棚内湿度，减少病害的发生，可降低农药用量，提升作物品质。

7. 增产增收

实施水肥一体化灌溉技术可将肥料控制在 40 cm 左右的根区附近，少量多次地补充作物所需的水分及养分。据市场使用情况统计，普遍增产 5%~40%，粮食作物增产 5%~10%，经济作物增产 8%~40%；粮食作物每亩增收 30~340 元，经济作物每亩增收 500~1 500 元。

（四）水肥一体化的设备

合格的设备是水肥一体化成功的关键，只有全面了解水肥一体化设备的基本结构、工作原理和使用条件，才能达到预期的应用效果。灌溉设备主要包括过滤器、施肥设备、灌水器、水泵、管道和给水调控设备等。

1. 过滤器

过滤器是指把灌溉水中有可能堵塞灌溉系统的固体悬浮物除去的设备。因微灌系统灌水器的流道直径较小（一般为 0.8~2.0 mm），故过滤器是滴灌系统长久正常运行的关键，是灌溉系统的主要组成部件之一。喷灌系统中，是否安装过滤器视喷头流道（一般为 1.2 mm 以上）和水质状况而定，多数情况下，需要安装过滤器。

常见的过滤器有网式过滤器、沙石过滤器、叠片过滤器和离心过滤器等几种形式。工程上一般采用组合式过滤器系统，但当灌溉水水质较差时还需要在过滤器上游增设初级过滤装置。

（1）网式过滤器（图 2-116）：网式过滤器结构简单，在国内外微灌系统中使用最为广泛。基本构件包括滤芯和过滤外壳两部分，滤芯由骨架及筛网复合而成，能承受一定的侧压而不变形，两侧附有密封圈，能够与过滤外壳紧密配合，筛网孔径在 0.1 mm（约 160 目）以上，滤芯除了耐腐蚀、密封严实外，还必须便于清洗及更换。网式过滤器按外壳材料可分为塑料型和钢制型，小流量（≤ 9 m³/h）多采用塑料型，大流量过滤器（>9 m³/h）多采用钢制外壳。近年来，大流量塑料过滤器有逐渐取代钢制过滤器的趋势。

图 2-116　网式过滤器

网式过滤器属于一维平面过滤，工作原理是利用筛网的机械筛分，将灌溉水中颗粒粒径大于孔径的杂质截留住，达到固液分开的目的，使灌溉水中的所有粒子满足系统的要求，其作用效果主要取决于所用筛网孔径的大小，筛网目数越大，过滤精度越高，对于团粒悬浮物过滤效果好，但对于丝状物、线状颗粒、乳胶颗粒的过滤效果较差，一般作为管网的次级或末级过滤设备。

网式过滤器适用于灌溉水质较好的系统，如井水、自来水及其他清洁水源。目前，温室大棚中较为常见，大中型灌溉系统中网式过滤器主要配合离心过滤器等使用，一般置于其下游位置。

维护及注意事项：进出水方向必须根据滤芯的过滤方向选择使用，切不可反向使用；当过滤网上积聚了一定的污物后，过滤器进、出水口之间的压力降会急剧增加，当压力降超过 0.07 MPa 时需及时进行冲洗，其中自清洗网式过滤器还需定期检查冲洗部件的状况；如发现滤芯、密封圈损坏，必须及时更换；网式过滤器可单独使用，也可与其他过滤器组合使用。

（2）叠片过滤器：叠片过滤器已有 30 多年的应用历史，目前全自动冲洗式和多滤芯复合式叠片过滤器也已开发应用，使用更加方便，有取代沙石过滤器的趋势，常用精度有 20 μm、55 μm、100 μm、130 μm、200 μm、400 μm 等多种规格。主要由三部分组成：外壳、滤芯、冲洗件。滤芯是由一组带有微细流道的环状塑料片叠加成圆筒状固定在中心支架上，冲洗件在滤芯的内部，一般情况下属于滤芯的一部分。叠片过滤器使用方便，可自动冲洗。

原理：叠加在一起的滤芯，依靠很多带凹槽的微米级孔口的塑料片，利用片壁和凹槽之间的缝隙来截取水流中的杂物，过滤时，灌溉原水通过过滤进水口进入过滤器内，过滤叠片在弹簧力和水力的作用下被紧紧地压在一起，杂质颗粒被截留在叠片微孔或夹缝中，经过过滤的水从过滤器主通道中流出，此时单向隔膜阀处于开启状态。反冲洗时，启动反冲洗阀门，改变水流方向，过滤器底部单向隔膜阀关闭主通道，反冲洗进入喷嘴通道，和喷嘴通道连接的活塞腔内的水压上升，活塞向上运动克服弹簧对叠片的压力，使叠片松散，同时反冲洗水从原出水口喷射进入，使叠片旋转并均匀分开，喷洗叠片表面，将截留在叠片上的杂质冲刷掉，并随冲洗水流出排污口。当反冲洗结束时，水流方向再次改变，叠片再次被压紧，系统重新进入过滤状态（图 2-117），原理如图 2-118。

图 2-117　叠式过滤器

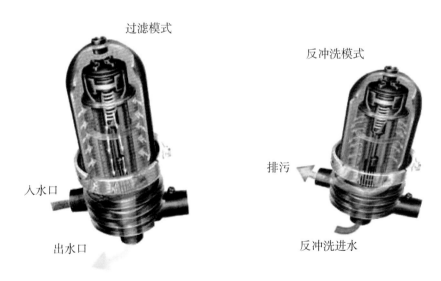

图 2-118　叠式过滤器过滤原理

叠片过滤器对无机和有机悬浮颗粒都有较好的过滤效果，一般作为主过滤器，可应用于水质较差的灌溉区。

维护及注意事项：叠片过滤器存在冲洗频率高、反冲洗不彻底的问题，使用时要注意选择质量好的产品。

（3）离心过滤器：离心过滤器是一种在灌溉系统中普遍使用的初级过滤设备，根据离心沉降和密度差的原理，当水流在一定的压力下，从除沙器进口以切向进入设备后,产生强烈的旋转运动,由于沙水密度不同,在离心力、向心浮力、流体曳力的作用下,因受力不同,密度低的清水上升,由溢流口排出,密度大的沙粒由底部排沙口排出,从而达到固液分离的目的(图2-119、图2-120)。

图2-119　离心过滤器

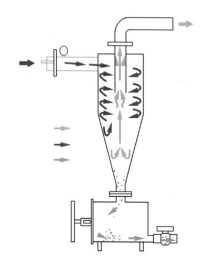

图2-120　离心过滤器过滤原理

离心过滤器水头损失大,耗能较高,一般作为灌溉系统的第一级处理设备,与其他种类过滤器组合使用。

维护及注意事项:离心过滤器安装在灌溉系统的首部,过滤器进水口通过管道和逆止阀与潜水泵相连,出水口通过管道、阀门和沙石过滤器或碟片过滤器连接;安装前地面需硬化处理;阀门连接处加密封垫,过滤器进、出水口处各安装一个压力表,过滤器整体要摆放平稳,安装完毕后做试压处理,在额定压力下所有连接处不得有漏水现象;整个首部应安装在室内。

(4)沙石过滤器:沙石过滤器主要由进水口、出水口、过滤罐体、沙床和排污孔等部分组成。罐体多为钢制压力容器,沙床一般是由石英砂堆积一定厚度而成的多孔介质过滤体,属于三维过滤。灌溉水经沙床将水中悬浮物截获并滞留在各沙粒的孔隙之间,具有较强的截获污物的能力,常用于一级过滤。同时沙石过滤器也具有反冲洗功能,即从沙床下部向上冲洗滤料,使滤料松散膨胀,将沙床中所截留的杂质排出过滤器。

为了使微灌系统在反冲洗过程中也能同时向系统供水,往往在首部枢纽安装两个以上过滤罐(图2-121、图2-122)。

图 2-121　沙石过滤器

反洗状态　　　　　　　　　　　过滤状态

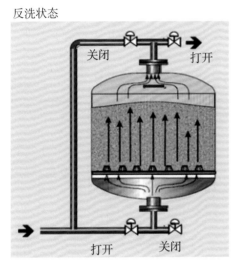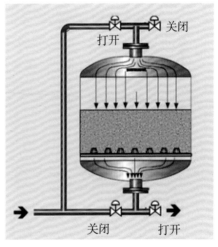

图 2-122　沙石过滤器过滤原理

　　针对不同水源，每年需要进行 2~3 次滤料清理与补充，一般两个灌溉季节更换一次滤料，此过滤器清除有机质效果很好，一般用于以水库、塘坝、明渠、河道、排水渠及其他含污物为水源的初级过滤，但不能滤除淤泥和极细土粒。

　　维护及注意事项：注意进出水口方向，过滤器顶端为进水口，底端为出水口；填充石英砂时要注意石英砂量距离顶部分水器 20 cm 左右为最佳；过滤器进出水端均需安装压力表，方便随时查看进出水压力状况，当进出水压力差大于 0.07 MPa 时，说明需要进行反冲洗；沙石过滤器一般不单独使用，需配合网式或叠片过滤器共同使用，方能达到最佳过滤效果；如果长期不使用，应将过滤器内部残留的水排干净，以防止滤罐锈蚀，影响以后使用。

　　（5）组合式过滤器：灌溉系统中，大多采用组合式过滤器，即将以上几种过滤器结合在一起使用。自上游至下游的安装顺序为离心过滤器—网式过滤器（或沙石过滤器）—叠片过滤器—网式过滤器。如果水质很差，应在整个系统之前设置沉淀池或其他初级过滤设施。

2. 施肥装置

施肥装置是灌溉系统重要的组成部分，其作用是将作物所需的养分适时适量地注入到灌溉系统主管道，随水进入田间管网至作物所需部位，常用的施肥装置包括压差施肥器、文丘里施肥器和比例施肥器等。

（1）压差施肥器：一般由储液罐、进水管、供肥液管、调压阀等组成，储液罐应选用耐腐蚀、抗压能力强的材料制造。目前有 10 L、16 L、30 L、50 L、100 L、150 L 等型号（图 2-123）。工作原理如图 2-124：过滤后的灌溉水从进水管进入罐体，与罐内化肥混合，通过调压阀调节使阀门前后产生压差，水肥一起由供肥液管进入输水管道，输送到田间作物的吸收部位。目前压差施肥罐尚没有国家或行业标准，厂家根据企业标准自行设计生产。优点是养护费用低，操作简便，适用于大面积施肥，不需要额外的能量。缺点是只能定量施肥，但养分浓度不一致（先大后小），受水压变化的影响大，易造成水头损失；由于罐体容积有限，添加肥料次数频繁且麻烦，劳动强度大，不适应自动化。

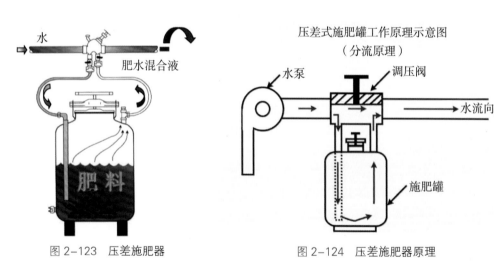

图 2-123　压差施肥器　　　　　　图 2-124　压差施肥器原理

（2）文丘里施肥器（图 2-125）：工作原理如图 2-126。文丘里施肥器与肥料储液箱（罐或桶）配套组成一套施肥装置，利用施肥器收缩段流速加快，产生负压，通过吸液小管吸取肥料，进入灌溉管道输送到作物吸收部位。

优点是：构造简单，操作方便，造价低，养分浓度一致。缺点是：工作面积小，对流量和水压有一定要求，对水压的波动敏感，水头损失大，主要适用于小型灌溉系统向管道中注入肥料或农药。

图 2-125 文丘里施肥器

文丘里（Ventur i-typedevice）施肥器原理示意图
（射流原理）

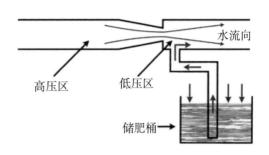

图 2-126 文丘里施肥器工作原理

注意事项：在安装过程中，一定要注意把施肥器以并联的状态安装到管道系统中，同时应保证施肥器上的箭头方向与水流方向一致，如做试验研究，可在施肥器前后安装压力表，以便更好地判断文丘里工作情况。在使用时，调节主管阀和支管阀，使得肥液按一定浓度施用即可。主管阀开度越大，支管阀开度越小，肥液的浓度越低。在施肥结束后，可关闭支管阀，再用清水冲施一段时间。由于文丘里施肥器主要利用的是束窄流道形成负压的原理进行工作，所以一定要保证施肥系统前后的压差。如遇吸不上肥液或倒流的情况，可先从系统的密闭性、吸头（吸管末端）和过滤器堵塞情况这三个方面检查。

（3）比例施肥器（图 2-127）：工作原理如图 2-128。比例施肥器能够精准地通过调节水肥等比例进行自动地投加混合，不受水流量和压力波动的影响。主要特点是以水流为动力，不需要电力；肥水比例可随时调节，并且水肥等在内部混合均匀。但也有其自身的缺点，如设备费用昂贵，养护费用较高（运动部件）等。

图 2-127 比例施肥器

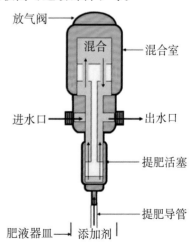

图 2-128 比例施肥器原理

注意事项：施肥泵的进出水口要与管线的进出水口一致，在施肥泵进水口之前安装一个过滤器。调整添加比例：取出施肥泵刻度筒上部的"U"形调节锁，调节施肥泵上的刻度达到预设值，然后将"U"形调节锁锁上扣紧。在施肥泵启动之初，需要按下施肥泵顶部的排气阀，进行排气，直到有少量水从排气阀溢出，再迅速关上排气阀。

3. 灌水器

灌水器是微喷灌系统末端的灌水装置，包括喷头、微喷头、滴头（滴灌管、滴灌带—田间毛管和灌水器合为一体）和小管出流器等设备和零件。本部分主要以滴灌为主进行介绍。滴灌是利用滴头的微小流道或孔眼消能减压，使水流变为水滴均匀地施入作物根区土壤中。

（1）单翼迷宫式滴灌带：滴灌带一次性挤压熔接而成，无接缝，无毛边，价格低（图 2-129）。

主要特点：灌溉均匀度较好，重量轻，易搬运，拉伸性能好；缺点是抗压能力差，对地形适应性较差。滴头间距 30 cm、50 cm，流量 1.8 L/h、2.5 L/h、3.2 L/h，壁厚 0.2 mm。

（2）内镶式滴灌带和滴灌管：滴头镶于管内壁的一体化滴灌带（管）（图 130~图 134），滴灌带常规直径 16 mm，流量 1.38 L/h、2.0 L/h、2.7 L/h，壁厚 0.2~0.6 mm，滴头间距 10 cm、15 cm、20 cm、30 cm、50 cm；圆柱滴灌管直径为 16 mm 时，流量 2.0 L/h、4.0 L/h，壁厚 0.6~1.2 mm，滴头间距 15 cm、30 cm、50 cm。

图 2-129　单翼迷宫式滴灌带

图 2-130　内镶式滴灌带

图 2-131 内镶式滴灌带原理

图 2-132 内镶式滴灌带在大田安装

图 2-133 内镶式滴灌带在大棚安装

图 2-134 内镶式滴灌带在果园安装

内镶式滴灌带的优点为滴头与管带一体化,安装使用方便,成本低,投资少;滴头有自过滤窗,抗堵塞性能好,采用迷宫式流道,具有一定的压力补偿作用。

安装使用说明:在使用时,避免与地面硬物直接摩擦造成破损;在安装时注意避免脏物(泥土)进入滴灌带内;安装时注意出水孔朝上,末端通水出水后再堵死;连接时,必须把带口剪平,套入旁通并用螺母锁死。

(3)可拆卸滴头、滴箭、稳流器:可拆卸滴头可单独安装在 PE 管上,根据植株距离灵活定位,与滴箭、小管出流配合使用,适用于果树、花卉等间距较大或不等间距作物(图 2-135~图 2-138)。滴头工作压力 80~200 kPa,流量 2.0 L/h、4.0 L/h、8.0 L/h。

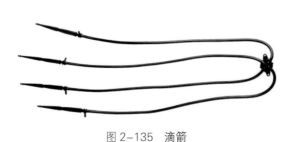

图 2-135　滴箭

图 2-136　滴箭应用

图 2-137　可拆卸滴头

图 2-138　可拆卸滴头应用

注意事项：滴头的流道较小，容易堵塞，对水质要求较高，必须安装过滤器；一般布置在 12~16 mm 的盲管上，根据作物种植情况及需水量选择流量合适的滴头；采用压力补偿式滴头时可适当增加铺设长度；一般用于果树等种植间距较大、需水量大的作物。

4. 其他

（1）水泵：水泵是将原动机的机械能或其外部能量转化为被输送水的能量，调节灌溉水输送的流速和压力，其种类多样，结构各异，常见的农用水泵如图 1-139 所示。

图 2-139　常见农用水泵

（2）调控、安全设备：调控、安全设备是灌溉系统不可缺少的部件，包括流量控制、测量装置、安全保护装置等。其中流量控制设备主要有闸阀、球阀、蝶阀（图2-140），安全保护装置主要有逆止阀（图2-141）、空气阀，测量装置主要包括水表及压力表（图2-142、图2-143）。

图 2-140　球阀

图 2-141　逆止阀

图 2-142　水表　　　　　　图 2-143　压力表

闸阀主要是沿管道轴线垂直方向移动的阀门，通过上下移动来接通或切断管道中的灌溉水流；球阀是含有圆形通孔的球体，由阀杆带动，并绕球阀轴线做旋转运动的阀门；蝶阀结构简单，主要是由圆盘构成启闭件，随阀杆往复回转不同角度以控制调节灌溉水流量大小，安装于管道的直径方向。

安全保护装置中逆止阀指依靠介质本身流动而自动开、闭阀瓣，用来防止灌溉水等液体倒流的阀门，属于一种自动阀门；空气阀主要根据阀体内浮子的升降实现对管道内空气的控制，防止因停电或停泵等原因导致压力变化对管道产生损坏。

测量装置中压力表是灌溉系统中必不可少的量测仪器，它可以反映系统是否正常运行，特别是过滤器前后的压力表，实际上是反映过滤器堵塞程度及何时需要清洗过滤器的指示器；水表可用来计量一段时间内通过管道的水流总量或灌溉用水量，一般安装在首部过滤器之后的主管上，也可将水表安装在相应的支管上。

（五）水肥一体化应用效果

据全国农技推广服务中心水肥一体化示范结果表明（表 2-15~表 2-17），在山东、河北、北京、天津、内蒙古等主要省（市、区）对油桃、大樱桃、草莓、西瓜、苹果、葡萄、梨、桃等作物进行水肥一体化推广应用，利用微灌施肥技术每亩节水 37~75 m^3，节水 30% 以上；每亩节肥 39~93 kg，节肥 35%；每亩增加产值 950 元，节省投入 359 元，增产 8%~15%。

表 2-15　　　　　　　　　草莓微灌施肥田间试验

处理	产量 （kg / 亩）	耗水量 （m^3 / 亩）	水分生产效率 （kg/m^3）	水分生产效益 （元/m^3）
滴灌施肥 4 d 一次	3 486.4	267.0	13.06	77.58
滴灌施肥 7 d 一次	3 382.5	285.6	11.84	69.48
传统沟灌冲肥	3 060.4	408.7	7.49	41.33

表 2-16　　　　　　　　　葡萄、苹果滴灌田间试验

作物	生育期灌水量（m^3/ 亩）		节水效果		水分生产效率（kg/m^3）	
	常规种植	滴灌施肥	节水（m^3/ 亩）	节水（%）	常规种植	滴灌施肥
葡萄	282	116	166	58.9	3.45	6.64
苹果	260	130	130	50.0	7.48	16.46

注：来源于全国农技中心水肥一体化示范项目。

表 2-17   马铃薯灌溉施肥田间试验

处理	产量 （kg/亩）	净收入 （元/亩）	灌溉量 （m³/亩）	蒸腾蒸发 （m³）	水分生产效益 （kg/m³）	水分生产效率 （元/m³）
滴灌施肥	2 014	1 142.3	148	260.8	7.72	4.4
喷灌冲肥	1 710	857.0	225	337.8	5.06	2.5

注：来源于全国农技中心水肥一体化示范项目。

第三章

亚健康土壤修复施肥技术

第一节　禾谷类作物

一、水稻

（一）水稻的主要生育特性

1. 水稻根系生长发育特性

水稻根系主要分布在 20 cm 深耕层内，高产水稻品种根总干重和总体积均要比低产品种高，其中表层的根系优势尤为明显。侧根发达的高产水稻，根系总长度和根长密度均很大，在土壤中密集成网。不同穗型品种根系性状差异明显，小穗型品种在每株不定根数、不定根总长上具有优势，大穗型品种在每株根干重、不定根粗度表现优越。周汉钦等（1997）研究发现，大穗型品种具有根宽增加快、单茎根重高、根冠比高等特点。根系总吸收表面积和活力吸收面积也反映了根系吸收营养物质的能力。李合松等（1999）认为，高产水稻的根系总吸收表面积和活力吸收面积在孕穗期均达到最大，并且后期下降缓慢。

水稻根系对地上部生长、产量形成的影响，不仅取决于根系的形态指标，而且与根系在土壤中的分布特征有密切关系。根系分布深，则叶角小、叶片挺直，结实率较高；反之，根系分布浅，则叶角大，叶片易披垂，结实率也较低。凌启鸿（1989）研究认为，叶角的大小在很大程度上受根系分布的调控，在群体叶面积指数较大的情况下，培育分布深而多纵向的根系，有利于改善群体通风透光条件，增加群体光合作用，提高产量。深层根系在水稻前期和中前期起主要作用，其根量对水稻在高产水平下进一步实现超高产有着不可替代的作用。吴伟明等（2001）认为，许多高产水稻在实际生产中表现出明显的不易早衰、青秆黄熟等特性，可能得益于其根系的深扎特性。

2. 水稻对氮、磷、钾三要素的需求量

水稻对氮、磷、钾三要素的需求量，因品种、地区、施肥水平、土壤特性和产量水平等的不同而异。如生产相同产量的稻谷，粳稻比籼稻、晚稻比早稻、北方比南方需氮较多而需钾较少。综合各种资料，每生产 100 kg 稻谷需要氮（N）1.7~2.5 kg、磷（P_2O_5）0.9~1.3 kg、钾（K_2O）2.1~3.3 kg。氮、磷、钾的吸收比例大体为 1 ： 0.53 ：（1.24~1.32）。

水稻是典型的喜硅作物，大多数情况下，土壤和灌溉水就能满足水稻的硅素营养。但在高产水田，应采取稻草还田或施用硅酸肥料，来满足水稻的硅素营养需求。

3. 水稻对氮、磷、钾矿物营养元素的吸收运转规律

单季晚稻和迟熟中稻生育期较长，移栽大田后可以明显区分分蘖期和幼穗分化期，共出现两次吸氮高峰，在栽后 20 d 左右出现第一次吸氮高峰，每日每亩吸收氮素（N）0.1~0.15 kg，后吸氮量有所下降。栽后 35 d 左右又迅速增加，到 60 d 时出现第二次吸氮高峰，平均每日每亩吸收氮素（N）0.2~0.25 kg。其中第一次吸氮高峰期吸收氮占总需氮量的 10%~20%，第二次则占 50%。品种生育期越长，两次吸氮高峰区分愈明显，尤其是第一次高峰持续时间较长。

单季晚稻和中稻在分蘖期对磷和钾的吸收量比双季稻大，到了拔节至抽穗期反而低于双季稻。要特别指出，在寒冷山区及东北寒冷地区适宜水稻生长的时间较短，单季稻多选用早熟品种，氮、磷、钾的阶段营养特性类似于双季稻。

4. 我国水稻生产中的施肥现状

根据我国主要水稻产区农户调查结果，目前水稻施肥存在两个突出问题：一是过量施用氮肥，我国水稻施用氮肥量平均为 180 kg/hm²，比世界平均用量高约 75%；二是施肥前重后轻，农民习惯把大量的氮肥施用在水稻生长前期，水稻生长的前 10 d 平均施肥量占全生育期总施肥量的 70% 以上，导致根层养分供应与水稻对氮肥的需求产生严重的对空错位，氮肥的利用率严重下降，也加剧了环境污染；三是氮、磷、钾三要素中的钾肥相对不足。

5. 水稻的需水特性

水稻分蘖期对水最敏感，水田水饱和状态和浅水灌溉最有利于水稻分蘖。在高温条件下（26~36℃），土壤持水量在 80% 时分蘖最多。如深水灌溉，水层超过田面 8 cm 时，分蘖节受光照弱，氧气不足，温度又低，抑制分蘖。水田土壤持水量在 70% 以下时，水稻会停止分蘖。

幼穗分化到抽穗是水稻一生需水最多的时期，尤其在水稻花粉母细胞减数分裂期对水最敏感，一定要保持田间持水量在 90% 以上。如果缺水会影响到颖花发育。但水分过多受淹，也会造成不利影响，如全部淹没也会引起水稻死亡。

灌浆期需水仅次于拔节、长穗和分蘖期的需水量，如水分不足会影响叶片同化能力和灌浆物质的运输，严重影响稻米的产量和品质。

（二）黑龙江农垦寒地水稻土壤修复施肥技术

1. 播种期

旱育中苗最佳播种期为 4 月 15 日 ~4 月 20 日，三膜（大棚膜、小棚膜和地膜）覆盖的可在 4 月 5 日 ~4 月 15 日播种。

各地区农作物土壤修复施肥技术，均采用同一拌种技术。选用红外线响应的种衣剂稀释 200 倍，进行拌种或用眠孢微生物菌剂拌种，具有明显提高种子发芽势和发芽率的作用。

2. 总施肥量

全生育期每亩施用大量元素肥料氮（N）5.5~8.0 kg、磷（P_2O_5）2.5~3.5 kg、钾（K_2O）2.5~3.5 kg。

3. 施基肥

（1）结合整地每亩施用新型高氮高磷复合肥，如施可丰稳定性长效缓释肥（18-20-5）20 kg。

（2）微量元素肥料：结合整地每亩施用硫酸锌 1 000 g，硼砂 500g。

（3）微生物肥料：结合整地每亩施用农用微生物菌剂（有机质≥45%，有效活菌数≥ 10 亿 /g）25 kg。

4. 追肥

（1）移栽后 8~10 d，每亩追施海藻酸尿素 3 kg。

（2）孕穗期每亩酌情追施高氮肥，如施可丰（28-0-10）复合肥 5 kg、硅肥 0.75 kg。

（3）叶面追肥：水稻分蘖期结合病虫害防治喷施生物刺激素，如木醋液氨基酸水溶肥 100~150 倍液，孕穗后喷使磷酸二氢钾 500 倍液。

（三）黑龙江第一至第四积温带寒地水稻土壤修复施肥技术

1. 播种期

晒种、选种、浸种和催芽，4 月中旬进行播种。

2. 施基肥

（1）施肥量：每亩施用氮肥（N）2.7~3.0 kg、磷肥（P_2O_5）2.0~3.0 kg、钾肥（K_2O）2.0~3.0 kg。结合整地每亩施用新型高氮高磷复合肥，如施可丰稳定性长效缓释肥（18-20-5）20 kg。

（2）微量元素肥料：结合整地每亩施用微量元素肥料，如硫酸锌 800~1 000 g、硼砂 500 g。

（3）微生物肥料：结合整地每亩施用农用微生物菌剂（有机质≥45%，有效活菌数≥10亿/g）20~25 kg。

3. 追肥

（1）插秧后7 d返青，立即施用分蘖肥，追施海藻酸尿素1.0~2.0 kg；氮肥量占全生育期氮肥量的40%~50%。

（2）孕穗期追肥：追施海藻酸尿素4.0~5.0 kg、硅肥0.75 kg。

（3）叶面追肥：结合病害防治，分蘖期至孕穗前喷施生物刺激素，如木醋液氨基酸水溶肥100~150倍液，孕穗期至齐穗期喷施磷酸二氢钾500~600倍液。

（四）新疆（察布查、温宿县等）水稻土壤修复施肥技术

1. 生育期

一般水稻育秧在4月15日，5月5日~5月10日插秧，生育期120~130 d。

2. 施基肥

（1）大量元素肥料：结合整地，每亩施用新型肥料如施可丰稳定性长效缓释硫酸钾复合肥（15-12-15）30~40 kg（或尿素10 kg、二铵10 kg、硫酸钾6~10 kg）。

（2）微生物肥料：结合整地，每亩施用多功能农用微生物菌剂（有机质≥45%，有效活菌数≥5亿/g）40 kg。

（3）植物源生物刺激素：插秧前结合灌水，每亩冲施植物源生物刺激素如木醋液氨基酸水溶肥5 L。

3. 追肥

（1）孕穗期追肥：每亩追施复合肥（26-10-15）15~25 kg。

（2）叶面肥：结合病害防治，分蘖期至孕穗前喷施生物刺激素叶面肥，如木醋液氨基酸水溶性肥料150~200倍液，孕穗期至齐穗期喷施磷酸二氢钾500~600倍液。

（五）黄河口水稻土壤修复施肥技术

1. 栽培模式

一季春稻种植生产模式。

2. 播种期与移栽期

4月20日~4月25日育苗，5月中下旬移栽。

3. 施基肥

（1）大量元素肥料：结合整地，每亩施用新型肥料如施可丰稳定性长效缓释硫酸钾复合肥（15-12-15）30~40 kg，或尿素10 kg、二铵10 kg、硫酸钾6~10 kg。

（2）微生物肥料：结合整地，每亩施用多功能农用微生物菌剂（有机质≥45%，有效活菌数≥5亿/g）40 kg。

（3）水溶性肥料：插秧前，结合灌水每亩冲施植物源生物刺激素，如木醋液氨

基酸水溶肥 5 L。

4. 追肥

（1）孕穗期追肥：根据长势每亩追施复合肥（26-10-15）15~25 kg。

（2）叶面肥：结合病害防治，分蘖期至孕穗前喷施生物刺激素叶面肥，如木醋液氨基酸水溶性肥料 150~200 倍液，孕穗期至齐穗期喷施磷酸二氢钾 500~600 倍液。

（六）苏北鲁南水稻土壤修复施肥技术

1. 生育期

水稻育秧一般在 5 月 1 日，6 月中下旬进行插秧，10 月中下旬收获。

2. 施基肥

（1）大量元素肥料：结合整地，每亩施用新型高氮高钾氯基复合肥，如施可丰稳定性长效缓释硫酸钾复合肥（16-8-16）40~50 kg。

（2）土壤调理剂：结合整地，每亩施用具有调节土壤酸性功能的土壤调理剂如施可丰碱性元素肥料（pH=10.0~12.0，含 $CaO \geq 20\%$）20~30 kg。

（3）微生物肥料：结合整地，每亩施用多功能农用微生物菌剂（有机质 $\geq 45\%$，有效活菌数 ≥ 5 亿 /g）40 kg。

（4）植物源生物刺激素：插秧前，结合灌水每亩冲施植物源生物刺激素，如木醋液氨基酸水溶肥 5 L。

3. 追肥

（1）分蘖期追肥：移栽 1 周后，分蘖期每亩追施氮肥（N）4.6 kg（海藻酸尿素 10 kg）。

（2）孕穗期追肥：根据长势每亩追施氮肥（N）3.0~5.0 kg（海藻酸尿素 6.5~11.0 kg），钾肥（K_2O）3 kg（折合氯化钾 5 kg），硅肥 0.75 kg。群体大、叶色浓的追施氮肥（N）3 kg（海藻酸尿素 6.5 kg），群体中等、叶色中等的追施氮肥（N）4 kg（海藻酸尿素 9 kg），群体小、叶色淡的追施氮肥（N）5 kg（海藻酸尿素 11 kg）。

（3）施叶面肥：结合病害防治，分蘖期至孕穗前喷施生物刺激素叶面肥，如木醋液氨基酸水溶性肥料 150~200 倍液，孕穗期至齐穗期喷施磷酸二氢钾 500~600 倍液。

（七）江苏太湖稻区水稻土壤修复施肥技术

1. 播种期

5 月下旬播种，秧龄控制在 20 d 左右，确保四叶期内移栽。

2. 施基肥

（1）大量元素肥料：每亩施用氮（N）5 kg、磷（P_2O_5）3 kg、钾（K_2O）3 kg。可结合整地施用施可丰氯基复合肥（20-10-10）25 kg。

（2）微量元素肥料。每亩施用硫酸锌 1 000 g，硼砂 500 g。

（3）微生物肥料：每亩施用农用微生物菌剂（有机质≥45%，有效活菌数≥5亿/g）40 kg。

3. 追肥

（1）移栽后 7 d 左右，每亩追施海藻酸尿素 5 kg。

（2）移栽后 12~14 d（分蘖期），每亩追施海藻酸尿素 5 kg。

（3）孕穗期每亩酌情追施高氮肥（30-0-5）10 kg、硅肥 0.75 kg。

（4）施叶面肥：水稻分蘖期结合病虫害防治喷施生物刺激素，如木醋液氨基酸水溶肥 100~150 倍液，孕穗后喷施磷酸二氢钾 500 倍液。

（八）江苏里下河和沿海稻区水稻土壤修复施肥技术

1. 播种期

5月中下旬播种，秧龄控制在 20 d 左右，确保四叶期内移栽。

2. 施基肥

（1）大量元素肥料：每亩施用氮（N）6 kg、磷（P_2O_5）3 kg、钾（K_2O）3 kg。结合整地施用如施可丰氯基复合肥（20-10-10）30 kg。

（2）微量元素肥料：每亩施用硫酸锌 1 000 g，硼砂 500 g。

（3）微生物肥料：每亩施用农用微生物菌剂（有机质≥45%，有效活菌数≥5亿/g）40 kg。

3. 追肥

（1）移栽后 7 d 左右，每亩追施海藻酸尿素 6 kg。

（2）移栽后 12~14 d（分蘖期），每亩追施海藻酸尿素 6 kg。

（3）孕穗期酌情追施高氮肥，如施可丰氯基复合肥（30-0-5）10 kg、硅肥 0.75 kg。

（4）施叶面肥：水稻分蘖期结合病虫害防治喷施生物刺激素，如木醋液氨基酸水溶肥 100~150 倍液，孕穗后喷施磷酸二氢钾 500 倍液。

（九）江苏淮北水稻土壤修复施肥技术

1. 播种期

5月中旬播种（旱育秧），秧龄控制在 28~30 d。

2. 施基肥

（1）施肥量：每亩施用氮（N）6 kg、磷（P_2O_5）3 kg、钾（K_2O）3 kg，结合整地每亩施用施可丰稳定性长效缓释复合肥（20-10-10）30 kg。

（2）微量元素肥料：结合整地每亩施用硫酸锌 1 000 g，硼砂 500 g。

（3）微生物肥料：结合整地每亩施用农用微生物菌剂（有机质≥45%，有效活菌数≥5亿/g）40 kg。

3.追肥

（1）移栽后7 d左右，每亩追施海藻酸尿素10 kg。

（2）孕穗期每亩酌情追施高氮肥，如施可丰氯基复合肥（30-0-5）5~10 kg、硅肥0.75 kg。

（3）施叶面肥：水稻分蘖期结合病虫害防治喷施生物刺激素，如木醋液氨基酸水溶肥100~150倍液，孕穗后喷施磷酸二氢钾500倍液

（十）安徽江淮丘陵区中籼稻土壤修复施肥技术

1.播种期

水育秧5月1日~5月5日播种，旱育秧5月5日~5月10日播种。

2.总施肥量

每亩施用氮（N）11.5 kg、磷（P_2O_5）5.5 kg、钾（K_2O）3.5 kg。

3.施基肥

（1）大量元素肥料：结合整地每亩施用施可丰稳定性长效缓释复合肥（26-13-8）40~50 kg。

（2）微量元素肥料：结合整地每亩施用硫酸锌1 000 g，硼砂500 g。

（3）微生物肥料：结合整地每亩施用农用微生物菌剂（有机质≥45%，有效活菌数≥5亿/g）40 kg。

4.追肥

（1）移栽后8~10 d，每亩追施海藻酸尿素10 kg。

（2）孕穗期每亩酌情追施施可丰氯基复合肥（30-0-8）10 kg、氰氨化钙2 kg、硅肥0.75 kg。

（3）施叶面肥：水稻分蘖期结合病虫害防治喷施生物刺激素，如木醋液 >50%水溶肥100~150倍液，孕穗后喷施磷酸二氢钾500倍液

二、小麦

（一）小麦生育特性

1.小麦根系生长发育特性

小麦的根系由种子根（胚根、初生根）和节根（次生根和不定根）组成，属于须根系。小麦种子萌发时胚根鞘突破皮层，伸长达1 mm时主胚根即从胚根鞘中伸出。接着在胚轴的基部又陆续长出第一对和第二对侧生根，甚至出现第三对侧生根，侧生胚根先横向生长，和垂直线呈60°。侧生胚根长至5~30 cm时往下生长，当第一片真叶抽出以后就停止发生。一般胚根有3~5条，多的有7条。小麦生长初期，主要靠

种子胚乳提供营养。初生种子根粗而柔软，上下直径比较一致，当生长到 10~15 cm 时开始发生一级分枝根。从一级分枝根上可长出二级分枝根，多时有四级。

小麦在形成分蘖节和开始分蘖时，茎节上又可以长出根，称为次生根。因其从茎节上发生，又称为节根或次生不定根。次生根比种子根稍粗，开始不分枝，几乎全部被有根毛。随着根的生长，除近顶端外，根毛消失，根直径由粗变细，并发生多级分枝根。根系生长最适温度为 16~20℃，低于 3℃、高于 30℃时生长受抑制。

适宜小麦根系生长发育的土壤相对持水量为 65%~75%。相对持水量低于 60%，根系代谢功能减弱，生长缓慢甚至停止；相对持水量小于 40%，根细胞质壁分离，生长停止，根毛脱落，甚至枯死。相对持水量大于 80%，供氧不足，根系从有氧呼吸转向无氧呼吸，过多消耗养分而影响生长，往往引起渍害僵苗。

根系的发生有两个高峰期：一是冬前分蘖期，次生根大都从主茎的分蘖上长出；一是在春季拔节期，发根力最旺盛，新根成倍增加，尤其是分蘖次生根，根系总干物质的 40%~50% 是在拔节期积累的。拔节以后次生根的增加率显著下降，根系生长一般持续至抽穗期，根系功能可延续到成熟期。

小麦根系主要分布在 0~40 cm 深土层中，在 0~20 cm 深土层的根占 70%~80%，在 20~40 cm 深土层的根占 10%~15%，在 40 cm 深土层以下的根占 10%~15%。

2. 小麦对矿物营养元素的需求量

小麦在生长发育过程中，需不断从土壤中吸收氮、磷、钾、钙、镁、硫、铁、锰、硼、铜、锌、氯等营养元素，以氮、磷、钾吸收量最多。一般中等肥力的麦田每亩生产 100 kg 籽粒需要氮（N）2.5~3.5 kg、磷（P_2O_5）1.0~1.5 kg、钾（K_2O）2.5~3.1 kg、钙（CaO）0.59~0.67 kg、镁（MgO）0.34~0.41 kg、硫（S）0.8~1.2 kg、铁（Fe）82.5 g、锌（Zn）6.0~8.2 g、锰（Mn）5.9~7.9 g、铜（Cu）6.6~7.0 g。其中，氮、磷、钾为 1 ∶（0.35~0.40）∶（0.8~1.0）。从营养元素向籽粒运送的效率看，以氮、磷为最高，锌、镁、锰、铜次之，钾、钙、铁最低。

3. 小麦对氮、磷、钾营养元素的吸收运转规律

小麦在各个生育时期吸收氮、磷、钾量和比例不同。冬小麦对氮素的吸收有两个高峰：一是出苗到拔节阶段（北方经越冬期和返青期），吸收氮素占全生育期吸氮总量的 40% 左右；二是拔节到孕穗阶段，吸收氮素占吸收氮总量的 30%~40%。抽穗开花以后仍能吸收少量的氮素。冬小麦在分蘖期吸收磷素和钾素分别占各自需要总量的 30% 左右，拔节以后吸收速度急剧增长。磷素在孕穗到成熟期吸收最多，占总吸收量的 40% 左右。钾素的吸收以拔节到孕穗开花阶段最多，占总吸收量的 60% 左右，到开花时对钾素的吸收达到最大值。

4. 我国小麦生产的施肥概况

近年来，中国农业大学对华北冬麦区施肥情况进行了一系列的调查研究。结果表明，华北平原小麦存在过量施肥现象，特别是过量施用氮肥问题非常严重，氮肥利用率不高，一般为 20%~30%；部分地区长期施用磷酸二铵，土壤有效磷含量逐年上升；施用钾肥和中微量元素肥料缺乏科学指导，存在很大的盲目性。

（二）鲁西南和平原湖区冬小麦土壤修复施肥技术

1. 秸秆还田技术

结合玉米机械化收获，对玉米秸秆进行粉碎还田。每亩撒施海藻酸尿素 5.0~7.5 kg，农用微生物菌剂（有机质≥45%，有效活菌数≥5 亿 /g）40 kg。

2. 施基肥

（1）大量元素肥料：结合播种，每亩施用施可丰氯基复合肥（17-17-8）50~60 kg。

（2）土壤调理剂：结合播种，每亩施用施可丰碱性元素肥料（pH=10.0~12.0，含 CaO≥20%）20~40 kg。

3. 追肥

（1）小麦拔节期追肥：结合浇水，每亩追施高氮复合肥（30-0-6）20~25 kg。

（2）施叶面肥：小麦抽穗后和开花后，结合防治小麦病虫害喷施生物刺激素如木醋液氨基酸水溶性肥料 100~150 倍液、磷酸二氢钾 500~600 倍液。

（三）鲁西北冬小麦土壤修复施肥技术

1. 秸秆还田技术

结合机械收获玉米，对玉米秸秆进行粉碎还田；结合旋耕或深耕每亩撒施海藻酸尿素 5.0~7.5 kg，农用微生物菌剂（有机质≥45%，有效活菌数≥5 亿 /g）40 kg。

2. 总施肥量

每亩施用氮（N）12~15 kg、磷（P_2O_5）4~6 kg、钾（K_2O）4~7 kg、钙（Ca）1.75 kg（氰氨化钙 5 kg）、硫酸锌 1 000 g、硼砂 500 g。

3. 施基肥

（1）大量元素肥料：结合播种，每亩施用施可丰氯基复合肥（17-17-8）40~50 kg。

（2）土壤调理性肥料：结合整地，每亩施用氰氨化钙 5 kg。

4. 追肥

（1）拔节期追肥：在小麦拔节期结合浇水，每亩追施施可丰高氮复合肥（28-6-6）25~30 kg。

（2）施叶面肥：小麦抽穗后和开花后，结合防治小麦病虫害喷施生物刺激素，如木醋液氨基酸水溶性肥料 100~150 倍液、磷酸二氢钾 500~600 倍液。

（四）豫北和豫中土壤修复施肥技术

1. 玉米秸秆还田

结合机械收获玉米，将玉米秸秆粉碎，长度 <10 cm，均匀撒于地表面。结合旋耕或深耕每亩撒施海藻酸尿素 5.0~7.5 kg，微生物菌剂（有机质≥45%，有效活菌数≥5 亿 /g）40 kg。

2. 总施肥量

（1）大量元素肥料：在玉米秸秆还田的基础上，小麦产量水平在 450~550 kg 的，每亩施用氮（N）12~15 kg、磷（P_2O_5）4~6 kg、钾（K_2O）4~6 kg；小麦产量水平在 550~650 kg 的，每亩施用氮（N）14~18 kg、磷（P_2O_5）5~8 kg、钾（K_2O）5~7 kg。

（2）土壤调理性肥料：结合播种，每亩施用施可丰碱性元素肥料（pH=10.0~12.0，含 CaO≥20%）20~40 kg、氰氨化钙 5.0 kg。

3. 施基肥

结合播种，施用 80%~85% 钾肥和 60%~70% 氮肥和 100% 土壤调理性肥料作底肥。

4. 追肥

（1）拔节期追肥：在返青拔节期施用 30%~40% 氮肥和 15%~20% 钾肥。结合浇水每亩追施海藻酸尿素（30-0-8）15~20 kg。

（2）施叶面肥：小麦抽穗后和开花后，结合防治小麦病虫害喷施生物刺激素，如木醋液氨基酸水溶性肥料 100~150 倍液、磷酸二氢钾 500~600 倍液。

（五）豫西丘陵旱地小麦土壤修复施肥技术

1. 每亩小麦产量水平 250~350 kg 的旱薄地施肥量（全部作底肥，生育期间一般不追肥）

（1）有机肥：每亩施用优质土杂肥 1 000~2 000 kg。

（2）大量元素肥料：每亩施用氮（N）8~12 kg、磷（P_2O_5）6~8 kg、钾（K_2O）5 kg。

（3）土壤调理性肥料：结合整地或播种，每亩施用施可丰碱性元素肥料（pH=10.0~12.0，含 CaO≥20%）20~40 kg，氰氨化钙 5.0 kg。

（4）微生物肥料：每亩施用微生物菌剂（有机质≥45%，有效活菌数≥5 亿 /g）40 kg。

2. 每亩小麦产量水平 350~400 kg 的旱地施肥量

（1）基肥：结合整地，每亩施用有机肥（优质土杂肥）2 000 kg；大量元素肥料：氮（N）7~9 kg，磷（P_2O_5）7~9 kg，钾（K_2O）5~6 kg；土壤调理性肥料，如施可丰碱性元素肥料（pH=10.0~12.0，含 CaO ≥ 20%）20~40 kg、氰氨化钙 5.0 kg；微生物菌剂（有机质 ≥ 45%，有效活菌数 ≥ 5 亿 /g）40 kg。

（2）追肥：在小麦返青拔节期每亩追施海藻酸尿素 2~4 kg；小麦抽穗后和开花后，结合防治小麦病虫害，喷施植物源生物刺激素，如木液醋液氨基酸水溶性肥料 100~150 倍液、磷酸二氢钾 500~600 倍液。

（六）河北山前平原区冬小麦土壤修复施肥技术

1. 玉米秸秆还田

结合机械收获玉米，将玉米秸秆粉碎，长度 <10 cm，然后用大型拖拉机耕翻入土，深度 20~30 cm；结合旋耕或深耕，每亩撒施海藻酸尿素 5.0~7.5 kg，微生物菌剂（有机质 ≥ 45%，有效活菌数 ≥ 5 亿 /g）40 kg。

2. 施基肥

（1）大量元素肥料：小麦产量水平每亩 500~550 kg，结合小麦播种，每亩施用大量元素肥料如施可丰腐殖酸氯基复合肥（18-16-6）40~50 kg。

（2）土壤调理剂：结合小麦播种，每亩施可丰碱性元素肥料（pH=10.0~12.0，含 CaO ≥ 20%）20~40 kg。

3. 追肥

（1）小麦起身拔节期追肥：每亩追施硫酸钾复合肥（30-0-6）15~20 kg。

（2）施叶面肥：小麦抽穗后和开花后，结合防治小麦病虫害喷施生物刺激素，如木醋液氨基酸水溶性肥料 100~150 倍液、磷酸二氢钾 500~600 倍液。

（七）河北黑龙港地区冬小麦土壤修复施肥技术

1. 玉米秸秆还田

结合机械收获玉米，将玉米秸秆粉碎，长度 <10 cm，然后用大型拖拉机耕翻入土，深度 20~30 cm；结合旋耕或深耕，每亩撒施海藻酸尿素 5.0~7.5 kg、微生物菌剂（有机质 ≥ 45%，有效活菌数 ≥ 5 亿 /g）40 kg。

2. 施基肥

（1）大量元素肥料：在秸秆还田的基础上，每亩施用施可丰腐植酸氯基复合肥（18-16-6）30~40 kg。

（2）土壤调理剂：结合小麦播种，每亩施用施可丰碱性元素肥料（pH=10.0~12.0，含 CaO ≥ 20%）20~40 kg。

3. 追肥

（1）小麦起身拔节期追肥：每亩追施硫酸钾复合肥（30-0-6）20~25 kg。

（2）施叶面肥：小麦抽穗后和开花后，结合防治小麦病虫害喷施生物刺激素，如木醋液氨基酸水溶性肥料 100~150 倍液、磷酸二氢钾 500~600 倍液。

（八）冀东平原区冬小麦土壤修复施肥技术

1. 玉米秸秆还田

结合机械收获玉米，将玉米秸秆粉碎，长度 <10 cm，然后用大型拖拉机耕翻入土，深度 20~30 cm；结合旋耕或深耕，每亩撒施海藻酸尿素 5.0~7.5 kg、微生物菌剂（有机质 ≥45%，有效活菌数 ≥5 亿 /g）40 kg。

2. 施基肥

（1）大量元素肥料：在秸秆还田的基础上，每亩施用施可丰腐植酸氯基复合肥（14-16-10）40~50 kg。

（2）土壤调理剂：结合小麦播种，每亩施用施可丰碱性元素肥料（pH=10.0~12.0，含 CaO ≥20%）20~40 kg。

3. 追肥

（1）小麦起身拔节期追肥：每亩追施施可丰氯基复合肥（32-0-8）15~20 kg。

（2）施叶面肥：小麦抽穗后和开花后，结合防治小麦病虫害喷施生物刺激素，如木醋液氨基酸水溶性肥料 100~150 倍液、磷酸二氢钾 500~600 倍液。

（九）陕西关中地区冬小麦土壤修复施肥技术

1. 玉米秸秆还田

结合机械收获玉米，将玉米秸秆粉碎，长度 <10 cm，然后用大型拖拉机耕翻入土，深度 20~30 cm；结合旋耕或深耕，每亩撒施海藻酸尿素 5.0~7.5 kg、微生物菌剂（有机质 ≥70%，有效活菌数 ≥5 亿 /g）40 kg。

2. 施基肥

（1）大量元素肥料：秸秆还田，每亩施用施可丰腐植酸复合肥（18-16-6）40~50 kg。

（2）微量元素肥料：结合小麦播种，每亩施用硫酸锌 1 000 g、硼砂 500 g。

3. 追肥

（1）小麦起身拔节期追肥：每亩追施施可丰氯基复合肥（32-0-8）15~20 kg。

（2）施叶面肥：抽穗后和开花后，结合防治小麦病虫害喷施生物刺激素，如木醋液氨基酸水溶性肥料 100~150 倍液、磷酸二氢钾 500~600 倍液。

（十）陕西渭北地区冬小麦土壤修复施肥技术

1. 小麦秸秆还田

上季小麦收获时留高茬 20 cm，秸秆全部还田，均匀覆盖地表，以减少土壤水分蒸发损失。

2. 施基肥

（1）大量元素肥料：在秸秆还田的基础上，小麦播种时每亩施用施可丰腐植酸複合肥（18-16-6）40~50 kg。

（2）微量元素肥料：結合播種，每畝施用硫酸鋅 1 000~2 000 g、硼砂 500 g。

（3）微生物肥料：結合整地，每畝施用農用微生物菌劑（有機質≥45%，有效活菌數≥5 億 /g）40 kg。

3. 追肥

（1）在土壤開始解凍即小麥開始返青前，頂凌追肥。每畝追施施可豐氯基復合肥（32-0-8）10~15 kg。

（2）施葉面肥：小麥抽穗後和開花後，結合防治小麥病蟲害噴施生物刺激素，如木醋液氨基酸水溶性肥料 100~150 倍液、磷酸二氫鉀 500~600 倍液。

三、玉米

（一）春玉米

1. 春玉米對氮、磷、鉀三要素的需求量

春玉米吸收氮、磷、鉀三要素量主要決定於產量水平，也因土壤、氣候和肥料性質等條件而有所變化，一般隨著產量的提高，吸收營養元素量增多，平均每生產 100 kg 籽粒需要吸收氮（N）2.9 kg、磷（P_2O_5）1.34 kg、鉀（K_2O）2.54 kg。

2. 春玉米對氮、磷、鉀三要素的吸收運轉規律

春玉米前期處於氣溫低、雨量少的季節，生長速度較慢，植株較小，吸收氮、磷、鉀三要素數量少、速度慢。拔節孕穗到抽穗開花期是營養生長與生殖生長並進階段，生長速度快，吸收養分數量多，速度快，是吸肥最多的時期。開花授粉以後，吸收數量較多，但速度逐漸減慢。

春玉米苗期、拔節至抽穗開花期、開花授粉以後這三個階段吸收氮素分別占全生育期吸氮總量的 2.14%、51.16% 和 46.7%，吸收磷素分別占全生育期吸收磷素總量的 1.1%、63.9% 和 35.0%。要注意的是，春玉米苗期吸收磷素的絕對量雖少，但是苗期是玉米磷素營養臨界期，這階段磷素營養缺乏影響玉米生長發育和產量，以後難以彌補。春玉米幼苗期的鉀素占乾物質的百分比最高，為 3.35%，隨著植株生長發育，這一百分比迅速下降。春玉米生育中後期的鉀素營養一是前期吸收的鉀素再分配利用，二是從土壤中吸收。春玉米前期對鉀素營養敏感。春玉米鉀素吸收量在拔節後迅速上升，至開花期達頂峰而吸收完畢。

3. 我國玉米生產中的施肥現狀

據調查，我國玉米施肥普遍存在問題主要表現以下幾點：一是化肥施用量不均衡。農戶普遍對土地的養分含量不甚了解，導致在施肥時用法用量不同，從而造成了肥料養分分配不均衡和肥料的浪費或者不足。二是品種間不平衡。由於目前市場玉米種子品种繁多，导致农户盲目购种，不了解作物对养分的需求量，造成盲目施肥严重。三是化肥各元素间不均衡。目前市场上的化肥种类太多，有很多化肥含量不够或者不适合作物、土地等，造成施肥后效果不大明显。四是追肥时间、时期不均衡。由于客观原因导致施肥时间过早，而且是拔节孕穗肥和粒肥合为一次施用，造成施肥或早或晚，养分供应不均衡，既不能满足玉米需肥高峰的需要又造成化肥的损失。五是新型肥料的盲目施用。目前市场上出现的所谓新型肥料，多数科技含量不高，增产不稳，甚至减产，农民存在认识不清和施用方法不当的情况。盲目施用造成一定的经济损失。六是近些年饲养畜牧业大量减少，玉米几乎不施农家肥，土壤板结、通透性差、有机质含量降低和化肥利用率下降，造成玉米施肥量年年加大，但玉米产量却不增加的局面。

（二）夏玉米

1.夏玉米对氮、磷、钾三要素的需求量

据研究，夏玉米平均每生产100 kg籽粒约需要氮（N）2.53 kg、磷（P_2O_5）1.16 kg、钾（K_2O）2.16 kg。同样生产100 kg籽粒，夏玉米的需肥量低于春玉米。同时平展型夏玉米品种生产单位籽粒的需肥量大于紧凑型品种。类似于春玉米，夏玉米的需肥量因产量水平、土壤肥力、施肥技术和气候条件等不同而有一定差异。

2.夏玉米对氮、磷、钾三要素的吸收运转规律

夏玉米在苗期、拔节至抽穗开花期、开花授粉以后这三个阶段，吸收氮素分别占总需氮量的9.7%、76.19%和14.11%，三个阶段磷素吸收量依次占全生育期需磷总量的10.49%、80%和9.51%。与春玉米相比，夏玉米吸收氮素和磷素的高峰来得早而集中。夏玉米吸钾量以幼苗期占干物重的百分比最大，达5.99%，高于春玉米同期水平。以后这一相对含量逐渐下降，但钾素吸收的绝对数量增加，拔节以后迅速增加，至抽雄期已达全生育期需钾总量的80%，开花授粉以后基本不吸收钾素。

（三）吉林半湿润区春玉米土壤修复施肥技术

1.播种期

根据土壤墒情和土壤5 cm地温情况，一般在4月15日~4月30日酌情播种。

2.施基肥

（1）大量元素肥料：结合灭茬整地，每亩施用氮（N）3.3~4.7 kg、磷（P_2O_5）4.3~5.0 kg、钾（K_2O）4.7~5.3 kg。

（2）微量元素肥料：结合灭茬整地，每亩施用硫酸锌1 000 g。

（3）微生物肥料：结合灭茬，每亩施用农用微生物菌剂（有机质≥45%，有效活菌数≥10亿/g）20 kg，或（有机质≥45%，有效活菌数≥20亿/g）10 kg。

3.施种肥

结合播种，每亩施用施可丰氯基复合肥（17-17-8）5 kg。

4. 追肥

玉米小喇叭口期每亩追施海藻酸尿素 15~20 kg。

（四）吉林半干旱区春玉米土壤修复施肥技术

1. 播种期

根据土壤墒情和土壤 5 cm 地温，一般在 4 月 25 日~5 月 5 日播种。

2. 总施肥量

总施肥量如表 3-1 所示。

表 3-1　　　　　　　　　　半干旱地区玉米总施肥量（kg/ 亩）

地力水平	目标产量	N	P_2O_5	K_2O
高	600~700	12~14	8~10	7.3~8.7
中	500~600	10~12	6~8	6.0~7.3
低	400~500	8~10	4~6	4.7~6.0

3. 施底肥

（1）大量元素肥料：结合灭茬整地，每亩施用 30%~40% 氮肥、80%~90% 磷肥、80%~90% 钾肥作底肥。

（2）微量元素肥料：结合灭茬整地，每亩施用硫酸锌 1 000 g。

（3）微生物肥料：结合灭茬每亩施用农用微生物菌剂（有机质≥45%，有效活菌数≥10 亿 /g）20 kg，或（有机质≥45%，有效活菌数≥20 亿 /g）10 kg。

4. 施种肥（口肥）

结合播种，每亩施用腐植酸或氨基酸高氮肥，如施可丰氯基复合肥（28-6-6）5 kg。

5. 追肥

在玉米小喇叭口期至大喇叭口期每亩追施 60%~70% 氮肥。

（五）辽宁省春玉米土壤修复施肥技术

1. 播种期

根据土壤墒情和 5 cm 深处地温情况，在 4 月下旬至 5 月中旬酌情播种。

2. 种肥同播

（1）大量元素肥料：结合灭茬整地，每亩施用氮（N）5.3 kg、磷（P_2O_5）5.0 kg、钾（K_2O）5.0 kg；如施可丰稳定性长效缓释肥（17-17-17）30 kg。

（2）微量元素肥料：结合灭茬整地，每亩施用硫酸锌 1 000 g。

（3）微生物肥料：结合灭茬整地，每亩农用微生物菌剂（有机质≥45%，有效活菌数≥10亿/g）20 kg，或（有机质≥45%，有效活菌数≥20亿/g）10 kg。

3. 追肥

在玉米小喇叭口期至大喇叭口期每亩追施海藻酸尿素 15~20 kg。

（六）黑龙江农垦区春玉米土壤修复施肥技术

1. 播种期

根据土壤墒情和 5 cm 深处地温情况，第一积温带一般在 4 月 20 日至 5 月 1 日酌情播种，第二积温带一般在 4 月 25 日至 5 月 5 日酌情播种，第三积温带一般在 5 月 1 日至 10 日酌情播种，第四积温带一般在 5 月 5 日至 15 日酌情播种。

2. 大量元素施肥量

每亩施用氮、磷、钾纯量 15~22 kg。黑钙土的氮、磷、钾比例为 1.5：1.0 ：0.5，甸草土的氮、磷、钾比例为（1.7~2.0）：1.0 ：0.5，砂浆土的氮、磷、钾比例为 2.0：1.0 ：0.9。

3. 施基肥

（1）秋季结合起垄，每亩施用 30% 氮肥、50% 磷钾肥。

（2）微量元素肥料：结合灭茬整地，每亩施用硫酸锌 400~600 g。

（3）微生物肥料：结合灭茬整地，每亩施用农用微生物菌剂（有机质≥45%，有效活菌数≥10亿/g）20 kg，或（有机质≥45%，有效活菌数≥20亿/g）10 kg。

4. 施种肥

结合播种，施用 20% 氮肥和 50% 磷钾肥。

5. 追肥

在玉米小喇叭口期追施 50% 氮肥。

（七）新疆春玉米土壤修复施肥技术

1. 施基肥

结合整地施用施可丰硫基复合肥（17-17-17）50 kg。

2. 追肥

（1）苗肥：苗期结合滴灌，施用木醋液氨基酸水溶肥（植物源生物刺激素）2.0 kg。

（2）拔节肥：拔节期结合滴灌施用尿素 8~10 kg。

（3）孕穗肥（大喇叭口期）：结合滴灌施用施可丰高氢肥（28-6-10）20 kg。

（4）花粒肥：开花期结合滴灌施用施可丰硫基水溶肥（15-7-38）8 kg。

（八）鲁西南夏玉米土壤修复施肥技术

1. 播种期

小麦收获后抢茬播种，一般在 6 月 5 日 ~6 月 15 日播种。

2. 小麦秸秆还田技术

小麦收割后及时进行小麦秸秆灭茬还田。结合灭茬，每亩施用农用微生物菌剂（有机质≥70%，有效活菌数≥5亿/g）40~50 kg。

3. 玉米种肥一体化施肥技术

（1）大量元素肥料：小麦秸秆还田后，配合播种，每亩施用施可丰硫基缓释复合肥（16-6-20）25~30 kg。

（2）土壤调理剂：配合播种，每亩施用施可丰碱性元素肥料（pH=10.0~12.0，含 CaO≥20%）20~40 kg。

4. 追肥

在玉米小喇叭口期—大喇叭口期，根据土壤条件和玉米产量水平，每亩追施施可丰氯基复合肥（30-0-6）25~30 kg。

（九）鲁中山丘川区夏玉米土壤修复施肥技术

1. 播种期

小麦收获后抢茬播种，一般 6 月上中旬播种。

2. 小麦秸秆还田技术

小麦收割后及时进行小麦秸秆灭茬还田。结合灭茬，每亩施用农用微生物菌剂（有机质≥70%，有效活菌数≥5亿/g）40 kg。

3. 玉米种肥一体化施肥技术

（1）大量元素肥料：小麦秸秆还田后，配合播种，每亩施用施可丰硫基缓释复合肥（16-6-20）25~30 kg。

（2）土壤调理剂：配合播种，每亩施用施可丰碱性元素肥料（pH=10.0~12.0，含 CaO≥20%）20~40 kg。

4. 追肥

在玉米小喇叭口期—大喇叭口期，根据土壤条件和玉米产量水平，每亩追施高氮肥如施可丰氯基复合肥（30-0-6）20~25 kg。

（十）鲁西北夏玉米土壤修复施肥技术

1. 播种期

小麦收获后抢茬播种，一般在 6 月 15 日 ~6 月 20 日播种。

2. 小麦秸秆还田技术

小麦收割后及时进行小麦秸秆灭茬还田。结合灭茬，每亩施用农用微生物菌剂（有机质≥70%，有效活菌数≥5亿/g）40 kg。

3. 玉米种肥一体化施肥技术

（1）大量元素肥料：小麦秸秆还田后，配合播种，每亩施用施可丰硫基缓释复合肥（16-6-20）25~30 kg。

（2）微量元素肥料：配合播种，每亩施用大颗粒硫酸锌 600~1 000 g。

4. 追肥

在玉米小喇叭口期—大喇叭口期，根据土壤条件和玉米产量水平，每亩追施施可丰氯基复合肥（30-0-6）25~30 kg。

（十一）豫北地区夏玉米土壤修复施肥技术

1. 播种期

小麦收获后抢茬播种，一般在 6 月 3 日至 12 日播种。

2. 小麦秸秆还田技术

小麦收割后及时进行小麦秸秆灭茬还田。结合灭茬，每亩施用农用微生物菌剂（有机质≥70%，有效活菌数≥5 亿 /g）40 kg，施可丰碱性元素肥料（pH=10.0~12.0，含 CaO≥20%）20~40 kg。

3. 施肥量

施肥量如表 3-2 所示。

表 3-2　　　　　　　　豫北地区夏玉米不同产量水平施肥量（kg/ 亩）

目标产量（kg / 亩）	N	P_2O_5	K_2O
600~700	14~16	6~6	6~8
500~600	12~15	3~5	4~6

4. 施种肥

结合播种，每亩施用施可丰稳定性长效缓释肥（16-6-20）5~10 kg。

5. 追肥

（1）玉米拔节期后追施 30% 氮肥、80% 磷钾肥。

（2）大喇叭口期追施 50% 氮肥。

（十二）豫中地区夏玉米土壤修复施肥技术

1. 播种期

小麦收获后抢茬播种，一般在 6 月 1 日 ~6 月 10 日播种。

2. 小麦秸秆还田技术

小麦收割后及时进行小麦秸秆灭茬还田。结合灭茬，每亩施用农用微生物菌剂（有机质≥70%，有效活菌数≥5 亿 /g）40 kg，施可丰碱性元素肥料（pH=10.0~12.0，含 CaO≥20%）20~40 kg。

3. 施肥量

施肥量如表 3–3 所示。

表 3–3　　　　　　　　　豫中地区夏玉米不同产量水平施肥量（kg/ 亩）

目标产量（kg/ 亩）	N	P₂O₅	K₂O
500~600	12~15	3~5	4~6
400~500	10~12	2~4	3~5

4. 施种肥

结合播种，每亩施用施可丰硫基缓释复合肥（16-6-20）5~10 kg。

5. 追肥

（1）玉米拔节期后追施 30% 氮肥、80% 磷钾肥。

（2）大喇叭口期追施 50% 氮肥。

（十三）豫南雨养区夏玉米土壤修复施肥技术

1. 播种期

小麦收获后抢茬播种，一般在 6 月 10 日之前播种。

2. 小麦秸秆还田技术

小麦收割后及时进行小麦秸秆灭茬还田。结合灭茬，每亩施用农用微生物菌剂（有机质 ≥ 70%，有效活菌数 ≥ 5 亿 /g）40 kg。

3. 玉米种肥同播

（1）大量元素肥料：结合播种，每亩施用施可丰氯基生态肥（18-10-16）30 kg。

（2）土壤调理剂：结合播种，每亩施用施可丰碱性元素肥料（pH=10.0~12.0，含 CaO ≥ 20%）20~40 kg。

4. 追肥

在玉米大喇叭口期每亩追施海藻酸尿素 20 kg。

（十四）豫西旱作区夏玉米土壤修复施肥技术

1. 播种期

小麦收获后，一般在 6 月上旬抢茬播种。

2. 小麦秸秆还田技术

小麦收割后及时秸秆灭茬还田，每亩施用农用微生物菌剂（有机质 ≥ 70%，有效活菌数 ≥ 5 亿 /g）40 kg，土壤调理剂如施可丰碱性元素肥料（pH=10.0~12.0，含 CaO ≥ 20%）20~40 kg。

3. 施种肥

结合播种，每亩施用施可丰氯基复合肥（16-8-16）5~10 kg。

4. 追肥

（1）玉米拔节期后每亩追施施可丰复合肥（25-15-8）20 kg。

（2）在玉米大喇叭口期每亩追施施可丰复合肥（28-8-6）30 kg。

（十五）河北山前平原区夏玉米土壤修复施肥技术

1. 播种期

小麦收获后抢茬播种，力争在 6 月 18 日前播种。

2. 小麦秸秆还田技术

小麦收割后及时进行小麦秸秆灭茬还田，每亩施用农用微生物菌剂（有机质≥70%，有效活菌数≥5 亿/g）40 kg。

3. 施用基肥（种肥）

（1）大量元素肥料：结合播种，每亩施用氮（N）4~5 kg、磷（P_2O_5）3~5 kg、钾（K_2O）5~7 kg，即施用施可丰硫酸钾复合肥（16-13-16）30~35 kg。

（2）土壤调理剂：结合播种，每亩施用施可丰碱性元素肥料（pH=10.0~12.0，含 CaO≥20%）20~40 kg。

4. 追肥

在玉米大喇叭口期，每亩追施施可丰复合肥（30-0-5）20~25 kg。

（十六）河北黑龙港地区夏玉米土壤修复施肥技术

1. 播种期

小麦收获后抢茬播种，力争在 6 月 18 日前播种。

2. 麦秸秆还田技术

小麦收割后及时灭茬还田，每亩施用微生物菌剂（有机质≥70%，有效活菌数≥5 亿/g）40 kg、施可丰碱性元素肥料（pH=10.0~12.0，含 CaO≥20%）20~40 kg。

3. 施用基肥

结合播种每亩施用施可丰复合肥（15-15-15）10~15 kg。

4. 追肥

（1）结合间苗定苗，每亩追施施可丰复合肥（15-10-15）10~15 kg。

（2）在玉米大喇叭口期每亩追施施可丰复合肥（30-0-5）25~30 kg。

（十七）冀东地区夏玉米土壤修复施肥技术

1. 播种期

小麦收获后，直接贴茬免耕播种玉米，力争在 6 月 25 日前播种。

2. 施用基肥

（1）结合贴茬播种，每亩施用施可丰复合肥（12-16-17）40 kg。

（2）土壤调理剂：结合贴茬播种，每亩施用施可丰碱性元素肥料（pH=10.0~12.0，含 CaO ≥ 20%）20~40 kg。

3. 追肥

（1）玉米拔节后，结合中耕每亩追施农用微生物菌剂（有机质 ≥ 45%，有效活菌数 ≥ 5 亿 /g）。

（2）在玉米达到大喇叭口期，每亩追施海藻酸尿素 20 kg。

（十八）陕西关中灌溉区夏玉米土壤修复施肥技术

1. 播种期

小麦收获后，抢时早播，播种期不晚于 6 月 10 日。

2. 施肥量

（1）氮肥：总施肥量为每亩 13.2 kg。播种前施用 1.3 kg，苗期施用 6.6 kg，大喇叭口期施用 5.3 kg。

（2）磷肥和钾肥：如表 3-4 所示。

表 3-4 关中灌溉区夏玉米土壤条件与施肥量

大量元素	低	中	高	极高
磷（P_2O_5）（mg/kg）	<10	10~20	20~30	>30
施用量（kg/ 亩）	9	6	3	0
钾（K_2O）（mg/kg）	<80	80~130	130~180	>180
施用量（kg/ 亩）	8	6	3	0

（3）微量元素肥料：每亩施用大颗粒硫酸锌 1 000 g。

（4）微生物肥料：每亩施用农用微生物菌剂（有机质 ≥ 45%，有效活菌数 ≥ 5 亿 / g）40 kg。

3. 施用基肥

结合播种，每亩施用施可丰复合肥（15-15-15）5 kg。

4. 追肥

（1）拔节期：结合中耕灭茬还田，每亩追施 60% 氮肥、90% 磷肥和 90% 钾肥和全部锌肥、多功能性肥料、农用微生物肥料。

（2）大喇叭口期：每亩追施施可丰复合肥（30-0-5）25~30 kg。

（十九）甘肃灌区春小麦 / 玉米土壤修复施肥技术

1. 施基肥

（1）优质土杂肥：结合整地每亩施用 1.5 t。

（2）大、中量元素肥料：结合整地，每亩施用氮（N）8.75 kg、磷（P_2O_5）kg、钾（K_2O）5 kg。

（3）微量元素肥料：结合整地，每亩施用大颗粒硫酸锌 1 000 g、硼砂 500 g。

（4）微生物肥料：结合整地，每亩施用农用微生物菌剂（有机质≥70%，有效活菌数≥5 亿 /g）40 kg。

2. 覆盖地膜

选择幅宽 70~90 cm、厚度 0.005 mm 的地膜。按划行器事先划好的线，膜面要求留采光面长 50~70 cm，膜间预留 70 cm，用于播种小麦。每幅地膜每隔 2 m 左右压土腰带。覆膜时纵向和横向均要拉紧，方向要直，膜面勿形成皱褶。

3. 播种期

3 月下旬播种小麦，4 月中旬播种玉米。

4. 追肥

玉米拔节后每亩追施海藻酸尿素 13.5 kg。在玉米大喇叭口期每亩追施海藻酸尿素 20 kg。

第二节　经济类作物

一、大豆

（一）大豆的主要生物学特性

1. 大豆根系发育特性

大豆为直根系，由主根、侧根、细根、根毛和根瘤组成。78% 的大豆根系集中在 0~20 cm 深的土层和距植株 0~5 cm 范围内。大豆苗期以根系生长为中心，但绝对量增加缓慢。大豆分枝期根系开始加速生长，到鼓粒期达到高峰，属直线增长阶段。鼓粒期至叶片发黄，属于大豆根系减缓至停止增长期。叶片发黄以后，大豆根系衰老，属有效根的下降期。

2. 大豆对氮、磷、钾三要素的需求量

大豆与禾谷类作物形成相同的产量，所需氮、磷、钾量要高。每生产 100 kg 大豆籽粒需氮（N）6.6~7.2 kg、磷（P_2O_5）1.35 kg、钾（K_2O）1.8~2.5 kg。

3. 大豆对矿物营养元素的吸收运转规律

（1）氮素营养：大豆需要的氮肥较多，比禾本科作物需要量多 1.5~2.0 倍。大豆与其他豆科植物一样，根上长有根瘤，根瘤菌通过共生固氮作用将空气中的氮转化为铵态氮。另一部分氮素由根系从土壤中吸收。大豆在不同生育时期的需氮量，与根瘤菌的固氮能力并不完全一致。大豆在开花前积累的氮素约占总需氮量的20.4%，大豆出苗后的几天内，子叶贮藏的蛋白质耗尽，根瘤刚开始形成，不仅不能供应大豆氮素，还需要大豆供应根瘤菌氮素和碳素。随着大豆的生长发育，根瘤菌的固氮作用逐渐增强，盛花期前后达最高，随后根瘤逐渐衰老，固氮能力很快衰减。大豆开花至鼓粒期是需氮最多的时期，约占总需氮量的54.6%。大豆鼓粒期至成熟期还要积累约占总需氮量25.0%的氮素。大豆盛花期后还必须从土壤中吸收氮素。大豆根瘤的固氮量变化很大，在一般生产条件下生物固氮能满足大豆需氮总量的20%~30%，在适宜条件下则可提供大豆所需氮素的70%~80%。

（2）磷素营养：虽然大豆的需磷量与其他粮食作物相差不大，但大豆是"喜磷作物"，磷对大豆的生长发育、产量和品质形成有突出作用。大豆施磷肥往往比施氮肥效果更明显，既有利于营养生长，又能有效增强根瘤菌的固氮能力，改善植株氮素营养，起到以磷增氮的作用。大豆从出苗到初花期仅吸收需磷总量的15%左右，初花期到结荚期吸收需磷总量的60%，结荚期到鼓粒期吸收需磷总量的20%，鼓粒期到成熟期吸收很少。出苗到初花期吸收磷素的绝对数量虽不多，却是大豆的磷素营养临界期。这一时期缺磷会使大豆营养器官生长受到严重抑制，即使在后期补充磷素，也难以弥补损失。大豆植株如在前8周获得足够的磷素，后期缺磷也不致显著减产，因为大豆生育后期的磷素营养，可通过植株体内磷素的再分配利用来弥补。

（3）钾素营养：大豆有嗜钾的营养特性，全生育期的需钾总量仅次于氮，而多于磷，约比小麦的需钾量多68%。大豆从出苗到开花期吸收钾量约占总需钾量的32.2%，开花期到鼓粒期吸收钾量约占61.9%，鼓粒期到成熟期仅吸收总需钾量的5.9%。大豆开花期到鼓粒期是钾的吸收高峰。钾素能在大豆植株体内再分配利用，所以钾肥宜早期施用。

（4）其他元素营养。

1）钙：大豆需钙量高于磷，略低于钾，大豆要求土壤中有丰富的可交换钙离子，有喜钙植物之称。由钙参与构成的果胶钙，有利于细胞结合，为细胞分裂所必需。钙是若干酶系统的活化剂，在代谢活动中起着重要作用。钙与蛋白质合成过程中产生的草酸结合，形成草酸钙沉淀，免除草酸过多产生的毒害作用。钙还能中和土壤酸度，调节土壤酸碱度，使之适合大豆生长和根瘤菌的发育。

2）镁：大豆等豆科作物含镁量通常比禾本科作物多2~3倍，大豆需镁量与需磷量相当，甚至还要多。镁与大豆等豆科作物的氮素营养有关，能增加大豆根瘤菌固定磷素。镁参与大豆体内磷转化作用，而对糖类代谢有重要作用，能促进单糖合成蔗糖及蔗糖运输。镁也参与油脂的形成，提高其品质。一般土壤中的镁素并不缺乏，如果需要增加镁素供应和营养，可通过施用钙镁磷肥来补充。

3）钼：大豆含钼量是其他非豆科植物的 100 倍左右，每千克干物质含 10 mg 钼元素。钼是形成根瘤菌固氮酶不可缺少的元素，又是硝酸还原酶的组成部分。

4）硼：硼能促进碳水化合物的运转，有利于蛋白质合成和油脂转化，有利于根瘤菌固氮并能促进生殖器官的发育。大豆缺硼既影响产量，又影响品质。大豆每千克干物质含硼 37.2 mg，比小麦、玉米高得多。大豆易发生缺硼，只能利用水溶性硼，土壤中水溶性硼 0.5 mg/L 以上即能满足大豆对硼的需要，但水溶性硼含量不稳定。南方红壤、砖红壤、石灰性土壤缺硼较普遍，沙质土中的硼易流失，有效硼很少，施硼肥对大豆有明显的增产效果。

4. 大豆对水分的需求

大豆需水较多，每形成 1 g 干物质需耗水 600~1 000g，比高粱、玉米还要多。大豆不同生育期需水量差异较大。种子萌发时需水量多，吸收水量相当于种子风干重的 120%~140%。适宜的土壤最大持水量为 50%~60%，低于 45% 种子虽然能发芽，但出苗困难。种子大小不同，需水量也不同。一般大粒种子需水较多，适宜在雨量充沛、土壤湿润地区栽培；小粒种子需水较少，多在干旱地区种植。大豆幼苗时期地上部生长缓慢，根系生长较快，如果土壤水分偏多，根系入土则浅，根量也少，不利形成强大根系。这时增加土壤温度，保持良好通气性，于根系生长有利。从初花到盛花期，大豆植株生长最快，需水量增大，要求土壤保持足够的湿润，但又不能积水。大豆初花期受旱，影响营养体生长，开花结荚减少，落花、落荚增多。从结荚到鼓粒时仍需较多的水分，否则，会造成幼荚脱落和秕粒、秕荚。大豆初花期到鼓粒初期长达 50 多天，一直保持较高的吸水能力。农谚有"大豆干花湿荚，亩收石八；干荚湿花，有秆无瓜"，说明水分在大豆花荚、鼓粒期十分重要。大豆成熟前需水量少。

（二）春大豆土壤修复施肥技术

1. 施基肥

（1）多功能性肥料。结合整地，每亩施用施可丰氯基复合肥（17-17-8）25 kg。

（2）微量元素肥料。结合整地，每亩施用大颗粒硫酸锌 1 000 g、大颗粒硼砂 500 g。

（3）微生物肥料。结合整地，每亩施用农用微生物菌剂（有机质≥45%、有效活菌数≥10 亿 /g）25 kg。

2. 追肥

结合病虫害防治，喷施磷酸二氢钾 500 倍液。

（三）小麦／大豆区土壤修复施肥技术

1. 播种期

小麦收获后，及时灭茬抢墒播种。

2. 秸秆还田

小麦收获后灭茬，进行秸秆还田。结合灭茬，每亩施用农用微生物菌剂（有机质≥45%、有效活菌数≥5亿/g）40 kg，施可丰碱性元素肥料（pH=10.0~12.0，含 CaO≥20%）20~40 kg。

3. 施基肥

结合播种，每亩施用施可丰氯基 BB 肥（18-12-10）20 kg。种肥同播时，一定要在种子一侧 5~7 cm 处或在种子下 5~8 cm 处施肥。

4. 追肥

结合防治病虫害，喷施叶面肥磷酸二氢钾 500 倍液。

二、花生

（一）花生的主要生育特性

1. 花生根系发育特性

花生的根由主根、侧根和次生细根组成。种子发芽后，胚根迅速生长、深入土中，成为主根。主根上长出 4 列侧根，呈明显的"十"字排列。侧根上又长出许多次生细根，形成强大的圆锥根系。主根入土深度可达 1 m 以上，甚至 2 m，但根系主要分布在 10~30 cm 深的土层中。根系横向分布在直径 60 cm 范围内。花生根系干重有 62.6%~85.5% 分布在 0~20 cm 深的土层中，干重 14.7%~25.2% 分布在 20~50 cm 深土层中。根系活力、^{32}P 吸收量随土层深度增加而逐渐降低。根系活力有 50%~60% 分布在 0~20 cm 深土层，^{32}P 吸收量有 40%~50% 分布在 0~20 cm 深土层。因此，花生根系的吸收能力在深层土壤中占有较高的比例。

一般在幼苗主茎长出 5 片真叶以后，根部便逐渐形成根瘤。根瘤形成初期固氮能力较弱，随着植株的生长固氮能力逐步增强，开花盛期固氮能力最强，供给花生氮素最多。花生所需氮素的 4/5 由根瘤供给。

表 3-5   春花生生育特性

生育阶段	出苗阶段（10~15 d）	营养生长阶段（20~40 d）		营养生长与生殖生长阶段（25~35 d）		生殖生长阶段（40 d）
生育期	播种	出苗	始花	下针期	结英期	饱果期

（续表）

生育阶段	出苗阶段 （10~15 d）	营养生长阶段 （20~40 d）	营养生长与生殖生长阶段 （25~35 d）		生殖生长 阶段（40 d）
生育时期	萌发出苗	苗期	开花、下针期	下针、结荚期	饱果成熟期
生育进程	长根	长根，分化茎、叶、花芽	长叶，形成果针	长叶，形成果针，结荚	饱果率
管理中心	苗全	促根，培育壮苗	长茎叶，形成果针	形成果针和有效荚果	有效果和果重
养分来源	种子	土壤、种子	固氮 土壤、施肥	固氮 土壤、施肥	土壤、施肥
施肥	底肥：100% 氮、磷、钾、钙肥				
施肥时间	播种前				

2. 花生对氮、磷、钾、钙的需求量

据山东省花生研究所测定，亩产荚果在 300 kg 以内时，每生产 100 kg 荚果所需氮、磷、钾，早熟品种为氮（N）4.9~5.2 kg，磷（P_2O_5）0.9~1.0 kg，钾（K_2O）1.9~2.0 kg；中熟品种分别为 5.2 kg、1.0 kg 和 2.4 kg；晚熟品种分别为 6.0~6.4 kg、1.0~1.1 kg 和 3.3~3.4 kg。荚果亩产 300 kg 以上时，每生产 100 kg 荚果氮、磷、钾需要量有减少的趋势。花生对氮、磷、钾三要素所需比例为 5：1：3。花生为喜钙作物，据美国研究报道，每亩产荚果 231.8~332.7 kg，需钙 3.62~8.57 kg，仅次于对钾的吸收量，并随着产量的提高有增加的趋势。

3. 春花生对矿物营养元素的吸收与分配动态

春花生对氮、磷、钾、钙的吸收积累动态是基本一致的，吸收累积量均随植株生长逐步累加，至饱果成熟期达到最大值。阶段吸收高峰（除钾素有所提前外）均出现在生长最旺盛的结荚期。营养体（根、茎、叶）和生殖体（果针、幼果和荚果）的吸收量有所不同。营养体的吸收高峰均在开花下针期，氮、磷、钾、钙依次分别占总吸收量的 27.5%、34.36%、47.25% 和 33.40%；生殖体吸收高峰均在结荚期，分别占总吸收量的 49.29%、55.90%、29.02% 和 7.1%。由此可见，春花生开花下针期是根际营养吸收的最盛期，也是营养吸收重新分配的转折点。

总之，春花生出苗前养分主要来自种子本身，苗期吸收的养分约占其一生需要量的 10%，晚熟品种更少，氮、磷占 6.3%，钾占 7.4%。80% 养分是在开花下针与结实期间吸收的。

春花生吸收的大、中、微量元素在植株内的分配动态。氮、磷和锌均以种子内含量最多，钙和锰则以叶片内含量最高，钾与铁在茎叶中含量最高，硫和铜在根内

含量最高，果壳内的氮、磷、钾、镁、硫、锌、铜和种子内的钙、铁、锰含量最低。据尼日利亚报道，花生吸收的养分，种仁中为氮 63%、磷 68%、钾 23%、镁 24%、钙 4%。据山东省花生研究所对大量单产 7 500 kg/hm² 以上高产田的完熟植株测定表明，荚果中的氮含量最高，占全株总量的 56%~76%，叶片中占 12%~30%；磷素也在荚果中含量最高，占全株总磷量的 62%~79%；钾素在茎中含量较高，占全株总钾量的 33.3%~39.3%，荚果中钾含量次之，占全株总钾量的 30.0%~36.1%；钙素以叶部含量最高，占全株总钙量的 50.0%~55.0%，其次是茎蔓，占 26.0%~32.0%。

4. 夏花生（麦套或夏直播）对矿物营养的吸收与分布规律

除大垄宽幅麦套花生，因套种期早、生育期长，需肥规律与春播花生相似外，其他套种方式则与夏直播花生相近。夏花生高产地块根瘤数量不多，固氮能力不强，根瘤菌供氮量一般不超过需氮总量的 50%。夏花生生育期短，生长高峰期突出，需肥强度大，在夏花生需肥高峰期内，需氮（N）4.536 kg/（hm²·d）、磷（P_2O_5）0.585 kg/（hm²·d）、钾（K_2O）约 1.8 kg/（hm²·d）。因此，高产夏花生需肥量相当可观，需要土壤有很强的供肥能力。临沂市农业科学院采用池栽方法，通过人工掺和不同数量的肥料，形成不同等级土壤肥力，结果表明，随着土壤肥力的提高，夏花生营养生长明显增强，产量形成期（结荚至收获）叶面积和单株果重显著增加。

夏播花生植株体内氮、磷的积累动态呈 S 形生长曲线，积累高峰在结荚期，磷比氮提前 10 d 达积累高峰。在结荚期氮、磷的阶段积累量分别占全生育期的 58% 和 63%。钾的积累高峰在结荚初期，比氮、磷提前达到积累高峰。

（二）小麦/玉米—春花生土壤修复施肥技术

1. 秸秆还田

小麦和玉米收获后，进行秸秆还田。

2. 播种期

一般在 4 月中旬至 5 月上旬，5 cm 深处平均地温稳定在 12℃以上时，抢墒播种。

3. 施基肥

（1）多功能性肥料：结合整地，每亩施用施可丰稳定性肥料（16-8-18）40~50 kg。

（2）土壤调理剂：结合整地，每亩施用施可丰碱性元素肥料（pH=10.0~12.0，含 CaO≥20%）40~60 kg。

（3）微生物肥料：结合整地，每亩施用农用微生物菌剂（有机质≥70%，有效活菌数≥5 亿/g）40~50 kg。

4. 追肥

开花后结合病虫害防治，喷施磷酸二氢钾 500 倍液，2~3 次。

图 3-1~ 图 3-4 为花生土壤修复技术效果。

图 3-1 花生土壤修复苗期效果对比

图 3-2 花生土壤修复生长期效果对比（左为对照）

图 3-3 花生土壤修复收获期效果对比（左为对照）

图 3-4 花生土壤修复增产效果

（三）麦套花生土壤修复施肥技术

1. 播种期

小麦收获前 20 d（即 5 月中旬）播种。

2. 施基肥

小麦收获后结合灭茬施肥。

（1）多功能性肥料：结合灭茬，每亩施用施可丰稳定性肥料（16-8-18）40~ 50 kg。

（2）土壤调理剂：结合灭茬，每亩施用施可丰碱性元素肥料（pH=10.0~12.0，含 CaO≥20%）40~50 kg。

（3）微生物肥料：结合灭茬，每亩追施农用微生物菌剂（有机质≥70%，有效活菌数≥5 亿 /g）40~50 kg。

3. 追肥

开花后结合病虫害防治，喷施磷酸二氢钾 500 倍液，2~3 次。

（四）夏直播花生土壤修复施肥技术

1. 播种期

小麦收获后，在 6 月上中旬抢茬播种。

2. 施基肥

（1）多功能性肥料：前茬作物收获后，结合整地，每亩施用施可丰稳定性肥料（16-8-18）30~40 kg。

（2）土壤调理剂：结合整地，每亩施用施可丰碱性元素肥料（pH=10.0~12.0，含 CaO≥20%）40~50 kg。

（3）微生物肥料：结合整地，每亩施用农用微生物菌剂（有机质≥70%，有效活菌数≥5 亿 /g）40~50 kg。

3. 追肥

开花后结合病虫害防治，喷施磷酸二氢钾 500 倍液，2~3 次。

图 3-5 为酸化土壤夏花生土壤修复技术效果。

图 3-5　酸化土壤夏花生土壤修复效果对比（左为对照）

三、棉花

（一）棉花的主要生育特性

1. 棉花根系发育特性

棉花为直根系作物，根系发达，主根深，侧根分布广，在土壤中形成强大的吸收网络，是一种比较耐旱的作物。棉花根系由主根、侧根、支根（小根）、毛根（小支根）和根毛组成。棉籽萌发时，胚根伸出，向下生长，成为主根。棉花生长前期，在距主根生长点约 10 cm 处分生出一级侧根，开始时近乎水平生长，以后斜向下层生长。在距一级侧根生长点约 5 cm 处分生出二级侧根。在适宜条件下，可继续长出三级、四级乃至五级侧根。由主根、各级侧根及其大量根毛构成棉花庞大的根系。棉花的根具有较强再生能力，主根受伤或移栽断根后，会促进大量侧根生长。棉株越小，根的再生能力越强。

在适宜的栽培条件下，棉根入土深度可达 2 m 左右，甚至超过 3 m。上部侧根横向扩展可达 60~100 cm，下部侧根伸展较近。侧根发生的迟早、第一级侧根数量多少等，对结铃性状有明显影响。深厚疏松土层利于棉花形成强大健壮的根系，提高抗御土传病害的能力。因而深耕对根系发育非常重要，机械整地时要避免将土壤碾压过实，能减缓棉花苗期病害和枯黄萎病的发生。

（1）根系发展期：从种子萌发到现蕾，根系日生长量达 2 cm，地上部日增长量仅 0.4~0.5 cm。早中耕可提高根际周围地温，促进支根早发。中耕应依次加深，促根下扎，现蕾前中耕深度应达 7~8 cm。

（2）根系生长盛期：蕾期主根和侧根生长旺盛，主根每天伸长 2.5 cm，深度可超过 1 m。侧根也迅速横向扩展，可达 50 cm。这一时期中耕可达到最大深度。对有疯长趋势的棉田，深中耕有控制营养生长的作用，可达 10 cm 以上。此时结合中耕进行第一次培土，有利于促进根系发育，还利于抗旱和排涝，延长根系功能期。

（3）根系吸收高峰期：棉株花铃期根系网络基本形成，吸收水分和养分最多，但发根能力逐渐下降，所以花铃期不宜伤根，中耕逐次变浅。在尚未封垄前，结合中耕进一步培土并加强水肥管理，既能满足开花结铃需要，又能保持根系活力，延缓根系衰老。

（4）根系活动机能衰退期：棉株吐絮期间根系衰亡，吸收水分和养分能力明显下降。此时灌溉既能满足秋桃发育需要，又能预防早衰。后期进行叶面喷肥，可弥补根系吸肥的不足，又使根系获得必要养分。

2. 棉花对氮、磷、钾的需求量

棉花正常生长发育需要氮、磷、钾、铁、锌、铜、锰等多种元素。据研究，每生产 100 kg 皮棉，需吸收氮（N）13.35 kg、磷（P_2O_5）4.65 kg、钾（K_2O）13.35 kg；每生产 100 kg 籽棉，需吸收氮（N）5.0 kg、磷（P_2O_5）1.8 kg、钾（K_2O）4.0 kg，吸收比例为 1.0∶0.36∶0.8。据报道，高、中、低产棉吸收氮、磷、钾的比例略有差异。亩产 100 kg 皮棉的高产田，吸收氮、磷、钾的比例为 1.0∶0.35∶0.85；亩产 80 kg 皮棉的中产棉田，吸收氮、磷、钾的比例为 1.0∶0.34∶0.73；亩产 60 kg 皮棉的低产棉田，吸收氮、磷、钾的比例为 1.0∶0.35∶0.71。可见，产量越高对钾素的吸收比例越高。

另外，相同的经济产量，棉花的需氮量约为禾谷类作物的 2 倍，油料作物的 2~3 倍。

3. 棉花对氮、磷、钾的吸收动态

棉花苗期、蕾期、花期和铃期的氮素吸收量分别占全生育期的 2.0%~7.1%、11.0%~33.3%、56.0%~63.0%、3.5%~27.9%，磷的吸收量分别占全生育期的 1.1%~3.2%、7.6%~24.7%、26.2%~64.1%、16.9%~65.5%，钾的吸收量分别占全生育期的 1.6%~4.5%、

9.0%~39.9%、35.1%~72.9%、0.8%~51.7%。可见，棉花各个生育阶段氮、磷、钾的吸收量和比例变化较大。氮的吸收高峰在花期，磷、钾的吸收高峰在花期或铃期。

4. 棉花需水特性

棉花需水量是指全生育期内所利用的水分。棉花田间耗水量是指叶面蒸腾和地面蒸发所消耗水分。据研究，亩产 50 kg 皮棉的棉田总耗水量为 300~400 m³，亩产 100 kg 皮棉总耗水量则为 450 m³ 左右。棉花不同生育时期需水量也不同，总趋势是与棉花生长发育的速度相一致。苗期棉株小、生长慢，温度低，耗水量较少；随棉株生长速度加大，耗水量也不断增加，到花铃期生长旺盛，温度高，耗水量最多；吐絮后，棉株生长衰退，温度较低，耗水量减少。在苗期有 80%~90% 水分是从地面蒸发的，棉株蒸腾耗水仅占 10%~20%；蕾期地面蒸发和棉株蒸腾耗水各占 50% 左右；花铃期地面蒸发和棉株蒸腾耗水分别占 25%~30% 和 70%~75%；吐絮后地面蒸发和棉株蒸腾耗水又基本趋于相等。

棉花不同生育时期对土壤适宜含水量的要求不同。发芽出苗期，土壤水分以田间最大持水量的 70% 左右为宜，田间持水量过少，种子易落干，影响发芽出苗；田间持水量过多，易造成烂种，影响全苗。苗期土壤水分以达到田间最大持水量 55%~60% 为宜，土壤含水量过少，影响棉苗早发；土壤含水量过高，棉苗扎根浅，苗期病害重。蕾期土壤含水量以田间最大持水量的 60%~70% 为宜，土壤含水量过少，会抑制发棵，延迟现蕾；土壤含水量过多，会引起棉株徒长。花铃期棉花需水最多，土壤含水量以田间最大持水量的 70%~80% 为宜，土壤含水量过少，会引起棉花早衰；土壤含水量过多，棉株徒长，增加蕾铃脱落。吐絮后，土壤含水量以田间最大持水量的 55%~70% 为宜，利于秋桃发育，增加铃重，促进早熟和防止烂铃。

（二）栽培模式

1. 露地地膜覆盖栽培模式

山东露地地膜覆盖栽培，当 5 cm 深处地温稳定在 14℃ 以上时播种为宜。鲁西北、鲁北等棉区 4 月 20 日 ~4 月 25 日播种。

新疆露地地膜覆盖栽培，当 5 cm 深处地温稳定在 12℃ 时即可播种，一般在 4 月上中旬。

2. 大蒜套种棉花栽培模式

3 月底至 4 月初育苗，5 月中旬移栽。

（三）山东棉花土壤修复施肥技术

1. 施基肥

（1）多功能性肥料：结合整地，每亩施用施可丰硫酸钾复合肥（15-15-15）30~40 kg。

（2）微量元素肥料：结合整地，每亩施用硫酸锌 1 000 g、硼砂 500 g。

（3）微生物肥料：结合整地，每亩施用农用微生物菌剂（有机质≥70%，有效活菌数≥5 亿 /g）40 kg。

2. 追肥

（1）花蕾肥：花蕾期每亩追施施可丰稳定性长效缓释肥（16-8-18）20~25 kg。

（2）花铃肥：花铃期每亩追施施可丰高氮肥（30-0-6）10~15 kg。

（3）叶面肥：棉花苗期和现蕾期，结合病虫害防治喷施生物刺激素，如木醋液氨基酸水溶性肥 100~150 倍液。棉花开花后，结合病虫害防治喷施磷酸二氢钾 500 倍液。

（四）新疆北疆棉花土壤修复施肥技术

1. 施基肥

（1）多功能性肥料：结合整地，每亩施用施可丰稳定性长效缓释肥（117-17-17）25~30 kg。

（2）微量元素肥料：结合整地，每亩施用硫酸锌 1 000 g、硼砂 500 g。

（3）微生物肥料：结合整地，每亩施用农用微生物菌剂（有机质≥70%，有效活菌数≥10 亿 /g）20~40 kg。

2. 追肥

（1）出苗后，结合水肥一体化每亩冲施植物源生物刺激素如木醋液氨基酸水溶肥 5 L。

（2）生育期间每亩冲施施可丰高氮型水溶性肥料（28-6-6）30~40 kg，结合水肥一体化追施 6~7 次，每次冲施 5~6 kg，采取前轻、中重、后轻的原则。

（3）叶面肥：棉花进入花蕾期后，结合病虫害防治喷施磷酸二氢钾 500 倍液。

（五）新疆南疆棉花土壤修复施肥技术

1. 施基肥

（1）多功能性肥料：结合整地播种，每亩施用高氮高磷肥料如施可丰稳定性长效缓释肥（16-18-10）35~40 kg。

（2）微量元素肥料：结合整地播种，每亩施用大颗粒硫酸锌肥 1 000 g、大颗粒硼肥 500 g。

（3）微生物肥料：结合整地播种，每亩施用农用微生物菌剂（有机质≥70%，有效活菌数≥10 亿 /g）20~40 kg。

2. 追肥

（1）棉花播种后、出苗后，结合水肥一体化每亩冲施植物源生物刺激素木醋液氨基酸水溶肥 2~3 L。

（2）进入花期后结合水肥一体化进行追肥。生育期间每亩冲施施可丰高氮型水溶性肥（28-6-6）25~30 kg，每次冲施 1.5~2.0 kg，采取前轻、中重、后轻的原则。

（3）叶面肥：棉花进入花蕾期后，结合病虫害防治喷施磷酸二氢钾 500 倍液。

3. 浇水

6月每 6~7 d 浇灌一次水，浇水量 15~25 m³；7月初至 8 月上旬每 4~6 d 浇灌一次水，浇水量 25~30 m³；8 月上旬后每 7 d 浇灌一次水，浇水量 20~25 m³；9月停止浇水，全生育期浇灌 12~17 次水。

四、油菜

（一）油菜的生育特性

1. 油菜的根系发育特性

油菜为直根系，分为主根、侧根、支根和细根。主根是在种子萌发后，胚根伸入土中逐渐形成的。当第一片真叶出现后，主根基部两侧开始长出侧根。随着植株的生长，主根不断变粗变长，同时贮藏大量养分，以备越冬和翌年生长所用。随着主根的生长，侧根数也在不断增加，从侧根上又长出很多支根和细根。一般耕作水平下，直播油菜的主根入土深度为 40~50 cm，深耕和干旱时可达 100 cm 以上。油菜的根生命力旺盛，由于移栽过程中主根被拔断或损伤，会促使支根生长，且生长势强，能充分吸收利用表层土壤的养分和水分。因此，育苗移栽的油菜在高栽培水平下，能够获得较高的产量。

2. 油菜对土壤条件的要求

油菜对土壤的要求不高，在沙土、黏土、红黄壤土中都可栽培。油菜地 pH 5~8，以弱酸性或中性最为有利。油菜也能耐受盐碱，在含盐量为 0.2%~0.26% 的土壤中能正常生长。

2. 油菜对氮、磷、钾、硼的需求量

研究表明，每生产 100 kg 油菜菜籽需要吸收氮（N）8.8~11.3 kg、磷（P_2O_5）3.0~3.9 kg、钾（K_2O）8.5~10.1 kg，氮、磷、钾比例为 1：0.3：1。甘蓝型油菜比白菜型油菜需肥量多。据研究，甘蓝型油菜亩产 100~150 kg 时，每生产 100 kg 菜籽需吸收氮（N）8.0~11.0 kg、磷（P_2O_5）3.0~5.0 kg、钾（K_2O）8.5~12.8 kg，氮、磷、钾比例为 1：0.4：1。

油菜是喜硼作物。油菜缺硼症状出现在开花后期到结果期，特别是出现大量"花而不实"的现象，或花瓣枯干皱缩，不能开花，减产严重。土壤缺硼越早，对油菜生长发育的影响越严重。

3. 油菜对氮、磷、钾的吸收动态

油菜苗期对氮、磷非常敏感，氮、磷有利于基部叶片和根系的生长。中期以氮、磷、钾并重，可促进生殖器官的发育。后期磷肥有利于籽粒充实和油分积累，钾能提高油菜抗逆能力，对促进成熟具有明显作用。

（1）育苗期：吸收氮素占全生育期的 7.2%，吸收的磷素和钾素分别占全生育期的 2.2% 和 5.6%。

（2）大田苗期：移栽油菜一般苗期 100 d 以上；直播油菜，苗期为 130 d 左右。吸收的氮素占全生育期吸收氮素总量的 36%，磷素和钾素各占 20%。

（3）蕾薹期：该期 30 d，油菜吸收氮素和钾素最多，其中吸收氮素占全生育期的 45.8%，吸收磷素占 21.7%，吸收钾素占 54.1%。

（4）花期到成熟期：一般是 50 d 以上，是油菜生殖生长最旺盛时期。此期对氮、钾养分的吸收积累相对较少，但对磷素的吸收量为一生中的最高峰，吸收的磷素占全生育期的 58.3%。

4. 油菜需水特性

油菜是需水较多的作物，形成 1 g 干物质蒸腾耗水量为 337~912 g，高产油菜一生每亩需水量为 246~310 m³。油菜最大的需水期是开花期，水分敏感期是蕾薹期。油菜播种时若土壤绝对含水量降至 10%~15%，则严重影响出苗和全苗。移栽油菜苗受旱，则叶片易黄化脱落，甚至不能成活。抽薹后植株缺水，中午下部叶片萎蔫，严重时早上叶片也出现萎蔫。薹花期缺水，则花芽分化数减少，分枝短，花序短，花器脱落严重，单株角果数减少，产量明显降低。

（二）北方（青海、甘肃）春油菜土壤修复施肥技术

1. 播种期

3 月下旬播种。

2. 施基肥

（1）有机肥：播种前结合整地，每亩施用优质土杂肥 2~3 m³。

（2）多功能性肥料：播种前结合整地，每亩施用施可丰氯基生态肥（15-18-10）40 kg。

（3）土壤调理剂：移栽前结合整地，每亩施用施可丰碱性元素肥料（pH=10.0~12.0，含 CaO ≥ 20%）40 kg。

（4）微生物肥料：移栽前结合整地，每亩施用农用微生物菌剂（有机质 ≥ 45%，有效活菌数 ≥ 5 亿 /g）40 kg。

3. 追肥

（1）大量元素肥料：在油菜 3~5 叶期，每亩追施海藻酸尿素 3~5 kg。

（2）叶面肥：开花期结合病虫害防治，喷施磷酸二氢钾 500 倍液。

（三）观光油菜土壤修复施肥技术

1. 播种期

长江中下游地区 9 月中下旬播种。

2. 施基肥

（1）大量元素肥料：播种前结合整地，每亩施用施可丰氯基生态肥（17−17−7）35 kg。油菜每亩施纯氮（N）10~13 kg、磷（P_2O_5）6~8 kg、钾（K_2O）8~10 kg。

（2）土壤调理剂：移栽前结合整地，每亩施用施可丰碱性元素肥料（pH=10.0~12.0，含 CaO≥20%）40 kg。

（3）微生物肥料：移栽前结合整地，每亩施用农用微生物菌剂（有机质≥45%，有效活菌数≥5 亿/g）40 kg。

3. 追肥

（1）苗期追肥：直播定苗或移栽活棵后，每亩追施海藻酸尿素 4~5 kg。

（2）越冬肥（腊肥）：进入越冬期每亩追施海藻酸尿素 5 kg。

第三节　块茎类作物

一、甘薯

（一）甘薯的主要生育特性

1. 甘薯根系发育特性

甘薯的根分为纤维根、柴根和块茎根。

（1）纤维根又称细根，呈纤维状，细而长，有很多分枝和根毛，具有吸收水分和养分的功能。纤维根在生长前期生长迅速，分布较浅；后期生长缓慢，并向纵深发展。纤维根主要分布在 30 cm 深的土层内，少数深达 1 m 以上。

（2）柴根又叫粗根、梗根、牛蒡根，粗约 1 cm，长可达 30~50 cm。柴根是由于受到不良气候条件（如低温多雨）和土壤条件（如氮肥施用过多，磷钾肥施用过少）等的影响，使根内组织发生变化，中途停止加粗而形成。柴根徒耗养分，无利用价值，应防止其发生。

（3）块根，也叫贮藏根，是一种变态根，是供人们食用、加工的薯块。甘薯块根既是贮藏养分的器官，又是重要的繁殖器官。块根是蔓节上比较粗大的不定根，在土壤质地、肥、水、温等条件适宜的情况下长成。甘薯块根多生长在 5~25 cm 深的土层内，很少在 30 cm 以下土层发生。单株结薯数、薯块大小与品种特性及栽培条件有关。块根通常有纺锤形、圆形、圆筒形、块状等。块根形状虽属品种特性，但亦随土壤及栽培条件发生变化。皮色有白、黄、红、紫等，由皮中色素决定。薯肉基本色是白、黄、红或带有紫晕。薯肉里胡萝卜素的含量影响肉色的浓淡。块根里有乳汁，俗称白浆。

2. 甘薯对氮、磷、钾三要素的需求量

甘薯是一种高产作物，生长期较长，根系发达，吸肥能力强，需肥量大。甘薯又是喜钾作物，生育期从土壤中吸收的钾素最多，氮素次之，磷素较少。据研究，每生产 1 000 kg 鲜甘薯需吸收氮（N）3.5~4.2 kg、磷（P_2O_5）1.5~1.8 kg、钾（K_2O）5.5~6.2 kg，吸收比例约为 1 ： 0.4 ： 1.5。

3. 甘薯对氮、磷、钾的吸收运转规律

甘薯不同生育期对三大养分元素的吸收量不同，一般氮的吸收量以生长前期和中期为多，主要供茎叶生长；当茎叶生长进入盛期，甘薯对氮素的吸收量达到高峰，生育后期对氮的吸收量开始减少；对磷素的吸收在薯块膨大期有所增加；对钾的吸收在整个生育期都比氮、磷多，尤其是薯块膨大期，吸收量达到高峰。钾对促进薯块膨大和加速物质的积累起着重要的作用。到生育后期薯块快速生长，茎叶生长渐衰，甘薯对养分的吸收量下降，并向块根转移。

4. 甘薯需水特性

甘薯根系发达，生长迅速，枝繁叶茂，遮满地面，地上部和地下部产量都很高，植株的含水量高达 85%~90%，一般块根水分含量在 70% 左右，体内水分蒸腾量很大，所以，甘薯一生中需水量相当大。据测定，在整个生长期间，田间总耗水量为 500~800 mm，相当于每亩用水 400~600 m³。甘薯不同生长阶段的耗水量不同，发根缓苗期和分枝结薯期植株尚未长大，需水量不多，两个时期各占总耗水量的 10%~15%。茎叶盛长期需水量猛增，约占总耗水量的 40%。薯块迅速肥大期占 35%。具体到各生长期的土壤相对含水量，生长前期和后期以保持在 60%~70% 为宜。中期是茎叶生长盛期，同时也是薯块肥大期，需水量明显增多，土壤相对含水量保持在 70%~80% 为好。若土壤水分过多，会使氧气供应困难，影响块根肥大，薯块里水分增多，干物质含量降低。

（二）栽培模式

1. 春甘薯地膜覆盖栽培模式

4 月中下旬移栽，"秋分"至"霜降"收获。

2. 小麦 / 甘薯栽培模式

小麦收获后（6 月中旬）抢茬栽植，10 月下旬收获。

（三）春甘薯地膜覆盖栽培土壤修复施肥技术

1. 施基肥

（1）有机肥：结合整地起垄，每亩施用优质土杂肥 2~3 m³。

（2）多功能性肥料：结合整地起垄，每亩施用施可丰稳定性长效缓释复合肥（16-8-24）50 kg、硫酸钾 10~25 kg、氯化钾 5~10 kg。

（3）土壤调理剂：结合整地，每亩施用施可丰碱性元素肥料（pH=10.0~12.0，含 CaO≥20%）40~50 kg。

（4）微生物肥料：结合整地，每亩施用微生物菌剂（有机质≥70%，有效活菌数≥5 亿 /g）80~120 kg。

2. 追肥

甘薯膨大期叶面喷施磷酸二氢钾 500 倍液，连续喷施 2~3 次。

图 3-6、图 3-7 为春甘薯土壤修复技术效果。

图 3-6 春甘薯土壤修复苗期对比效果　　图 3-7 春甘薯土壤修复收获期对比效果

（四）小麦 / 甘薯栽培土壤修复施肥技术

1. 施基肥

（1）有机肥：小麦收获后，结合整地起垄，每亩施用优质土杂肥 2~3 m³。

（2）多功能性肥料：结合整地起垄，每亩施用施可丰稳定性长效缓释复合肥（16-8-24）50 kg、硫酸钾 15 kg、氯化钾 5 kg。

（3）土壤调理剂：结合整地起垄，每亩施用施可丰碱性元素肥料（pH=10.0~12.0，含 CaO≥20%）40~50 kg。

（4）微生物肥料：结合整地起垄，每亩施用农用微生物菌剂（有机质≥70%，有效活菌数≥5 亿 /g）80~120 kg。

2. 追肥

甘薯膨大期叶面喷施磷酸二氢钾 500 倍液，连续喷施 2~3 次。

二、马铃薯

（一）马铃薯的主要生育特性

1. 马铃薯根系发育特性

马铃薯的根是吸收营养和水分的器官，同时还有固定植株的作用。不同繁殖材料所长出的根不一样。用薯块进行无性繁殖生长的根，称为须根系；用种子进行有性繁殖生长的根，有主根和侧根的区别，称为直根系。一般生产上是用薯块种植。

须根系分为两类：一类是初生长芽的基部靠种薯处，在3~4节上密集长出的不定根，叫作芽眼根。它们生长得早，分枝能力强，分布广，是马铃薯的主体根系。虽然马铃薯是先出芽后生根，但根比芽长得快，在薯苗出土前就能形成大量的根群，靠这些根的根毛吸收养分和水分。另一类是在地下茎的中上部节上长出的不定根，叫作匍匐根。有的在幼苗出土前就生成了，也有的在幼苗生长过程中培土后陆续生长出来。匍匐根都在土壤表层，很短并很少有分枝，但吸收磷素的能力很强，并能在很短时间内把吸收的磷素输送到地上部的茎叶中去。马铃薯的根系是白色的，老化时变为浅褐色。大量根系斜着向下，大部分在30 cm左右的表层。一般早熟品种的根比晚熟品种的根长势弱，数量少，入土浅。

马铃薯根系量和强弱，直接关系着植株健康生长和薯块的产量与品质。根系生长状况除因品种不同外，栽培条件是关键因素，如深翻耙细、土层深厚、土质疏松、通气透气好、墒情及地温适宜等都利于根系的发育；加强管理，配合深种深培土，及时中耕松土，增施有机肥料和微生物菌剂等措施，也都能促进根系发育，尤其是对匍匐根的形成发育特别有利。

2. 马铃薯对矿物营养元素的需求量

据研究，一般每生产1 000 kg鲜马铃薯，需吸收氮（N）3.5~6.0 kg、磷（P_2O_5）1.8~3.0 kg、钾（K_2O）7.9~12.0 kg、钙（CaO）0.9 kg、镁（MgO）0.6 kg。马铃薯对氮、磷、钾三要素的需求量以钾最多，氮次之，磷最少，比例为1.0：0.4：2.3。

马铃薯植株对氮素的需求量相对来说比较少，是钾肥的1/2~1/3。施用氮肥后最明显的效果就是促进了茎叶的生长，提高了光合能力。在植株生长的初期有足够的氮肥，能促进根系的发育，增强植株的抗旱性。但如果施氮肥过量，会导致茎叶生长过于茂盛，引起徒长。

马铃薯植株的磷和氯含量比较固定，约占无机元素总量的15%。若氯含量增加，磷含量必定减少。因此，如果施用含氯肥料过多，就会使块茎中的淀粉含量减少。

在各种矿物元素中，马铃薯对钾的需求量最多。在马铃薯植株灰分中，钾占50%~70%。由于钾在植株体内的流动性很大，所以各个器官的钾含量随不同的生长时期而变化。茎和块茎中的钾含量随着生育发展有增加的趋势，叶片中的钾含量则逐渐降低。

马铃薯根、茎、叶中的钙含量较高，占干重的 1%~2%；块茎中的含钙量较低，占干重的 0.1%~0.2%，是茎叶中含钙量的 1/10。但块茎最易缺钙，会导致髓部细胞坏死，块茎变黑。马铃薯除了需要氮、磷、钾、钙、镁等大中量元素肥料外，还需要硼、铜等微量元素肥料，尤其是铜能促进马铃薯的呼吸作用，提高蛋白质含量，增加叶绿素含量，延迟叶片衰老，增强抗旱能力。因此，在缺乏微量元素的土壤上增施微量元素肥料，具有明显的增产效果。

通常认为马铃薯对氯比较敏感。据报道，每亩施氯化钾 21~25 kg，增产效果与施用硫酸钾基本相同，同时氯离子对减少块茎内部的黑斑病很有效。

3. 马铃薯对矿物营养的吸收与分配动态

马铃薯植株对营养元素的吸收量，与植株的生长量是一致的。到块茎停止膨大时，营养元素的吸收量也随之下降。从块茎形成到膨大结束，对氮、磷、钾的吸收量分别占吸收总量的 70%、65% 和 72%。在淀粉积累期，植株对磷、钾的吸收量多于氮的吸收量。

马铃薯在整个生长发育期间，因生长发育阶段不同，吸收肥料的种类和数量也不同。以各个生育期吸收的氮、磷、钾占总吸肥量的百分数计，发芽期至幼苗期分别为 6%、8% 和 9%，发棵期分别为 38%、34% 和 36%，结薯期分别为 56%、48% 和 55%。

4. 马铃薯需水特性

马铃薯需水较多，茎叶含水量约占 90%，块茎含水量也达 80% 左右。水能把土壤中的无机盐养分溶解，供马铃薯根吸收利用。水也是马铃薯进行光合作用，制造有机营养的主要原料之一，而且制造的有机养分，也必须依靠水为载体才能输送到块茎中进行贮藏。据测定，每生产 1 kg 鲜马铃薯块茎，需要从土壤中吸收水分 140 L。所以，马铃薯必须有足够的水分，才能获得较高的产量。

土壤水分因蒸发和植株蒸腾作用而逐渐消耗，当水分由田间最大持水量损失到作物生长开始受限制的水量时，称水分临界亏缺值。临界亏缺值以降雨量单位毫米表示，它相当于恢复到土壤田间最大持水量所需补充的水量。马铃薯的水分临界亏缺值估计为 25 mm，这相当于 250 m^3/hm^2 的水量。土壤水分消耗超过这一临界值时，马铃薯叶片的气孔便缩小或关闭，蒸腾率随之下降，生理代谢不能正常进行，生长受阻，从而导致减产。

马铃薯田完全为植株冠层覆盖时，每天蒸发蒸腾水分 2~10 mm，等于每公顷每天 2 万 ~10 万 L 水。耗水量的大小受多种因素决定：土壤有效供给量短缺时，蒸腾失水量则减少；植株冠层密者要比稀者耗水少；空气湿度小时，水分蒸腾速率显然比空气湿度大时加快。蒸腾量还因风速的加强而增大，叶片温度高，蒸腾水量也多。马铃薯发芽期所需的水分，主要靠种薯自身来供应，如芽块大一点（达到 30%~40%），土壤墒情只要能保持潮黄墒（土壤含水量达到 14% 左右），就可以保证出苗。

在幼苗期，由于苗小、叶面积小，加之气温不高，蒸腾量也不大，所以耗水量比较少。一般幼苗期耗水量占全生育期总耗水量的 10% 左右，土壤保持田间最大持水量的 65% 左右为宜。如果幼苗期水分太多，反而会妨碍根系发育，降低后期的抗旱能力；如果水分不足，地上部分的发育受到阻碍，植株就会生长缓慢，发棵不旺，植株矮、叶子小。块茎形成期，马铃薯植株的地上茎叶逐渐开始旺盛生长，根系和叶面积生长逐日激增，植株蒸腾量迅速增大，此时，植株需要充足的水分和营养，以保证植株各器官的迅速形成，从而为块茎的增长打好基础，这一时期耗水量占全生育期总耗水量的 30% 左右，保持田间最大持水量的 70%~75% 为宜。该期如果水分不足，会导致植株生长迟缓，单株块茎数减少，影响产量的正常形成。块茎膨大期，即从开始开花到落花后 1 周，是马铃薯需水最敏感的时期，也是需水量最多的时期，以保持田间最大持水量的 75%~80% 为宜。这一时期，植株体内的营养分配由供应茎叶迅速生长为主，转变为主要满足块茎迅速膨大为主，这时茎叶的生长速度明显减缓。据测定，这个阶段的需水量占全生育期总需水量的一半以上。如果这个时期缺水干旱，块茎就会停止生长。即使再有降雨或水分供应，植株和块茎恢复生长，块茎出现二次生长，也会形成串薯等畸形薯块，降低产品质量。但该时期水分也不能过大，如果水分过大，茎叶就易出现疯长的现象，不仅消耗了大量营养，而且会使细嫩茎叶倒伏，为病菌侵染造成有利条件。淀粉积累期需要适量的水分供应，以保证植株叶面积，使养分向块茎转移。该期耗水量约占全生育期总需水量的 10%，土壤水分保持田间最大持水量的 60%~65% 即可，切忌水分过多，否则，会因土壤过于潮湿，块茎的气孔开裂外翻，造成薯皮粗糙，病菌侵入。有的地方把这种现象叫"起泡"，对贮藏不利。

（二）栽培模式

1. 鲁南早春大拱棚（三膜覆盖）/ 玉米 / 白菜（秋马铃薯）栽培模式

"立春"前后播种，4 月上旬收获上市。

2. 黄河流域露地地膜覆盖 / 白菜（大葱）栽培模式

2 月中下旬播种，5 月中下旬至 6 月上旬收获上市。

3. 鲁南地区秋季栽培

"立秋"后播种，11 月下旬收获上市。

4. 内蒙古旱作微垄覆膜栽培模式

5 月上旬播种，霜冻来临之前收获。

6. 内蒙古阴山地区膜下滴灌栽培模式

4 月下旬至 5 月上旬播种，霜冻来临之前收获上市。

以下土壤修复施肥技术，均使用红外线响应种子包衣剂拌种，然后催芽播种。

（三）鲁南地区大拱棚、露地地膜覆盖马铃薯土壤修复施肥技术

1. 施基肥

（1）多功能性肥料：结合整地开沟，每亩施用施可丰稳定性长效缓释复合肥（16–8–18）100 kg。

（2）土壤调理剂：结合整地开沟，每亩施用施可丰碱性元素肥料（pH=10.0~12.0，含 CaO≥20%）40~80 kg。

（3）微生物肥料：结合整地开沟，每亩施用农用微生物菌剂（有机质≥70%，有效活菌数≥5 亿 /g）80~120 kg。

（4）植物源生物刺激素：栽植后，结合浇水，每亩冲施植物源生物刺激素（如木醋液氨基酸）水溶肥 5 L/ 亩。

2. 追肥

（1）马铃薯团棵期：结合浇水冲施高氮型大量元素水溶性肥料（28–10–12）5.0~7.5 kg/ 亩。

（2）现蕾期：结合浇水冲施高钾型肥料（15–7–38）5.0~7.5 kg/ 亩，连续冲施 2 次。

（3）叶面肥：现蕾后结合病害防治喷施磷酸二氢钾 500 倍液，连续喷施 2~3 次。

图 3-8~ 图 3-11 为大拱棚马铃薯土壤修复技术效果。

图 3-8　大拱棚马铃薯土壤修复技术效果　　图 3-9　大拱棚马铃薯土壤修复技术收获期效果

图 3-10　露地地膜栽培土壤复技术大田效果　　图 3-11　露地地膜栽培土壤复技术收获期效果

（四）秋季露地马铃薯土壤修复施肥技术

1. 施基肥

（1）多功能性肥料：结合整地开沟，每亩地施用施可丰稳定性长效缓释复合肥（16-8-18）50 kg。

（2）土壤调理剂：结合整地开沟，每亩施用施可丰碱性元素肥料（pH=10.0~12.0，含 CaO≥20%）40~80 kg。

（3）微生物肥料：结合整地开沟，每亩施用农用微生物菌剂（有机质≥70%，有效活菌数≥5 亿 /g）80~100 kg。

（4）植物源生物刺激素：栽植后，结合浇水冲施植物源生物刺激素（如木醋液氨基酸水溶肥）5 L / 亩。

2. 追肥

（1）马铃薯团棵期：结合浇水，冲施腐植酸或氨基酸或海藻酸大量元素水溶性肥料（高氮型）（28-10-12）5.0~7.5 kg / 亩。

（2）薯块膨大期：结合浇水，冲施高钾型大量元素水溶性肥料如施可丰（15-7-38）5.0~7.5 kg / 亩，连续冲施 2 次。

（3）叶面肥：薯块膨大期后，结合病害防治喷施磷酸二氢钾 500 倍液，连续喷施 2~3 次。

（五）内蒙古旱作马铃薯微垄覆膜沟播土壤修复施肥技术

1. 施基肥

（1）有机肥料：结合春耕，每亩施用农家肥 1 500~2 000 kg。

（2）大量元素肥料：结合整地开沟，每亩施用施可丰稳定性长效缓释复合肥（16-8-18）100 kg。

（3）微生物肥料：播种前将微生物肥料（有机质≥70%，有效活菌数≥5 亿 /g）80 kg/ 亩，在起垄覆膜前施到垄内。

（4）植物源生物刺激素：栽植后，结合浇水冲施植物源生物刺激素（如木醋液氨基酸）水溶肥 5 L / 亩

2. 追肥

现蕾后结合病虫害防治，喷施磷酸二氢钾 500 倍液。

（六）内蒙古阴山地区高垄膜下滴灌马铃薯土壤修复施肥技术

1. 施基肥

结合整地开沟，每亩施用施可丰稳定性长效缓释硫酸钾复合肥（12-20-16）15~20 kg、施可丰稳定性长效缓释硫酸钾复合肥（16-8-18）15~20 kg。

2. 追肥

滴灌施可丰高钾水溶性肥料（15–7–38）50 kg，如表 3–6 所示。

表 3–6　　　　　　　　　　　　　　灌溉施肥

灌溉次数	生育时期	灌溉水时间 （月/日）	灌溉水量 （m³）	施肥量 （占追肥总量%）
1	苗期	6/20	6	10
2	苗期至块茎形成期	7/1	6	10
3	块茎形成期	7/10	14	20
4	块茎形成期	7/17	15	20
5	块茎形成至膨大期	7/24	15	20
6	块茎膨大期	7/31	14	10
7	块茎膨大期	8/10	14	10
8	块茎膨大至淀粉积累期	8/20	6	0

（七）榆林沙漠地区马铃薯土壤修复施肥技术

施肥如表 3–7 所示。

表 3–7　　　　　　　　　　榆林地区马铃薯施肥量及施用方式

肥料类型	施用量 （kg/亩）	施用时期	施用方式	备注
多功能性肥料（12–19–16–1）	50.0	播种前	播种机播肥或撒施	N—P_2O_5—K_2O—Ca
微生物肥料（微生物菌剂）	50.0	播种前	撒施	10 亿/g
多功能性肥料（12–19–16–1）	30.0	出苗10%后	中耕机追肥	第一次中耕
大量元素肥料（20–0–24）	20.0	间隔10 d	中耕机追肥	第二次中耕
大量元素肥料（硫酸钾）	15.0	出苗期	中耕追施、喷灌	分4次
多功能性水溶肥（生物刺激素）	5.0		喷施	
大量元素肥料（尿素）	30.0		喷灌	视长势增减
大量元素肥料（硝酸钾）	6.0		喷灌	喷4次
大量元素肥料（硫酸铵）	8.0	齐苗后	喷灌	喷6次
大量元素肥料（硝酸铵钙）	4.0	块茎形成	喷灌	喷2次
微量元素肥料（硫酸锰）	1.0	现蕾前后	喷灌	喷3次
微量元素肥料（硫酸锌）	1.0		喷灌	

（续表）

肥料类型	施用量 （kg/亩）	施用时期	施用方式	备注
微量元素肥料（EDTA-Fe）	0.1	块茎膨大	喷灌	喷 4 次
微量元素肥料（硫酸镁）	5.0		喷灌	
微量元素肥料（硫酸铜）	0.02		用打药机喷施	喷 2 次
微量元素肥料（硼砂）	0.3		喷灌	喷 2 次
水溶性肥料（20-0-24）	10.0		喷灌	喷 4 次
水溶性肥料（尿素硝铵溶液）	2.0		喷灌、打药机	

三、山药

（一）山药的主要生育特性

1. 山药根系生长发育特性

山药为多年生草质藤本作物。山药萌芽后，在茎的下端伸长出十余条粗根，开始横向幅射生长至 20 cm 左右，又向下层土壤延伸，可达地下 50~60 cm 处。这十余条根通常称为嘴根（发生在山药嘴处），起吸收和支撑作用。

山药在发生根系的同时形成地下茎原基，随着幼芽抽生枝条，根系和地下块茎也向下生长。一般人们看到的根，实际上是山药茎的一种变态（即块茎）。根着生在块茎上，随着块茎不断伸长而从根痕上产生。块茎上产生的新根与块茎呈垂直状态，水平分布于土壤中。山药的根以曲线波浪形伸展，从浪峰到浪谷又产生侧根，侧根又以同样的方法产生更多的新根，并且根的分叉越来越细，根毛很多，吸收肥料能力强。一根山药块茎有 500~2 000 条根。

山药根系在土壤中以块茎为中心向周围扩展，上部扩展范围大，下部扩展范围小，呈倒圆锥形。山药根系不发达，而且多分布在浅层土壤里，着生块茎下端的根无吸收能力。山药的根系好气，要求土壤中含氧量高，尤其在温度较高的条件下呼吸作用更为强烈。

山药抗旱能力较强，但是比较怕涝。如土壤积水、通气不良，很容易使根系受滞而感病，导致烂根。

2. 山药对氮、磷、钾三要素的吸收量

山药对氮、磷、钾三要素总的需求量，因品种、气候和土壤条件等不同而有差异。据研究，每生产 1 000 kg 块茎，需要氮（N）4.32 kg、磷（P_2O_5）1.07 kg、钾（K_2O）5.38 kg，为 4：1：5。

山药对氯比较敏感，土壤中过量的氯离子会影响山药的生长，表现为藤蔓生长旺盛，块茎产量降低，品质下降，易碎易断，不耐贮藏和运输等。

3. 山药对氮、磷、钾三要素的吸收运转规律

山药对氮、磷、钾三要素的吸收动态，与山药藤蔓的生长动态相一致。发芽期，藤蔓生长量小，对氮、磷、钾和其他营养元素的吸收量也少；甩蔓发棵期，随着藤蔓生长速度的加快，生长量的增加，对矿物元素的吸收量也随之增加，特别是对氮的吸收量增加较多，这时候如果缺乏氮素，对山药的生长不利；进入块茎生长盛期，块茎的生长量也达到了高峰，块茎迅速生长和膨大，对氮、磷和钾等吸收也达到了高峰，特别是对磷、钾的需求达到了最大值。这时候如果缺乏磷、钾，对山药块茎的形成和营养物质的充实不利；块茎生长后期，藤蔓生长速度减慢，对氮的需求量减少，对磷、钾的需求量仍然保持较高的水平。

4. 山药的需水特性

在播种期，由于山药种块经过了晒种处理，所以要求土壤湿润。山药出苗所要求的土壤含水量也不宜太高，沙质土和壤土含水量18%左右为宜。若土壤太湿，则会烂种。山药出苗后，根系已经有一定的生长量，山药的根系吸收能力很强，对水分的要求略低于出苗期。山药膨大盛期对土壤含水量要求较高，但也不可太阴湿，沙质土和壤土含水量以18%~20%为宜。

（二）普通山药（铁棍山药、细毛山药等）土壤修复施肥技术

1. 生育期

4月上旬移栽，11月收获上市。

2. 施基肥

（1）有机肥：回填移栽沟后，结合土壤整理，每亩施用腐熟优质土杂肥2~3 m³。

（2）多功能性肥料：结合回填移栽沟土，每亩施用高氮高钾如施可丰稳定性长效缓释复合肥（16-8-18）75~100 kg。

（3）土壤调理剂：结合回填移栽沟土和土壤整理，每亩施用施可丰碱性元素肥料（pH=10.0~12.0，CaO含量≥20%）40~80 kg。

（4）微生物肥料：结合回填移栽沟土和土壤整理，每亩施用微生物菌剂（有机质≥45%，有效活菌数≥2亿/g）200~240 kg。

（5）植物源生物刺激素：栽植后，结合浇水冲施植物源生物刺激素（木醋液氨基酸水溶肥）5 L/亩。

3. 追肥

（1）苗期：山药出苗，结合浇水冲施生物刺激素，如木醋液氨基酸水溶性肥料5.0~7.5 kg/亩。

（2）山药块茎膨大期：山药现蕾期、膨大期，各追施施可丰高钾水溶肥（15-7-38）25~30 kg/亩。

（3）叶面肥：现蕾后结合病虫害防治，喷施磷酸二氢钾 500 倍液，连续喷施 3~4 次。

图 3-12~ 图 3-14 为山药土壤修复技术效果。

图 3-12 山药土壤修复长势对比效果（右为对照）

图 3-13 山药土壤修复技术收获期效果

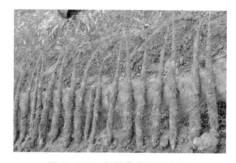

图 3-14 山药常规施肥效果

（三）大薯（日本白山药等）土壤修复施肥技术

1. 生育期

3 月下旬至 4 月上旬移栽，10 月至 12 月收获上市。

2. 施基肥

（1）有机肥：结合回填移栽沟土和土壤整理，每亩施用腐熟优质土杂肥 2~3 m³。

（2）多功能性肥料：结合回填移栽沟土和土壤整理，每亩施用施可丰稳定性长效缓释复合肥（16-8-18）100 kg。

（3）土壤调理剂：结合移栽沟的土壤整理，每亩施用施可丰碱性元素肥料（pH=10.0~12.0，含 CaO≥20%）40~80 kg。

（4）多功能微生物肥料：移栽前结合整地，每亩施用农用微生物菌剂（有机质≥45%，有效活菌数≥2 亿 /g）200~300 kg。

（5）植物源生物刺激素：栽植后，结合浇水冲施生物刺激素，如木醋液氨基酸水溶性肥料 5.0~7.5 kg/亩。

3. 追肥

（1）山药现蕾期至膨大期：每隔 15 d，每亩追施施可丰高氮高钾肥料（18-6-21）20~25 kg，连续追施 4~5 次。

（2）叶面肥：现蕾后结合病虫害防治，喷施磷酸二氢钾 500 倍液，连续喷施 3~4 次。

第四节　块根类蔬菜

一、萝卜

（一）萝卜的主要生育特性

1. 萝卜的根系发育特性

萝卜的根系属直根系。据调查，一般小型萝卜的主根深 60~150 cm，大型萝卜的主根可深达 180 cm；主要根群分布在 20~45 cm 深土层中，有较强的吸收能力，尤其是对磷的吸收能力比一般作物强得多。

萝卜为"肉质根"，是由缺乏增长而横向扩展的短缩茎、发达的子叶下轴（下胚轴）和主根上部三部分共同膨大形成的，是一种复合器官。在蔬菜栽培学上，一般将萝卜的肉质根分为根头、根茎和真根三部分。根头即短缩茎，其上着生芽和叶，在子叶下轴和主根上部膨大时也随着增大（个别带细颈的品种，根头部分未明显膨大），并保留着叶子脱落的痕迹；根茎即子叶下轴发育的部分，表面光滑，没有侧根；真根由胚根发育而来，其上着生两列侧根，上部膨大，参与萝卜产品器官的组成。

2. 萝卜对氮、磷、钾的需要量

萝卜是喜肥速生性蔬菜，以肉质根为食用器官。据研究，每生产 1 000 kg 萝卜，要吸收氮（N）2.1~3.1 kg、磷（P_2O_5）0.8~1.9 kg、钾（K_2O）3.8~5.6 kg，吸收比例为 2：1：3.5。另外，萝卜对硼、钙比较敏感，硼有利于肉质根膨大，防止龟裂；钙有利于改善品质，防止糠心。

3. 萝卜对氮、磷、钾的吸收运转特性

萝卜全生育期分为苗期、莲座期和肉质根膨大期 3 个阶段。苗期对养分的吸收量较小；莲座期对养分的需求逐渐增多；肉质根膨大期对氮、磷、钾的吸收进入高峰期，此期对氮的吸收量约占总需求量的 75%，对磷的吸收量约占总需求量的 90%，对钾的吸收量约占总需求量的 85%。因此，在肉质根膨大期保证供应充足的养分，对提高产量和质量尤为重要。

在生长前期施用氮肥很重要，当氮素供应量前期高、后期低时，生长正常、良好；反之，则产量下降，出现腐烂。缺氮时幼苗细弱，肉质根生长不良；但氮过多易徒长，影响肉质根膨大。萝卜对磷的吸收利用能力较强，只有当土壤中有效磷含量低于10 mg/kg时才表现出明显的缺磷症状，表现为幼苗生长细弱，肉质根短小。萝卜对钾的吸收量大，在肉质根生长盛期对钾的吸收多而快。充足的钾供应不但可增加产量，而且能提高品质（表3-8）。

表3-8 济南青圆脆萝卜氮、磷、钾吸收量

生育期	日数（d）	干物质增长量（g）	N		P₂O₅		K₂O	
			g/株	%	g/株	%	g/株	%
发芽期	10	0.03	0.02	0.06	0.001	0.02	0.001	0.02
幼苗期	13	2.01	0.10	3.63	0.020	0.98	0.10	1.32
莲座期	20	18.82	0.63	22.0	0.12	5.52	1.06	14.50
肉质根生长盛期	42	116.38	2.14	74.34	2.05	93.48	6.16	84.20
合计	85	137.42	2.88	100	2.20	100	7.32	100

4. 萝卜的需水特性

土壤水分含量是影响萝卜产量和品质的重要因素之一。在肉质根形成期，若土壤干旱、气候炎热，会使肉质根膨大受阻，皮粗糙，辣味增强，糖和维生素含量降低，易糠心，品质下降。若土壤含水量偏高，则土壤通气不良，肉质根皮孔加大，影响商品品质。肉质根生长盛期，土壤含水量稳定在20%左右较为适宜。若土壤干湿骤变，则易造成肉质根裂口。

（二）栽培模式

1. 露地秋萝卜（青）栽培模式

8月中下旬播种，"立冬"前后收获上市。

2. 日光温室秋延迟白萝卜栽培模式

9月播种，12月收获上市。

3. 早春大小拱棚水萝卜栽培模式

"立春"后（1月上旬至中旬）播种，3月中下旬收获上市。

（三）露地秋萝卜（青）土壤修复施肥技术

方法一：

1. 施基肥

（1）大量元素肥料：结合整地，每亩施用施可丰复合肥（18-6-21）40~50 kg。

（2）土壤调理剂：结合整地，每亩施用施可丰碱性元素肥料（pH=10.0~12.0，含 CaO≥20%）40~80 kg。

（3）微生物肥料：结合整地，每亩施用农用微生物菌剂（有机质≥70%，有效活菌数≥2亿/g）120~160 kg。

2. 追肥

（1）水溶性肥料：萝卜莲座期，每亩冲施植物源生长刺激素（木醋液氨基酸水溶肥）5 L、尿素硝铵溶液 5 L。

（2）水溶性肥料：块根膨大期，每亩冲施施可丰高氮高钾水溶性肥料（15-7-38）5.0~7.5 kg，连续冲施 2~3 次。

（3）叶面肥：块根膨大期，结合病虫害防治喷施磷酸二氢钾 500 倍液。

方法二：

1. 施基肥

（1）有机肥：结合整地，每亩施用优质土杂肥 3~5 m³。

（2）大量元素肥料：见方法一。

（3）土壤调理剂：结合整地，每亩施用施可丰碱性元素肥料（pH=10.0~12.0，含 CaO≥20%）80~120 kg。

（4）微生物肥料：结合整地，每亩施用农用微生物菌剂（有机质≥50%，有效活菌数≥2亿/g）120~160 kg。

2. 追肥

见方法一。

（四）日光温室秋延迟萝卜（白）土壤修复施肥技术

土壤处理技术见日光温室越冬黄瓜土壤处理技术（P218）。

方法一：

1. 施基肥

（1）大量元素肥料：结合整地，每亩施用施可丰复合肥（18-6-21）50 kg。

（2）土壤调理剂：结合整地，每亩施用施可丰碱性元素肥料（pH=10.0~12.0，含 CaO≥20%）40~80 kg。

（3）微生物肥料：结合整地，每亩施用农用微生物菌剂（有机质≥70%，有效活菌数≥2亿/g）240~320 kg

2. 追肥

（1）水溶性肥料：萝卜莲座期每亩冲施植物源生物刺激素（木醋液氨基酸水溶肥）5 L、尿素硝铵溶液 5 L；块根膨大期结合浇水每亩冲施施可丰高钾水溶性肥料（15-7-38）5.0~7.5 kg。

（2）结合病害防治，块根膨大期喷施磷酸二氢钾 500 倍液。

方法二：

1. 施基肥

（1）有机肥：结合整地，每亩施用优质土杂肥 3~5 m³。

（2）大量元素肥料：结合整地，每亩施用施可丰高氮高钾肥料（18-6-21）50 kg。

（3）土壤调理剂：结合整地，每亩施用施可丰碱性元素肥料（pH=10.0~12.0，含 CaO≥20%）80~100 kg。

（4）微生物肥料：结合整地，每亩施用农用微生物菌剂（有机质≥70%，有效活菌数≥2 亿/g）200~300 kg。

2. 追肥

同方法一。

图 3-15、图 3-16 为大棚白萝卜土壤修复技术效果。

图 3-15　大棚白萝卜土壤修复生长期效果　　图 3-16　大棚白萝卜土壤修复效果

（五）早春大、小拱棚水萝卜土壤修复施肥技术

1. 施基肥

（1）有机肥：结合整地，每亩施用优质土杂肥 2~3 m³。

（2）大量元素肥料：结合整地，每亩施用施可丰高氮高钾肥料（18-6-21）50 kg。

（3）土壤调理剂：结合整地，每亩施用施可丰碱性元素肥料（pH=10.0~12.0，含 CaO≥20%）80~100 kg。

（4）微生物肥料：结合整地，每亩施用微生物菌剂（有机质≥70%，有效活菌数≥2 亿/g）120~160 kg。

2. 追肥

（1）水溶性肥料：水萝卜莲座期，结合浇水每亩冲施植物源生物刺激素（木醋液氨基酸水溶肥）5 L；水萝卜块根膨大期，结合浇水冲施施可丰高钾水溶性肥料（15-7-38）5.0~7.5 kg。

（2）结合病害防治，块根膨大期喷施磷酸二氢钾 500 倍液。

图 3-17~ 图 3-19 为早春拱棚水萝卜土壤修复技术效果。

图 3-17　早春拱棚水萝卜土壤修复生长期效果　　　图 3-18　早春拱棚水萝卜土壤修复收获期效果

图 3-19　早春水萝卜常规施肥效果

二、胡萝卜

（一）胡萝卜的主要生育特性

1. 胡萝卜的根系发育特性

胡萝卜的根由肥大的肉质根、侧根和根毛三部分组成，根系发达。根系主要分布在 20~90 cm 深土层内。幼苗的子叶出土后幼根即深达 10 cm，并长出具有稠密根毛的细小侧根。播种后 40~50 d 主根可达 60~70 cm 深，90 d 后根系可深达 180 cm，收获时根系可深达 2 m 左右。因此，胡萝卜根能够从土壤深层吸收水分和养分。合理深耕是保证胡萝卜肉质根充分肥大的重要措施之一。

2. 胡萝卜对矿物营养元素的需求量

据测定，每生产 1 000 kg 胡萝卜，需要吸收氮（N）2.4~4.3 kg、磷（P_2O_5）0.7~1.7 kg、钾（K_2O）5.7~11.7 kg、钙（CaO）3.0 kg、镁（MgO）0.83 kg，N∶P∶K 为 1.0∶0.4∶2.6。

3. 胡萝卜对氮、磷、钾的吸收运转特点

胡萝卜在不同的生长时期养分的吸收动态大体是：在生长初期对营养元素的吸收

量都是极小的，经过 2 个月后，吸收量才开始急速增加，尤其是钾，从这个时期起一直到收获止，吸收量几乎呈直线上升；对氮的吸收量比钾低；虽然对磷的吸收比较少，但从发芽 2 个月后直到收获止，吸收量一直呈直线上升。

4. 胡萝卜对水分的需求特点

胡萝卜种皮坚硬，发芽缓慢，发芽率低，且发芽期对水分要求严格。播种时必须保证适宜的土壤墒情，才能保证苗齐苗壮；幼苗期对水分要求不太严格；地上部旺盛生长期（5~6 片真叶至 12 片真叶）要适当控制水分，进行中耕蹲苗，防止因叶部徒长而影响肉质根生长；胡萝卜生长最快的时期，也就是胡萝卜进入肉质根膨大期（手指头粗时），也是对水分、养分需求最多的时期，必须充分补充水分，保持土壤见干见湿。

（二）土壤修复施肥技术

方法一：

土壤处理技术见日光温室越冬黄瓜土壤处理技术（P218）。

1. 施基肥

（1）大量元素肥料：结合整地，每亩施用施可丰复合肥（18-6-21）50~75 kg。

（2）微量元素肥料：结合整地，每亩施用硫酸锌 1 000 g、硼砂 500~600 g。

（3）微生物肥料：结合整地，每亩施用农用微生物菌剂（有机质≥50%，有效活菌数≥2 亿 /g）50~100 kg。

（4）播种后结合浇水冲施植物源生物刺激素（木醋液氨基酸水溶肥）5~10 kg

2. 追肥

（1）定苗后：每亩追施高氮复合肥（30-0-8）25~30 kg。

（2）肉质根膨大期：每亩追施施可丰高钾水溶肥（15-7-38）25~50 kg。

（3）叶面肥：肉质根膨大期之前结合病虫害防治喷施生物刺激素，如木醋液或氨基酸水溶性肥料 100~150 倍液，肉质根膨大后结合病虫害防治喷施磷酸二氢钾 500 倍液。

方法二：

1. 施基肥

（1）有机肥：结合整地，每亩施用优质土杂肥 3~4 m³。

（2）大量元素肥料：结合整地，每亩施用施可丰高氮高钾复合肥（18-6-21）50~75 kg。

（3）土壤调理剂：结合整地，每亩施用施可丰碱性元素肥料（pH=10.0~12.0，含 CaO≥20%）40~80 kg。

（4）微生物肥料：结合整地，每亩施用微生物菌剂（有机质≥50%，有效活菌数≥2 亿 /g）50~100 kg。

（5）播种后：结合浇水冲施植物源生物刺激素（木醋液氨基酸水溶肥）5~10 kg

2. 追肥

同方法一。

第五节 芦 笋

一、芦笋的主要生物学特性

（一）芦笋的根系发育特性

芦笋的根系属于须根系，具有根长、根粗和根多的特点。根据根系的形态和功能可分为初生根、贮藏根和吸收根 3 种类型。

1. 初生根

初生根是由种子发芽时的胚根生长而成的细根，又称种子根，由主根、侧根和各级分枝侧根组成。主根长度一般 13~15 cm，最长不超过 40 cm，色泽较白，寿命较短。在幼苗前期主要靠初生根吸收养分和水分供应幼苗生长发育。

2. 贮藏根

芦笋地下茎节上发生数量众多呈丛生状的肉质根，称为贮藏根。贮藏根最初为白色，逐渐变为黄白色或黄褐色，逐渐伸长，一般为 120~300 cm，粗度不变。因此，贮藏根的粗度一般比较均匀，一般直径为 4~6 mm。在寒带与温带地区贮藏根在冬季基本停止生长，在春季适宜条件下继续生长，在每年春季伸长交接处可看到明显的痕迹，可辨别芦笋的生长年龄。在无霜冻条件的南方，贮藏根可以全年生长，此特征不显著或无此痕迹。贮藏根的寿命受肥水条件、土壤条件、温度、病虫害发生情况和管理水平等因素影响，一般寿命为 6 年。贮藏根在幼苗定植后 3 个月长度可达到 100 cm。如果贮藏根被切断，因为没有再生能力就不再继续伸长了，但可在切口处形成纤细根。

3. 吸收根

吸收根又称纤维根、须根或毛细根，是生长在贮藏根皮层上的绒毛状白色或黄白色的纤细根。吸收根产生分枝形成侧生小纤细根和许多根毛。吸收根的寿命比较短，一般情况下冬季休眠期间枯死，翌年春季温度回升后再发生。吸收根的主要功能是吸收土壤中的养分和水分，向贮藏根内运输，供植株生长发育。

芦笋根系除了具有以上作用和固定植株外，还有特殊的合成生长素功能，可以合成细胞分裂素、赤霉素、植物碱和多种氨基酸等。芦笋根系的生长发育状况，直接影响着磷芽分化、嫩茎抽生数量、嫩茎生长速度、嫩茎发育健壮程度、地上茎粗细与高矮、分枝多少与高矮、地上茎寿命与光合强度等。因此，为根系创造一个适宜的环境，培育庞大的健壮根系，减少根系的损伤和病虫害的危害，是芦笋高产优质的关键。

（二）芦笋对氮、磷、钾、钙的需求量

芦笋耐贫瘠，据研究，年采收 6 000~7 000 kg/hm^2 的芦笋田全年需要氮（N）104.25 kg、磷（P$_2$O$_5$）27.6 kg、钾（K$_2$O）93.09 kg、钙（CaO）79.11 kg，吸收比例为 3.8：1.0：3.4。

（三）芦笋对氮、磷、钾、钙等矿物营养元素的吸收运转规律

1. 氮

氮元素在芦笋体内的含量，大约占笋株干重的 1.5%。氮素不足时，严重抑制钙、磷和锌的吸收，中度抑制钾、锰、镁和铜的吸收；氮素供应过量时，抑制钾、硼、锌、铜和磷的吸收。

2. 钾

钾元素在芦笋体内的含量，大约占笋株干重的 1.5%。钾元素供应不足时，严重抑制磷元素的吸收，对铁元素的吸收具有促进作用；钾素过量时严重抑制氮、钙、镁、锌、铁等元素的吸收，特别容易引起土壤和植株体内钙和镁的缺乏。

3. 磷

磷元素在芦笋体内的含量，大约占笋株干重的 0.5%。在磷元素供应不足时中度抑制氮、钾、锌、铜等元素吸收；当磷元素过量时抑制铁、钙、锌等元素吸收。

（四）芦笋需水特性

芦笋自身对水分的调节能力较强，是一种较耐干旱的作物。芦笋的拟叶呈针状，芦笋表面有较厚的蜡质层，贮藏根具有较强的蓄水功能。但因为芦笋嫩茎的含水量比较高，采收嫩茎的次数较多，芦笋的生长时间又比较长，所以芦笋需水量也比较大。芦笋为肉质根，活动能力较强，抗涝能力比较差。

（五）栽培模式

包括露地培垄白笋栽培模式、露地青笋栽培模式和大拱棚青笋栽培模式。

二、露地培垄白笋

（一）早春催笋肥

1. 大量元素肥料

结合培垄，每亩施用施可丰高氮高钾复合肥（16-8-16）30~40 kg。

2.生物刺激素

结合浇水，每亩施用植物源生物刺激素（如木醋液氨基酸）水溶性肥料 5 L。

3.水溶性肥料

结合浇水，每亩施用尿素硝铵溶液 5 L。

（二）采收后追肥

1.大量元素肥料

嫩茎采收后结合放垄时，在畦沟中央每亩追施施可丰稳定性长效缓释肥（16-8-18）50~75 kg。

2.土壤调理剂

嫩茎采收后结合放垄时，每亩施用施可丰碱性元素肥料（pH=10.0~12.0，含 CaO≥20%）40~80 kg。

3.微生物菌剂

嫩茎采收后结合放垄时，每亩施用农用微生物菌剂（有机质≥70%，有效活菌数≥5 亿 /g）200~300 kg。

（三）秋肥

8 月中下旬、9 月下旬每亩各追施施可丰低氯复合肥（17-17-8）25~30 kg。

三、露地、大拱棚青笋

（一）早春催笋肥（采笋前）

1.大量元素肥料

每亩施用施可丰稳定性长效缓释肥（16-8-18）25~30 kg。

2.生物刺激素

结合浇水，每亩施用生物刺激素如木醋液氨基酸水溶性肥料 5 L。

3.水溶肥

结合浇水，每亩施用尿素硝铵溶液 5 L。

（二）采笋后

每隔 20 d 每亩追施施可丰稳定性长效缓释肥（16-8-18）10~15 kg。

（三）采笋结束后

1.大量元素肥料

每亩追施施可丰稳定性长效缓释肥（16-8-18）50 kg。

2.土壤调理剂

每亩追施施可丰碱性元素肥料（pH=10.0~12.0，含 CaO≥20%）40~50 kg。

3. 微生物菌剂

每亩追施农用微生物菌剂（有机质 ≥ 45%，有效活菌数 ≥ 2 亿 /g）240~300 kg。

（四）秋肥

9 月下旬每亩追施施可丰低氯复合肥（17-17-8）30~50 kg。

第六节　瓜类作物

一、黄瓜

（一）黄瓜的主要生育特性

1. 黄瓜根系发育特性

黄瓜的根系弱，对肥料的反应特别敏感；根系浅，木栓化较早，脆性大，再生能力差，对土壤养分的吸收能力弱，不能忍受较高浓度的土壤溶液环境，否则，容易烧根烧苗。只有在土壤水分含量适当时，才能顺利地吸收土壤养分。

黄瓜结瓜可持续 150~180 d，因而对养分的吸收期也长。

2. 黄瓜对氮、磷、钾、钙、镁的需求量

据测算，每生产 1 000 kg 黄瓜，需吸收氮（N）2.8 kg、磷（P_2O_5）0.9 kg、钾（K_2O）3.9 kg、钙（CaO）3.1 kg、镁（MgO）0.7 kg。氮、磷、钾吸收比例为 1.0 ∶ 0.3 ∶ 1.4。

3. 黄瓜对氮、磷、钾营养元素的吸收与分配动态

黄瓜不同时期对氮、磷、钾等养分的吸收不同，如果按不同生长期来区分，养分的吸收量在开花前占总吸收量的 10%，结果期是主要的吸肥时期，吸收量则占总吸收量的 70%~80%，尤以吸钾量最高，因此，结果期及时追肥极为重要。

4. 黄瓜的需水特性

黄瓜喜湿、怕旱、不耐涝。适宜的土壤湿度为田间最大持水量的 60%~90%，苗期为 60%~70%，结果期为 80%~90%。空气相对湿度 80%~90%。

（二）栽培模式

1. 日光温室秋冬茬越冬黄瓜栽培模式

9 月上旬定植，10 月上旬开始采收，10 月下旬至翌年 2 月下旬为商品瓜盛瓜期，翌年 6~7 月结束采瓜。

2. 日光温室早春茬黄瓜栽培模式

1 月上旬定植，2 月下旬开始采收，3 月下旬至 7 月上旬为商品瓜盛瓜期，6~7

月结束采瓜。

3. 大拱棚秋延迟黄瓜栽培模式

8 月定植，12 月结束采瓜。

4. 露地黄瓜栽培模式

（1）早春露地栽培模式：5 月上旬移栽，6 月中下旬采收，8 月结束采瓜。

（2）秋延迟露地栽培模式：7 月下旬至 8 月上旬定植，9 月上旬供应市场，11 月结束采瓜。

（三）日光温室秋冬茬黄瓜土壤修复技术

方法一：

1. 土壤处理技术（氰氨化钙 + 秸秆 + 太阳能高温闷棚消毒技术）

（1）7~8 月选择连续晴天天气，清理大棚内的黄瓜残叶茎蔓。

（2）每亩撒施碎秸秆（小麦、水稻、玉米等，长度 <10 cm）800~1 000 kg 或羊粪、兔子粪 5~10 m³。

（3）每亩撒施氰氨化钙 30~40 kg。

（4）旋耕 20~30 cm。

（5）做宽度 50~100 cm、高度 30~40 cm 的畦。

（6）覆盖地膜。

（7）在膜下浇水，浇水量每亩 30~50 m³。

（8）密闭大棚，闷棚 20~30 d。

2. 施基肥

（1）大量元素肥料：黄瓜移栽前，结合整地每亩大棚施用施可丰高浓度包膜缓释复合肥（18-6-25）20~30 kg。

（2）土壤调理剂：黄瓜移栽前，结合整地、做畦，每亩大棚施用施可丰碱性元素肥料（pH=10.0~12.0，含 CaO≥20%）40~80 kg。

（3）微生物肥料：黄瓜移栽前，结合整地、做畦，每亩大棚施用农用微生物菌剂（有机质≥45%，有效活菌数≥2 亿 /g）320~400 kg。

（4）生物刺激素：移栽后，结合浇缓苗水，每亩冲施生物刺激素，如木醋液氨基酸水溶性肥料 5~10 L，浇水量为 10~15 m³。

3. 追肥（水肥一体化精准滴灌技术）

（1）根瓜采收后，每亩冲施施可丰水溶性肥料（20-20-20）5.0~7.5 kg；盛瓜期冲施施可丰高钾水溶肥（15-7-38），每次冲施 5.0~7.5 kg。

在黄瓜生长周期中，农历"数九"低温天气每亩冲施生物刺激素木醋液氨基酸水溶性肥料 5 L、尿素硝铵溶液 5 L。

（2）叶面肥：结合病虫害防治，喷施磷酸二氢钾 500 倍液。

方法二：

1. 施基肥

（1）有机肥料：结合整地，每亩施用腐熟的羊粪、兔子粪等优质有机肥料 8~10 m³。

（2）大量元素肥料：移栽前结合整地，每亩施用施可丰高氮高钾复合肥（16-8-16）50 kg。

（3）土壤调理剂：不能采取"氰氨化钙＋秸秆＋太阳能高温闷棚"技术的大棚，移栽前结合整地，每亩施用施可丰碱性元素肥料（pH=10.0~12.0，含 CaO≥20%）100~150 kg。

（4）微生物肥料：移栽前结合整地，每亩施用农用微生物菌剂（有机质≥45%，有效活菌数≥2.0 亿 /g）200~300 kg。

（5）水溶性肥料：结合浇移栽水，每亩冲施生物刺激素木醋液氨基酸水溶性肥料 5~10 L。

2. 追肥

同方法一。

日光温室冬春茬栽培土壤修复技术同日光温室越冬茬栽培黄瓜土壤修复技术方法二。大拱棚秋延迟黄瓜栽培技术同日光温室越冬茬栽培黄瓜土壤修复技术。

图 3-20 为日光温室黄瓜土壤修复技术苗期效果，图 3-21 为结瓜期效果。

图 3-20　日光温室黄瓜土壤修复技术苗期效果

图 3-21　日光温室黄瓜土壤修复技术结瓜期效果

（四）露地黄瓜（早春或秋延迟）土壤修复技术

1. 施基肥

（1）有机肥料：结合整地，每亩施用腐熟的羊粪、兔子粪等优质有机肥料 5~8 m³。

（2）大量元素肥料：移栽前结合整地，每亩施用施可丰复合肥（16-8-16）50 kg。

（3）土壤调理剂：不能采取"氰氨化钙＋秸秆＋太阳能高温闷棚"技术的大棚，移栽前结合整地，每亩施用施可丰碱性元素肥料（pH=10.0~12.0，含 CaO≥20%）100~150 kg。

（4）微生物肥料：移栽前结合整地，每亩施用农用微生物菌剂（有机质≥45%，有效活菌数≥2.0 亿/g）200~300 kg。

（5）水溶性肥料：结合浇移栽水，每亩冲施生物刺激素木醋液氨基酸水溶性肥料 5~10 L。

2. 追肥（水肥一体化精准滴灌技术）

（1）根瓜采收后，每亩冲施施可丰水溶性肥料（20-20-20）5.0~7.5 kg。

（2）盛瓜期冲施施可丰水溶性肥料（15-7-38），每次冲施 5.0~7.5 kg；木醋液氨基酸水溶性肥料 2.5 L，连续冲施 2~3 次。

（2）叶面肥：结合病虫害防治，喷施木醋液氨基酸水溶性肥 200 倍液，磷酸二氢钾 500 倍液。

二、西瓜

（一）西瓜的主要生育特性

1. 西瓜根系发育特性

西瓜根系强大，分布深广，主根深达 1 m 以上，侧根平展达 4~6 m。主要根群分布范围取决于土壤条件，特别是土壤水分状况。旱田西瓜的主要根群多分布在 50~60 cm、水平半径 1.5 m 的范围内；水浇田西瓜的主要根群则分布在 30~40 cm、横向半径为 1 m 范围内。西瓜根系不耐湿涝，再生能力弱，因此，一般用直播或用容器育苗。

2. 西瓜对矿物营养元素的吸收量

西瓜需从土壤中吸收氮、磷、钾、镁、钙、硫、铁、硼、锰、铜、锌、钼、钴等营养元素。据测算，每生产 100 kg 鲜西瓜需氮（N）0.184 kg、磷（P_2O_5）0.039 kg、钾（K_2O）0.198 g，以钾最多，氮次之，磷最少。氮、磷、钾三者的比例为 4.7：1.0：5.0。

中量元素钙、镁、硫和微量元素锌、硼、锰等在西瓜体内虽然含量少，但起着重要作用，缺乏时也会引起作物代谢混乱，生长发育受影响。

3. 西瓜对氮、磷、钾营养元素的吸收运转特性

西瓜不同生育期对氮、磷、钾三要素的吸收量不同。发芽期吸收量占总吸收量

的 0.01%，这一时期主要靠子叶中的养分维持营养需要；幼苗期吸肥量较少，占总吸肥量的 0.54%；甩蔓期吸肥量占总吸肥量的 14.6%；结瓜期需肥较多，占一生总吸肥量的 85%，其中 77.5% 是在结瓜中期吸收的。开花坐瓜前以吸收氮肥为主，对氮、磷、钾的吸收比例大体是 3.6 ∶ 1.0 ∶ 1.7；坐瓜后对钾的吸收量剧增，瓜退毛阶段氮、钾量相等，西瓜膨大阶段达到吸收高峰，该时期对氮、磷、钾的吸收比例大体是 3.48 ∶ 1.0 ∶ 4.60。

4.西瓜的需水特性

西瓜幼苗期需水量较少，一般采取控水蹲苗的措施，以促进根系下扎。伸蔓期对西瓜水分管理应掌握促控结合的原则，保持土壤见干见湿。西瓜进入开花结瓜期后，对水分较敏感，如果此期水分供应不足，则雌花子房较小，发育不良；如果供水过多，又易造成茎蔓旺长，同样对坐瓜不利。此期应以保持土壤湿润为宜。西瓜膨瓜期是需水较多的时期，应加大浇水量，以保持土壤较湿润为宜。

（二）栽培模式

1.露地西瓜 / 甘薯或花生或芋头等栽培模式

"谷雨"前后定植，7月上旬上市。

2.早春大拱棚西瓜 / 秋延迟辣椒或大葱栽培模式

"立春"后定植，5月上旬收获上市。

3.日光温室西瓜 / 芹菜栽培模式

1月上旬栽植，4月上旬收获上市。

（三）露地、早春大拱棚西瓜栽培土壤修复施肥技术

方法一：

1.施基肥

（1）有机肥：移栽前结合整地，每亩施用充分腐熟的土杂肥 2~3 m³。

（2）大量元素肥料：移栽前结合整地，每亩施用施可丰复合肥（16-8-16）50 kg。

（3）微量元素肥料：移栽前结合整地，每亩施用大颗粒锌肥 400 g、大颗粒硼肥 200 g。

（4）微生物肥料：移栽前结合整地，每亩施用农用微生物菌剂（有机质≥ 45%，有效活菌数≥ 5 亿 /g）80~120 kg。

2.追肥（水肥一体化技术）

（1）水溶性肥料：第一个瓜开始膨大后，结合水肥一体化每亩冲施植物源生物刺激素（木醋液氨基酸）水溶肥 5 L；施可丰水溶性肥料（15-7-38）5.0~7.5 kg，连续冲施 1~2 次。

（2）叶面肥：结合病虫害防治，喷施植物源生物刺激素木醋液氨基酸水溶性肥

料 150~200 倍液，磷酸二氢钾 500 倍液。

方法二：

1. 施基肥

（1）有机肥：结合整地，每亩施用优质腐熟土杂肥 2~3 m³。

（2）大量元素肥料：移栽前结合整地，每亩施用施可丰复合肥（16-8-16）50 kg。

（3）土壤调理剂：移栽前结合整地，每亩施用施可丰碱性元素肥料（pH=10.0~12.0，含 CaO≥20%）40~80 kg。

（4）微生物肥料：移栽前结合整地，每亩施用微生物菌剂（有机质≥45%，有效活菌数≥5 亿 /g）80~120 kg。

2. 追肥（水肥一体化技术）

（1）水溶性肥料：西瓜开始膨大后，结合水肥一体化每亩冲施植物源生物刺激素木醋液氨基酸水溶性肥料 5 L；施可丰水溶性肥料（15-7-38）5.0~7.5 kg，连续冲施 1~2 次。

（2）叶面肥：结合病虫害防治，喷施植物源生物刺激素木醋液氨基酸水溶性肥料 150~200 倍液，磷酸二氢钾 500 倍液。

三、甜瓜

（一）甜瓜的主要生物学特性

1. 甜瓜根系发育特性

甜瓜的根系由主根、各级侧根和根毛组成。甜瓜根系较发达，仅次于南瓜和西瓜。甜瓜的主根可深入土中 1 m，侧根长 2~3 m，主侧根的总长度约为 32 m，绝大部分侧根的根毛集中分布在土壤表层 30 cm 以内。甜瓜 2 片子叶展开时，主根长达 15 cm 以上，当幼苗 4 片真叶时，主根深度和侧根横展幅度超过 24 cm，如此时移栽伤及根系，会因再生力弱，导致幼苗期过长，甚至影响成活。甜瓜的根能耐盐的极限土壤总盐量为 1.52%。甜瓜成株的根系较幼苗耐碱力强。

2. 甜瓜对氮、磷、钾、钙、镁的需肥量

据测算，每生产 1 000 kg 商品甜瓜约需吸收氮（N）3.5 kg、磷（P_2O_5）1.7 kg、钾（K_2O）6.8 kg、钙（CaO）4.95 kg、镁（MgO）1.05 kg，氮、磷、钾、钙、镁的吸收比例为 1.0 ： 0.49 ： 1.94 ： 1.39 ： 0.3。

3. 甜瓜对氮、磷、钾、钙、镁吸收运转规律

甜瓜一生中对营养元素最旺盛吸收期是从开花期开始。甜瓜在苗期生长量很小，吸收肥料也少，开花后对各种营养元素的吸收量逐渐增加，对氮、钾吸收量增加很快，在坐瓜后 16~17 d 即出现吸收高峰，坐瓜后 26~27 d 急剧下降；对磷、钙的吸收高峰

出现在坐瓜后 26~27 d，并延续至果实成熟。

甜瓜是喜钙对氯敏感作物，就氮素肥料而言，更喜欢硝态氮，因为铵态氮对钙有拮抗作用，会降低钙的吸收，若铵态氮过多，会影响光合作用。果实成熟期若植株吸收氮素过多，会降低含糖量及维生素 C 含量，成熟期延迟。

4. 甜瓜对水分的要求

甜瓜生长快，生长量大，茎叶繁茂，蒸腾作用强，一生中需消耗大量水分。据测定，一棵 3 片真叶的甜瓜幼苗，每天耗水 170 g；开花坐果期每株甜瓜每昼夜耗水达 250 g，故应保持土壤有充足的水分。甜瓜的不同生育期对土壤水分的要求不同，幼苗期应维持土壤最大持水量 65%，伸蔓期为 70%，果实膨大期为 80%，结果后期为 55%~60%。幼苗期和伸蔓期土壤水分适宜，有利于根系和茎叶生长。在雌花开放前后，土壤水分不足或空气干燥，均可使子房发育不良。水分过大时，会导致植株徒长，易化瓜。果实膨大期是甜瓜对水分的需求敏感期，果实膨大前期水分不足，会影响果实膨大，导致产量降低，且易出现畸形瓜；后期水分过多，则会使果实含糖量降低，品质下降，易出现裂果等现象。

（二）栽培模式

1. 日光温室甜瓜 /（芹菜或大白萝卜）栽培模式

1 月上旬定植，4 月上旬采收上市。

2. 大拱棚早春甜瓜 /（秋延迟辣椒或大葱）栽培模式

"立春"定植，5 月上旬采瓜上市。

（三）日光温室和早春大拱棚甜瓜土壤修复施肥技术

方法一：

1. 施基肥

（1）大量元素肥料：移栽前结合整地，每亩施用施可丰复合肥（16-8-16）50 kg。

（2）微量元素肥料：移栽前结合整地，每亩施用大颗粒锌肥 400 g、大颗粒硼肥 200 g。

（3）微生物肥料：移栽前结合整地，每亩施用农用微生物菌剂（有机质 ≥ 45%，有效活菌数 ≥ 5 亿 /g）80~120 kg。

（4）植物源生物刺激素：结合浇缓苗水，每亩冲施生物刺激素木醋液氨基酸水溶性肥料 5~10 L。

2. 追肥（水肥一体化技术）

（1）第一个瓜开始膨大后，每亩冲施施可丰水溶性肥料（15-7-38）5.0~7.5 kg，连续冲施 1~2 次。

（2）叶面肥：结合病虫害防治，喷施喷施植物源生物刺激素木醋液氨基酸水溶性肥料 150~200 倍液，喷施磷酸二氢钾 500 倍液。

方法二：

1. 施基肥

（1）大量元素肥料：移栽前结合整地，每亩施用施可丰复合肥（16-8-16）50 kg。

（2）土壤调理剂：移栽前结合整地，每亩施用施可丰碱性元素肥料（pH=10.0~12.0，含 CaO≥20%）40~80 kg。

（3）微生物肥料：移栽前结合整地，每亩施用农用微生物菌剂（有机质≥45%，有效活菌数≥5 亿 /g）80~120 kg。

（4）植物源生物刺激素：结合浇缓苗水，每亩冲施生物刺激素木醋液氨基酸水溶性肥料 5 L。

2. 追肥（水肥一体化技术）

（1）第一个瓜开始膨大后，每亩冲施施可丰水溶性肥料（15-7-38）5.0~7.5 kg，连续冲施 1~2 次。

（2）叶面肥：结合病虫害防治，喷施木醋液氨基酸水溶性肥料 150~200 倍液，喷施磷酸二氢钾 500 倍液。

图 3-22 为日光温室甜瓜土壤修复技术对比效果。

图 3-22　日光温室甜瓜土壤修复技术对比效果

四、苦瓜

（一）苦瓜的主要生育特性

1. 苦瓜根系发育特性

苦瓜的根系比较发达，侧根很多，主根可伸长 2~3 m 深，主要分布在 30~50 cm 的耕作层内，横向伸展最宽 3.0~5.0 m。根系在幼苗期和伸蔓期，根系发育比地上部分占优势。当苦瓜进入开花结瓜期时，植株已经形成庞大的根系。

2. 苦瓜对氮、磷、钾的需求量

苦瓜对土壤要求不太严格，但它在土层深厚、土壤肥沃、疏松通气性好的土地上生长繁茂。由于植株生长量大，结瓜时间长，需肥量也大。据测定，每生产 1 000 kg

苦瓜，需纯氮（N）5.28 kg、磷（P_2O_5）1.76 kg、钾（K_2O）6.89 kg。氮、磷、钾的吸收比例大体是 3 ∶ 1 ∶ 4。

3. 苦瓜对氮、磷、钾的吸收运转特性

苦瓜在不同的生育期对肥料的种类和数量需求不同。苦瓜在生长前期对氮肥的需求量较多，但也不能施用过多氮肥，否则容易造成植株抗逆性降低。苦瓜生长中后期对磷、钾的需求量较多，生长过程中如缺乏磷肥和钾肥，容易出现苦味瓜现象，适当增加磷、钾肥用量，能够增强植株长势，延长结果期。

4. 苦瓜对水分的需求特性

苦瓜的根系比较发达，但再生能力弱，主要以侧根发生的须根为主。苦瓜喜湿而不耐涝，生长期间需要 85% 左右的空气相对湿度和 80% 左右的土壤相对持水量，田间不宜积水，否则容易使根系坏死，叶片黄萎，轻则影响结果，重则植株发病致死。苗期一般需水较少，水分过多往往引起徒长，植株瘦弱，抗性降低；进入开花结果期，随着植株茎蔓的快速抽伸，果实的迅速膨大，需要的水分也越来越多，此时应注意补充水分。

（二）栽培模式

1. 露地苦瓜栽培模式

露地苦瓜栽培一般于春（3 月下旬至 4 月上旬）、夏（5 月下旬至 6 月上旬）播种，5 月至 7 月采收上市。

2. 日光温室栽培模式

（1）日光温室秋冬茬栽培模式：8 月下旬至 9 月初播种，9 月中旬移栽，10 月中旬至翌年 1~2 月采收。

（2）日光温室越冬茬栽培模式：10 月中旬移栽，11 月下旬采收上市，翌年 5~6 月结束。

（3）日光温室冬春茬栽培模式：12 月下旬播种，2 月上旬移栽，3 月上旬采收，5~6 月结束。

（三）露地栽培苦瓜土壤修复施肥技术

1. 施基肥

（1）有机肥：移栽前结合整地，每亩施用腐熟的土杂肥 6~10 m³。

（2）大量元素肥料：移栽前结合整地，每亩施用施可丰复合肥（16-8-16）50 kg。

（3）微量元素肥料：移栽前结合整地，每亩施用硫酸锌 1 000 g、硼砂 500 g。

（4）土壤调理剂：移栽前结合整地，每亩施用施可丰碱性元素肥料（pH=10.0~12.0，含 CaO ≥20%）40~80 kg。

（5）微生物肥料：移栽前结合整地，每亩施用微生物菌剂（有机质 ≥ 45%，有效活菌数≥2亿/g）240~320 kg。

（6）植物源生物刺激素：移栽后结合浇移栽缓苗水，每亩冲施植物源生物刺激素木醋液氨基酸水溶性肥料 5~10 L。

2. 追肥

（1）第一根瓜采收后结合水肥一体化每亩冲施施可丰水溶性肥料（20-20-20），每亩每次 5.0~7.5 kg。

（2）苦瓜采收盛期冲施施可丰水溶性肥料（15-7-38），每亩每次 5.0~7.5 kg。

（3）叶面肥：结瓜期结合病虫害防治，喷施木醋液氨基酸水溶性肥料 150~200 倍液，磷酸二氢钾 500 倍液。

（四）日光温室秋冬茬、越冬茬苦瓜土壤修复技术

方法一：

土壤处理技术见日光温室黄瓜土壤处理技术（P218）。

1. 施基肥

（1）大量元素肥料：移栽前结合整地，每亩施用施可丰复合肥（16-8-16）30~50 kg。

（2）微量元素肥料：移栽前结合整地，每亩施用硫酸锌 1 000~1 500 g、硼砂 500~600 g。

（3）微生物肥料：移栽前结合整地，每亩施用农用微生物菌剂（有机质≥45%，有效活菌数≥2亿/g）400~600 kg。

（4）土壤调理剂：移栽前结合整地，每亩施用施可丰碱性元素肥料（pH=10.0~12.0，含 CaO≥20%）40~80 kg。

（5）植物源生物刺激素：移栽后结合浇移栽缓苗水，每亩冲施植物源生物刺激素木醋液氨基酸水溶性肥料 5~10 L。

2. 追肥

（1）第一根瓜坐住后，每亩冲施施可丰水溶性肥料（20-20-20）5 kg；盛瓜期每亩冲施施可丰水溶性肥料（15-7-38）5.0~7.5 kg。

（2）农历"数九"低温天气，每亩冲施木醋液氨基酸水溶性肥料 5 L、尿素硝铵溶液 5 L。

（3）叶面肥：结瓜期结合病虫害防治，喷施木醋液氨基酸水溶肥 150~200 倍液，磷酸二氢钾 500 倍液。

方法二：

1. 施基肥

（1）有机肥：移栽前结合整地，每亩施用充分腐熟的土杂肥 8~10 m³。

（2）大量元素肥料：移栽前结合整地，每亩施用施可丰复合肥（16-8-16）50 kg。

（3）土壤调理剂：不能采取"氰氨化钙＋秸秆＋太阳能高温闷棚"技术的大棚，移栽前结合整地每亩施用施可丰碱性元素肥料（pH=10.0~12.0，含 CaO≥20%）200~240 kg。

（4）微生物肥料：移栽前结合整地，每亩施用农用微生物菌剂（有机质≥45%，有效活菌数≥2亿/g）360~400 kg。

（5）植物源生物刺激素：结合浇移栽水，每亩冲施生物刺激素木醋液氨基酸水溶性肥料 5 L。

2. 追肥

同方法一。

日光温室早春茬苦瓜土壤修复施肥技术同日光温室越冬茬苦瓜土壤修复施肥技术方法二。

五、丝瓜

（一）丝瓜的主要生育特性

1. 丝瓜根系发育特性

丝瓜的根系为直根系，主根可入土 100 cm 以上，遇到土壤干旱、地下水位低，主根扎得更深。侧根和细根多分布在 30 cm 深土层中。丝瓜的根系发达，吸收水分和肥料的能力强。

2. 丝瓜对氮、磷、钾的需求量

丝瓜生长快、结果多、喜肥。据测定，每生产 1 000 kg 丝瓜，需从土壤中吸取氮（N）1.9~2.7 kg、磷（P_2O_5）0.8~0.9 kg、钾（K_2O）3.5~4.0 kg，吸收比例为 2.7∶1.0∶4.4。

3. 丝瓜对氮、磷、钾的吸收运转特性

丝瓜结瓜前植株各器官增重缓慢，营养物质的流向是以根、叶为主，并给抽蔓和花芽分化发育提供养分。丝瓜定植后 30 d 内吸氮量呈直线上升趋势，到生长中期吸氮最多。进入生殖生长期，对磷的需要量剧增，对氮的需要量略减。进入结瓜期后，植株的生长量显著增加，到结瓜盛期达到最大值。在结瓜盛期，丝瓜吸收的氮、磷、钾量分别占吸收总量的 50%、47% 和 48% 左右。到结瓜后期，生长速度减慢，养分吸收量减少，以氮、钾减少较为明显。

4. 丝瓜对水分的需求特性

丝瓜根系发达，有较强的抗旱能力。丝瓜幼苗期需水较少，抽蔓和开花结果期需要较多的水分，土壤以经常保持潮湿为宜。丝瓜是最耐潮湿的瓜类蔬菜，即使在雨季水淹一段时间也能正常开花结果。普通丝瓜较有棱丝瓜的耐湿性更强。但连续的大雨、长时间的水渍，会造成土壤空气不足，影响根系正常生长，进而引发病害发生甚至死秧。在光照和温度较适宜的条件下，75%~85% 的空气相对湿度和 65%~85% 的土壤相对含水量对丝瓜的生长发育最有利。干旱时，果实易老，纤维增加，品质下降。

（二）日光温室丝瓜土壤修复施肥技术

方法一：

土壤处理技术见日光温室黄瓜土壤处理技术（P218）。

1. 施基肥

（1）大量元素肥料：移栽前结合整地，每亩施用施可丰复合肥（16-8-16）50 kg。

（2）土壤调理剂：移栽前结合整地，每亩施用施可丰碱性元素肥料（pH=10.0~12.0，含 CaO≥20%）40~80 kg。

（3）微生物肥料：移栽前结合整地，每亩施用农用微生物菌剂（有机质≥45%，有效活菌数≥2 亿 /g）320~400 kg。

（4）叶面肥：移栽后结合浇移栽缓苗水，每亩冲施生物刺激素木醋液氨基酸水溶性肥料 5 L。

4. 追肥（水肥一体化技术）

（1）第一根瓜采收后，结合水肥一个体化技术，每亩追施施可丰水溶性肥料（20-20-20）5 kg；结瓜盛期每亩追施施可丰水溶性肥料（15-7-38）5.0~7.5 kg。

（2）农历"数九"低温天气，每亩冲施木醋液或氨基酸水溶性肥料 5 L、尿素硝铵溶液 5 L。

（3）第一根瓜采收后结合病虫害防治，喷施磷酸二氢钾 500 倍液。

方法二：

1. 施基肥

（1）有机肥料：移栽前结合整地，每亩施用腐熟的土杂肥 5~6 m³。

（2）大量元素肥料：移栽前结合整地，每亩施用施可丰复合肥（16-8-16）50 kg。

（3）土壤调理剂：不能采取"氰氨化钙＋秸秆＋太阳能高温闷棚"技术的大棚，移栽前结合整地，每亩施用施可丰碱性元素肥料（pH=10.0~12.0，含 CaO≥20%）100~150 kg。

（4）微生物菌剂：移栽前结合整地，每亩施用农用微生物菌剂（有机质≥45%，有效活菌数≥2 亿 /g）320~400 kg。

（5）生物刺激素：结合浇移栽水，每亩冲施生物刺激素木醋液氨基酸水溶性肥料 5~10 L。

2. 追肥

同方法一。

六、西葫芦

（一）西葫芦的主要生育特性

1. 西葫芦的根系

西葫芦的根系是直根系，在瓜类中是最强大的。主根入土深达 2 m 左右，侧根较多也较发达，多分布于直径 1~3 m 范围内，大部分根群分布在耕作层 10~30 cm 的范围内。在根系发育最旺盛时可占 10 m² 的土壤面积。播种后 25~30 d 侧根分布的半径可达 80~135 cm，播种后 42 d，直根入土深度可达 70~80 cm。在地表 45 cm 以下的范围内有许多侧根水平方向伸展，长度可达 40~75 cm。

2. 西葫芦对氮、磷、钾的需求量

西葫芦抗旱耐肥，对养分的吸收以钾最多，氮次之，钙、镁、磷最少。每生产 1 000 kg 西葫芦，需吸收氮（N）3.92~5.47 kg、磷（P_2O_5）2.13~2.22 kg、钾（K_2O）4.09~7.29 kg，吸收比例为 2.0 ∶ 1.0 ∶ 2.5，比黄瓜需肥多。

3. 西葫芦对氮、磷、钾的吸收动态

西葫芦吸收矿物营养元素的趋势与植株生长量的增长趋势基本相同，前期吸收量少，随着生长量的不断增大，对 N、P、K 的吸收量也逐渐增大。吸收高峰在结瓜盛期。

4. 西葫芦的需水特性

西葫芦根系强大，具有较强的吸收水分和抗旱能力，但因叶面积大且多，蒸腾作用旺盛，容易缺水，并因缺水导致茎叶萎蔫，落花落果。在细沙壤土的土壤含水量 15.7% 的情况下，它的永久凋萎点为 8.6%。但水分过多时，会影响根的呼吸作用和对养分的吸收，从而引起地上部的生理失调，导致植株不能正常生长。土壤含水量为田间最大持水量的 85% 左右时，最适宜西葫芦的生长发育。

（二）栽培模式

1. 大拱棚秋延迟西葫芦栽培

9 月上旬定植，12 月结束采收。

2. 日光温室越冬茬西葫芦栽培

11 月上旬定植，12 月上旬采收上市，翌年 6 月结束采收。

（三）大拱棚秋延迟、日光温室西葫芦土壤修复施肥技术

方法一：

土壤处理技术同冬暖大棚黄瓜土壤处理技术（P218）

1. 施基肥

（1）大量元素肥料：结合整地，每亩施用施可丰复合肥（16-8-16）35~50 kg。

（2）土壤调理剂：结合整地，每亩施用施可丰碱性元素肥料（pH=10.0~12.0，

含 CaO ≥ 20%）40~80 kg。

（3）微生物菌剂：移栽前结合整地，每亩施用农用微生物菌剂（有机质 ≥ 45%，有效活菌数 ≥ 2 亿 /g）240~400 kg。

（4）植物源生物刺激素：结合浇移栽水，每亩冲施生物刺激素木醋液氨基酸水溶性肥料 5 ~10 L。

2. 追肥

（1）第一根瓜采收后，结合浇水每亩冲施施可丰水溶性肥料（20-20-20）5.0~7.5 kg。

（2）结瓜盛期，结合浇水每亩冲施施可丰水溶性肥料（15-7-38）5.0~7.5 kg。

（3）农历"数九"低温天气，每亩随水冲施木醋液氨基酸水溶性肥料 5 L、尿素硝铵溶液 5 L。

（4）叶面肥：生长前期结合病虫害防治，喷施木醋液氨基酸水溶性肥料 150~200 倍液；生长后期结合病虫害防治喷施磷酸二氢钾 500 倍液。

方法二：

1. 施基肥

（1）有机肥：移栽前结合整地，每亩大棚施用优质土杂肥 5~6 m³。

（2）大量元素肥料：见方法一。

（3）土壤调理剂：结合整地，每亩施用施可丰碱性元素肥料（pH=10.0~12.0，含 CaO ≥ 20%）200~240 kg。

（4）微生物菌剂：移栽前结合整地，每亩施用农用微生物菌剂（有机质 ≥ 45%，有效活菌数 ≥ 5 亿 /g）240~300 kg。

（4）植物源生物刺激素：见方法一。

2. 追肥

见方法一。

图 3-23 为日光温室西葫芦土壤修复技术苗期对比效果。

图 3-23　日光温室西葫芦土壤修复技术苗期对比效果（左为对照）

第七节 茄果类蔬菜

一、番茄

（一）番茄的主要生物学特性

1. 番茄根系发育特性

番茄的根系发达，根群主要分布在 30 cm 深土层中，最深可达 1.5 m，根群横向分布的直径可达 1.3~1.7 m。根系再生能力强，通过移栽，幼苗主根被截断后容易产生许多侧根，使整个根系的吸收能力加强。

2. 番茄对氮、磷、钾、钙、镁矿物营养元素的需求量

据研究，每生产 1 000 kg 番茄鲜果需吸收氮（N）2.7~3.2 kg、磷（P_2O_5）0.6~1.0 kg、钾（K_2O）4.9~5.1 kg、钙（CaO）3.35 kg、镁（MgO）0.62 kg。氮、磷、钾的吸收比例大致为 3.7∶1.0∶6.25。其中氮、磷、钾三要素的 73% 左右存在于果实中，27% 左右存在于茎、叶和根等营养器官中。

3. 番茄对氮、磷、钾、钙、镁的吸收运转特性

（1）氮：氮是影响番茄茎叶生长和果实发育的重要营养元素，番茄从第一穗果实迅速膨大之前，对氮素吸收量逐渐增加，在盛果期吸收量达到高峰。幼苗期吸收氮10%，开花结果到盛果期吸收氮约90%。番茄更喜欢硝态氮，尤其在冬季栽培番茄更应增加硝态氮的投入；夏季温度较高，铵态氮能很快地转化成硝态氮，因此，在夏季可适当提高铵态氮的投入量。

（2）磷：番茄对磷的吸收能力较弱，尤其是在低温条件下，对磷的吸收利用率更低。前期磷吸收量较大，第一穗果实长到核桃大小时，植株吸磷量约占整个生育期的90%。番茄吸收的磷约94%存在于果实中，幼苗期虽吸收磷素很少，但磷素对番茄幼苗期花芽分化、花器官形成、根系发育及成株期果实的发育都有显著促进作用。

（3）钾：钾对番茄植株的生长发育有重要作用，尤其在果实迅速膨大期，钾对糖分的合成、运输、提高细胞浓度、加大细胞对水分和氮素营养的吸收量等都起着重要的促进作用。因此，番茄对钾的吸收量最大，约为氮的 2 倍、磷的 6 倍。番茄对钾的吸收变化幅度大，尤其在生长发育中，在第一穗果膨大以前，吸收钾的量即迅速增加，在果实发育期间吸收钾的速度剧增，逐渐达到吸收高峰。

（4）钙和镁：番茄对钙和镁的需求量也比较大，易缺乏钙镁而产生脐腐病和黄化

叶，这是番茄的生育与营养特点，也是区别于其他茄果类蔬菜的重要特点。

4. 番茄对水分的需求特性

番茄植株高大，叶片多，果实多次采收，对水分需求量很大。番茄果实中有 90% 以上的物质是水分，水又是番茄进行光合作用的主要原料和营养物质运转的载体，一般要求土壤相对湿度在 65%~85% 的湿润条件下才能生长良好。

（二）栽培模式

1. 日光温室秋延迟番茄—早春（番茄或黄瓜）栽培模式

8 月定植，12 月结束采收。

2. 日光温室越冬茬番茄栽培模式

9 月下旬定植，翌年 6 月结束采收。

3. 日光温室早春番茄 / 秋延迟番茄栽培模式

1 月定植，6 月结束采收。

4. 露地栽培模式

2 月底育苗，4 月中下旬定植，6 月上中旬开始上市。

5. 新疆加工番茄栽培模式

3 月底至 4 月 10 日前播种，晚期番茄在 4 月 20 日至 5 月初播种。移栽期一般在 4 月 25 日至 5 月初移栽，8 月采收。

（三）日光温室秋延迟、越冬番茄土壤修复施肥技术

方法一：

土壤处理技术见日光温室黄瓜处理技术（P218）。

1. 施基肥

（1）大量元素肥料：结合整地，每亩施用施可丰复合肥（16-8-16）50 kg。

（2）土壤调理剂：结合整地，每亩施用施可丰碱性元素肥料（pH=10.0~12.0，含 CaO≥20%）40~80 kg。

（3）微生物菌剂：结合整地，每亩施用农用微生物菌剂（有机质≥45%，有效活菌数≥2 亿 /g）240~300 kg。

（4）植物源生物刺激素：移栽时结合浇缓苗水，每亩冲施生物刺激素木醋液氨基酸水溶性肥料 5~10 L。

2. 追肥

（1）结果初期：结合浇水，每亩冲施施可丰平衡型水溶性肥料（20-20-20）5 L。

（2）结果盛期（采收期）：每亩冲施施可丰水溶性肥料（15-7-38）5 L。

（3）农历"数九"低温天气，每亩冲施木醋液氨基酸水溶性肥料 5~10 L、尿素硝铵溶液 5 L。

方法二：

1. 施基肥

（1）有机肥：移栽前结合整地，每亩大棚施用优质土杂肥 6~8 m³。

（2）大量元素肥料：见方法一。

（3）土壤调理剂：每亩施用施可丰碱性元素肥料（pH>12.0，Ca 含量≥20%）（Ph=10.0~12.0，含 CaO≥20%，Fe+Zn+B+Cu+Mn 含量≥1.75%）80~120 kg。

（4）微生物菌剂：移栽前结合整地，每亩施用农用微生物菌剂（有机质≥45%，有效活菌数≥2 亿/g）240~300 kg。

（5）植物源生物刺激素：见方法一。

2. 追肥

见方法一。

图 3-24、图 3-25 为日光温室番茄土壤修复技术效果。

图 3-24 日光温室番茄土壤修复技术生长期效果　　图 3-25 日光温室番茄土壤修复技术结果期效果

（四）日光温室早春番茄土壤修复施肥技术

1. 施基肥

（1）大量元素肥料：结合整地，每亩施用施可丰复合肥（16-8-16）10 kg。

（2）土壤调理剂：结合整地，每亩施用施可丰碱性元素肥料（Ph=10.0~12.0，含 CaO≥20%）100~120 kg。

（3）微生物菌剂：结合整地，每亩施用农用微生物菌剂（有机质≥45%，有效活菌数≥2 亿/g）240~400 kg。

（4）植物源生物刺激：移栽时结合浇缓苗水，每亩冲施生物刺激素木醋液氨基酸水溶性肥料 5~10 L。

2. 追肥

见日光温室越冬茬番茄追肥。

（五）日光温室早春番茄土壤修复施肥技术

1. 施基肥

（1）有机肥肥料：结合整地，每亩施用腐熟的牛粪或兔子粪或羊粪等有机厩肥 3~5 m³。

（2）大量元素肥料：结合整地，每亩施用施可丰复合肥（16-8-16）10 kg。

（3）土壤调理剂：结合整地，每亩施用施可丰碱性元素肥料（Ph=10.0~12.0，含 CaO≥20%）80~120 kg。

（4）微生物菌剂：结合整地，每亩施用农用微生物菌剂（有机质≥45%，有效活菌数≥2 亿/g）240~400 kg。

（5）植物源生物刺激：移栽时结合浇缓苗水，每亩冲施生物刺激素木醋液氨基酸水溶性肥料 5~10 L。

2. 追肥。

同日光温室越冬茬番茄追肥。

（六）新疆加工番茄土壤修复施肥技术

1. 施基肥

（1）大量元素肥料：结合整地，每亩施用施可丰稳定性长效缓释肥（17-17-17）40 kg。

（2）微生物菌剂：结合整地，每亩施用农用微生物菌剂（有机质≥45%，有效活菌数≥5 亿/g）40~50 kg。

（3）植物源生物刺激：移栽时结合浇缓苗水，每亩冲施生物刺激素木醋液氨基酸水溶性肥料 5 L。

3. 追肥。

（1）苗期：结合浇水，每亩施用生物刺激素木醋液氨基酸水溶性肥料 2 L，施可丰水溶肥（20-20-20）2 kg。

（2）结果期：结合浇水，每亩冲施施可丰水溶肥（15-7-38）30 kg。

（3）红果期：结合浇水，每亩冲施施可丰水溶肥（15-7-38）5 kg。

二、茄子

（一）茄子的主要生育特性

1. 茄子的根系发育特性

茄子根系发达，由主根和侧根组成，主要分布在 30 cm 深土层中。主根粗壮，最深可达 1.3~1.7 m。主根上分生侧根，其上再分生二级、三级侧根，由这些根组成以主根为中心的根系。根群横向分布的直径可达 1.0~1.3 m。茄子根系木质化较早，再生能力不强，所以不宜多次移植。茄子主根虽扎得比较深，但由于叶片面积较大，蒸腾散发的水分较多，故抗旱性弱，品种间抗旱能力差异较大。茄子根系对氧的要求严格，在排水不良的土壤中易造成根系腐烂。

2. 茄子对矿物营养元素的需求量

茄子既喜肥又耐肥。据测算，每生产 100 kg 茄果，需吸收氮（N）0.3~0.43 kg、磷（P_2O_5）0.07~0.1 kg、钾（K_2O）0.4~0.66 kg、钙（CaO）0.12~0.24 kg、镁（MgO）0.03~0.05 kg。氮、磷、钾的吸收比例为 4.2∶1.0∶6.0。

3. 茄子对氮、磷、钾的吸收运转规律

（1）氮：茄子在整个生育期中都吸收氮肥，幼苗期吸收量较少，开花期以后，尤其是盛花期，由于果实发育速度快，吸收量陡然上升，需要大量的氮肥，以收获盛期的吸收量最大。当土壤中有效氮含量在 100 mg/kg 以下时，易缺氮。

（2）磷：茄子对磷的吸收量较小，当果实开始膨大时尤其在进入收获盛期时吸收量猛增，但与氮、钾相比，其变化比较平缓。磷有利于根系发育和花芽分化，缺磷则茄子根系生长不良，花芽分化欠佳，第一花节位高，坐果率低。

（3）钾：茄子对钾的吸收量较大，从定植开始到收获结束，吸收量逐步增大，其中在生长中期吸收的数量与吸收氮的数量相似，但到了收获盛期吸收量陡然上升。当土壤中代换性钾含量在 0.5 mg 当量左右时，茄子的产量最高。

4. 茄子对水分的需求特性

茄子根系发达，较耐旱，但因枝叶茂密，开花结果多，故需要水分大，适宜的田间持水量为田间最大持水量的 70%~80%。茄子对水分的要求，不同的生育阶段要求不同，门茄坐住之前需水量较小，盛果期需水量大，采收后需水量小。茄子结果期间，水分不足，植株容易老化，短柱花增多，果肉坚硬，果面粗糙。茄子不耐涝，水分过多，土壤过湿，容易沤根。日光温室茄子对温度与水分的需要往往产生矛盾，为保持地温不能浇大水，但还要满足茄子对水分正常生长发育的需要，因此，合理协调日光温室温度和土壤水分的关系是提高茄子产量的关键。

（二）栽培模式

1. 日光温室秋冬茬栽培模式

"立秋"至"处暑"定植，"秋分"至"寒露"进入采摘期，到翌年"夏至"至"小满"结束，采果期长达 9 个月。

2. 日光温室越冬茬栽培模式

"霜降"至"立冬"定植，"大雪"至"冬至"开始采收，至翌年"秋分"至"寒露"结束，茄子采收期达 9 个多月。

3. 日光温室冬春茬栽培模式

"大雪"至"冬至"移栽，翌年"立春"至"雨水"开始采收茄子，"寒露"至"霜降"结束，采收期达 8 个多月。

4. 早春大拱棚茄子 / 秋延迟芹菜栽培模式

2 月上旬栽植，7 月中下旬采收结束。

5. 露地栽培模式（大蒜 / 茄子栽培模式）

5 月上旬在大蒜田埂上移栽，9 月下旬至 10 月上旬结束。

（三）日光温室茄子秋冬茬土壤修复施肥技术

方法一：

同日光温室大棚黄瓜土壤处理技术（P218）。

1. 施基肥

（1）大量元素肥料：结合整地，每亩施用施可丰复合肥（16-8-16）25~50 kg。

（2）土壤调理剂：结合整地，每亩施用施可丰碱性元素肥料（Ph=10.0~12.0，含 CaO ≥ 20%）40~80 kg。

（3）微生物菌剂：结合整地，每亩施用农用微生物菌剂（有机质 ≥ 45%，有效活菌数 ≥ 2 亿 /g）240~300 kg。

（4）植物源生物刺激素：移栽时结合浇缓苗水，每亩冲施生物刺激素木醋液氨基酸水溶性肥料 5 L。

2. 追肥（水肥一体化技术）

（1）门茄采收后，结合水肥一体化每亩追施施可丰水溶性肥料（20-20-20）5 kg；茄子结果盛期追施施可丰水溶性肥料（15-7-38）5.0~7.5 kg。"三九"低温天气每亩追施生物刺激素水溶性肥料，如木醋液或氨基酸水溶性肥料 5 L、尿素硝铵溶液 5 L。

（2）叶面肥：茄子开花坐果后，喷施磷酸二氢钾 500 倍液。

方法二：

1. 施基肥

（1）有机肥：移栽前结合整地，每亩施用优质土杂肥 6~8 m³。

（2）大量元素肥料：见方法一。

（3）土壤调理剂：结合整地，每亩施用施可丰碱性元素肥料（Ph=10.0~12.0，含 CaO ≥ 20%）100~120 kg。

（4）微生物菌剂：移栽前结合整地，每亩施用农用微生物菌剂（有机质 ≥ 45%，有效活菌数 ≥ 2 亿 /g）240~400 kg。

（5）植物源生物刺激素：移栽时结合浇缓苗水，每亩冲施生物刺激素木醋液氨基酸水溶性肥料 5 L。

3. 追肥

见方法一。

（四）日光温室茄子越冬茬土壤修复施肥技术

1. 施基肥

基肥见秋冬茬栽培方法二。

2. 追肥

（1）门茄采收后，结合水肥一体化每亩追施施可丰水溶性肥料（20-20-20）5 kg；茄子结果盛期追施施可丰水溶性肥料（15-7-38）5.0~7.5 kg。

（2）叶面肥：茄子开花坐果后，喷施磷酸二氢钾 500 倍液。

日光温室茄子冬春茬土壤修复施肥技术同"越冬茬栽培"。

（五）大蒜／茄子栽培模式

1. 施基肥

（1）微生物菌剂：移栽时在移栽穴内撒施农用微生物菌剂（有机质≥70%，有效活菌数≥5 亿/g）150 g/穴。

（2）植物源生物刺激素：移栽后结合浇移栽水，每亩冲施植物源生物刺激素（木醋液氨基酸）水溶性肥料 5 L。

2. 追肥

（1）多功能性肥料：大蒜收获后，结合培沟每亩施用施可丰复合肥（16-8-16）50 kg。

（2）土壤调理剂：大蒜收获后，结合培土每亩施用施可丰碱性元素肥料（Ph=10.0~12.0，含 CaO≥20%）40~80 kg。

（3）微生物菌剂。大蒜收获后，结合培土每亩施用农用微生物菌剂（有机质≥45%，有效活菌数≥5 亿/g）120~200 kg。

（4）茄子采收盛期，结合浇水每亩冲施施可丰水溶性肥料（15-7-38）5.0~7.5 kg/次。

三、辣椒

（一）辣椒的主要生物学特性

1. 辣椒根系发育特性

辣椒根系属直根系，由主根、侧根、细根、毛根和根毛组成。根系发育较弱，生长速度较慢，根量少，木栓化程度较高，再生能力差，茎基部不易发生不定根。移植的辣椒由于主根被切断，深度一般为 25~30 cm，根系主要分布在 5~20 cm 耕层内。

在辣椒根的前端有 1~2 cm 长的根毛区，其上密生根毛，根的幼嫩尖端、根毛区和根毛有较强的吸收能力。辣椒的根系不耐旱，又怕涝，对氧气要求严格，通常在土层深厚、肥沃、透气性好的土壤上种植。

2. 辣椒对矿物营养元素的需求量

据测定，每生产 5 000 kg 鲜辣椒需吸收氮（N）17~18 kg、磷（P_2O_5）2.5~4.0 kg、钾（K_2O）6.5~8.0 kg；生产 1 500 kg 干辣椒需吸收氮（N）20.0~22.5 kg、磷（P_2O_5）8.5~10.0 kg、钾（K_2O）9.5~11.5 kg。

除氮、磷、钾外，辣椒生长还需要其他一些中微量元素，如钙、镁、硫、铁、锰、硼、锌、铜、钼等，辣椒对硼尤其敏感，施硼肥可明显减少落花落果，增加产量提高质量。

3. 辣椒对氮、磷、钾的吸收运转特性

（1）氮：在幼苗期对氮的吸收很少，移栽后至初花期对氮吸收也不多，初花以后，对氮的需要量逐渐增加，盛花坐果期对氮的需要量较大。夏季高温时节辣椒对氮的吸收量有所减少，伏椒采收后，秋季气温下降时，对氮的吸收量又增加。

（2）磷、钾：辣椒对磷和钾的吸收大致和氮吸收动态相似，只是后期比例更大些。总的来说，从幼苗到现蕾，对氮、磷、钾的吸收量较小，约占总吸收量的 5%；从现蕾到开花，约占吸收总量的 11%；从初开花至盛花结果，约占吸收总量的 34%；盛花至成熟，植株的营养生长减弱，对磷、钾的需要量最多，约占吸收氮、磷、钾总量的 50%。

4. 辣椒对水分的要求

辣椒既不耐旱，又不耐涝，对水分的要求较严格。辣椒在各生育阶段的需水量也不同，幼苗期植株需水不多，如果土壤湿度过大，根系会发育不良，导致植株徒长；初花期，植株生长量大，需水量随之增加，但湿度过大会造成落花；果实膨大期，需要充足的水分，如果水分供应不足，会导致果面皱缩，弯曲，膨大缓慢，色泽暗淡。

（二）栽培模式

1. 日光温室秋冬茬辣椒栽培模式

"白露"至"秋分"定植，"立冬"至"小雪"进入采收期。

2. 日光温室越冬茬辣椒栽培模式

"寒露"至"霜降"定植，"小雪"至"大雪"进入采收期。

3. 大拱棚早春辣椒／玉米（莴笋）栽培模式

"大雪"前后定植，翌年"谷雨"至"立夏"进入采收期。

4. 早春西瓜（甜瓜）／秋延迟辣椒栽培模式

7 月下旬至 8 月上旬定植，12 月下旬采收结束。

5.露地栽培或大蒜／辣椒栽培模式

3月上旬育苗，5月上旬移栽，9月上旬至下旬一次性采收。

6.新疆工业辣椒栽培模式

4月上旬播种，9月中旬收获。

（三）日光温室秋冬茬辣椒土壤修复施肥技术

方法一：

同日光温室黄瓜土壤处理技术（P218）。

1.施基肥

（1）大量元素肥料：结合整地，每亩施用施可丰复合肥（16-8-16）40~50 kg。

（2）土壤调理剂：结合整地，每亩施用施可丰碱性元素肥料（pH=10.0~12.0，含 CaO≥20%）40~80 kg。

（3）微生物菌剂：结合整地，每亩施用农用微生物菌剂（有机质≥45%，有效活菌数≥2亿/g）240~300 kg。

（4）植物源生物刺激素：移栽时结合浇缓苗水，每亩冲植物源生物刺激素木醋液氨基酸水溶性肥料 5~10 L。

2.追肥（水肥一体化技术）

（1）门椒收获后，结合水肥一体化每亩追施施可丰平衡型水溶性肥料（20-20-20）5 kg；辣椒结果盛期每亩追施施可丰水溶性肥料（15-7-38）5.0~7.5 kg。农历"数九"低温天气每亩追施木醋液氨基酸水溶性肥料 5 L、尿素硝铵溶液 5 L。

（2）叶面肥：结合病虫害防治，喷施植物源生物刺激素叶面肥 200~300 倍液，辣椒开花坐果后喷施磷酸二氢钾 500 倍液。

方法二：

1.施基肥

（1）有机肥：移栽前结合整地，每亩大棚施用优质土杂肥 5~6 m³。

（2）大量元素肥料：见方法一。

（3）土壤调理剂：结合整地，每亩施用施可丰碱性元素肥料（Ph=10.0~12.0，含 CaO≥20%）100~120 kg。

（4）微生物菌剂：移栽前结合整地，每亩施用农用微生物菌剂（有机质≥45%，有效活菌数≥2亿/g）240~300 kg。

（5）植物源生物刺激素：移栽时结合浇缓苗水，每亩冲植物源生物刺激素木醋液氨基酸水溶性肥料 5~10 L。

2.追肥

同方法一。

日光温室越冬茬辣椒土壤修复施肥技术，见日光温室秋冬茬辣椒栽培土壤修复技术。

（四）大拱棚早春茬辣椒土壤修复施肥技术

1. 施基肥

（1）有机肥：结合整地，每亩施用优质土杂肥 3~5 m³。

（2）大量元素肥料：结合整地，每亩施用施可丰复合肥（16-8-16）30~40 kg。

（3）土壤调理剂：结合整地，每亩施用氰氨化钙 10~15 kg、大颗粒锌肥 1 000 g、大颗粒硼砂 500 g，或施可丰碱性元素肥料（pH=10.0~12.0，含 CaO ≥ 20%）120~160 kg。

（4）微生物菌剂：结合整地，每亩施用农用微生物菌剂（有机质 ≥ 45%，有效活菌数 ≥ 2 亿 /g）120~160 kg。

（5）植物源生物刺激素：移栽时结合浇缓苗水，每亩冲施植物源生物刺激素木醋液氨基酸水溶性肥料 5~10 L。

2. 追肥（水肥一体化技术）

（1）门椒收获后，结合水肥一体化每亩追施施可丰水溶性肥料（20-20-20）5 kg；辣椒结果盛期每亩追施施可丰水溶性肥料（15-7-38）5.0~7.5 kg。

（2）叶面肥：结合病虫害防治喷施木醋液氨基酸水溶肥 200~300 倍液，辣椒开花坐果后喷施磷酸二氢钾 500 倍液。

（五）大拱棚秋延迟辣椒土壤修复施肥技术

1. 施基肥

（1）有机肥：结合整地，每亩施用优质土杂肥 2~3 m³。

（2）大量元素肥料：结合整地，每亩施用施可丰复合肥（16-8-16）40~50 kg。

（3）土壤调理剂：结合整地，每亩施用氰氨化钙 10~15 kg，或施可丰碱性元素肥料（pH=10.0~12.0，含 CaO ≥ 20%）120~160 kg。

（4）微生物菌剂：结合整地，每亩施用农用微生物菌剂（有机质 ≥ 45%，有效活菌数 ≥ 5 亿 /g）80~160 kg。

（5）植物源生物刺激素：移栽时结合浇缓苗水，每亩冲施植物源生物刺激素木醋液氨基酸水溶性肥料 5 L。

2. 追肥（水肥一体化技术）

（1）门椒收获后，每亩追施施可丰水溶性肥料（20-20-20）5 kg；辣椒结果盛期，每亩追施施可丰水溶性肥料（15-7-38）5.0~7.5 kg。

（2）叶面肥：结合病虫害防治，喷施木醋液氨基酸水溶肥 200~300 倍液，辣椒开花坐果后，喷施磷酸二氢钾 500 倍液。

图 3-26 为大拱棚秋延迟辣椒土壤修复效果。

图 3-26 大拱棚秋延迟辣椒土壤修复技术结果期效果

（六）大蒜/辣椒栽培模式土壤修复施肥技术

1. 施基肥

（1）微生物菌剂：移栽时，在移栽沟或穴内每亩撒施农用微生物菌剂（有机质 ≥ 45%，有效活菌数 ≥ 5 亿 /g）40~80 kg。

（2）植物源生物刺激素：移栽后结合浇移栽水，每亩冲施木醋液氨基酸水溶性肥料 5 L。

2. 追肥

（1）大量元素肥料：大蒜收获后，结合培沟每亩追施可丰复合肥（18-10-18）50 kg。

（2）土壤调理剂：结合培沟，每亩追施施可丰碱性元素肥料（pH=10.0~12.0，含 CaO ≥ 20%）40~80 kg。

（3）多功能性肥料：结合培沟，每亩追施氰氨化钙 15~20 kg。

（4）微生物肥料：结合培沟，每亩追施农用微生物菌剂（有机质 ≥ 45%，有效活菌数 ≥ 5 亿 /g）120~160 kg。

（5）叶面肥：门椒坐住后，喷施磷酸二氢钾 500 倍液。

（七）新疆工业辣椒土壤修复施肥技术

1. 施基肥

（1）大量元素肥料：结合整地，每亩施用施可丰复合肥（18-10-18）30 kg。

（2）微生物菌剂：结合整地，每亩施用农用微生物菌剂（有机质 ≥ 45%，有效活菌数 ≥ 5 亿 /g）40~80 kg。

（2）植物源生物刺激素：移栽后结合浇移栽水，每亩冲施木醋液氨基酸水溶性肥料 5 L。

2. 追肥

（1）苗肥：播种后，结合滴水每亩冲施木醋液氨基酸水溶肥 2.0 kg。

（2）促花肥：现蕾期每亩冲施木醋液氨基酸水溶肥 2.0 kg，施可丰水溶肥（20-

20-20）8 kg。

（3）保果肥：坐果后结合滴水，冲施施可丰水溶性肥料（20-20-20）5 kg。

（4）膨果肥：膨果期结合滴水，冲施施可丰水溶性肥料（8-4-38）15 kg。

（5）转色肥：转色期结合滴水，冲施施可丰水溶性肥料（8-4-38）10 kg。

第八节　叶菜类蔬菜

一、大白菜

（一）大白菜的主要生育特性

1.大白菜根系发育特性

大白菜的根系属直根系，浅根性，主根比较发达。随着地上部生长动态的不同，地下根系在各个生长期生长也有相应的变化：子叶期开始发生第一级侧根；第一、二片真叶长出时发生第二、三级侧根；到莲座期时可以发生四、五级侧根。总之，在莲座末期之前，主根随着幼苗的生长一直向土壤深处伸长，侧根的分布范围也在不断扩大，分布直径可达 70~80 cm。当进入结球期时，主根不再伸长，但侧根量很大，分级数目迅速增加，发生六至七级侧根，特别是在土壤温度、湿度及土壤氧气含量适宜时，生长大量的根毛，且均趋向耕作层的表层，至此，由主根和侧根形成了一个上部大、下部小的圆锥形根系，吸收面积达最大值，地上部的增长也达到了高峰。在结球后期根系逐步衰老。

2.大白菜对氮、磷、钾的需求量

大白菜产量高，需从土壤中吸收较多的营养元素。据测定，每生产 1 000 kg 大白菜约吸收氮（N）1.5 kg、磷（P_2O_5）0.7 kg，钾（K_2O）2 kg，氮、磷、钾的吸收比例大体是 1.0 ∶ 0.47 ∶ 1.33（表 3-9）。

3.大白菜对氮、磷、钾的吸收运转规律

大白菜在不同的生长发育时期对养分的吸收量是不同的，从发芽期到幼苗期生长吸收缓慢，对氮、磷、钾的吸收量不到总吸收量的 1%；莲座期生长加速，养分吸收量急速增加，三要素的吸收量占总吸收量的 10%~30%；结球期吸收量最大，占总吸收量的 70%~90%，在结球后期养分吸收速度又下降。在每一个时期吸收的各元素比例是不同的，发芽期至莲座期吸收的氮比例最大，钾次之，磷最小；结球期吸收的钾比例最大，氮次之，磷最少。

表 3-9　　　　　　　大白菜不同时期对氮、磷、钾三要素的吸收量

| 生长期 | 干重（g） | 三要素吸收量 | | N（%） | P₂O₅（%） | K₂O（%） |
		mg	%			
发芽期	0.04	5.02	0.008 8	0.01	0.01	0.01
幼苗期	1.92	240.40	0.42	0.39	0.26	0.51
莲座期	45.14	5 837.80	9.94	11.74	7.51	8.68
结球前期	114.10	13 264.40	23.36	27.90	15.70	22.20
结球中期	296.00	33 364.00	58.74	52.90	51.50	66.60
结球后期	114.70	4 260.00	7.50	7.10	24.90	1.40

4. 大白菜生长对水分的要求

大白菜生长发育的各个阶段对水分要求不同：

（1）出苗期：要求较高的土壤湿度，若土壤干旱，萌发的种子很易出现"芽干"死苗现象。所以播种时要求土壤墒情要好，播种后应及时浇水，此期土壤相对湿度应保持在85%~90%。

（2）幼苗期：此期正值高温干旱季节，为了降温防病，浇水要勤，保持土表湿润，通常要求是"三水齐苗，五水定棵"。此期土壤相对湿度应保持在80%~90%。

（3）莲座期：此期大白菜生长量增大，为了促进根系下扎，需根据品种特性和苗情适当控制浇水，此期土壤相对湿度以75%~85%为宜。蹲苗以后，因土壤失水较多，蹲苗前又施了较多肥料，需连续浇二水。

（4）包心期：此期生长量为最终重量的70%，需水量更多，一般7 d左右浇一次水，应保持地皮不干，要求土壤相对湿度为85%~94%。但不宜大水漫灌，否则积水后易感染软腐病。

（二）栽培模式

1. 露地秋白菜栽培模式

8月中下旬播种，"大雪"前后收获上市。

2. 早春大拱棚白菜栽培模式

"立春"后移栽，3月下旬至4月上旬收获上市。

（三）露地秋白菜土壤修复施肥技术

方法一：

1. 土壤处理技术

大白菜播种前30 d，每亩撒施碎秸秆500~800 kg或腐熟动物粪便5 m³，氰氨化钙20~30 kg，然后进行耕地、起垄、盖地膜和浇水，如此处理土壤15~20 d。

2. 施基肥

（1）大量元素肥料：移栽前结合整地，每亩施用施可丰复合肥（18-10-18）50~75 kg。

（2）土壤调理剂：移栽前结合整地，每亩施用施可丰碱性元素肥料（pH=10.0~12.0，含 CaO ≥ 20%）40~80 kg。

（3）微生物肥料：移栽前结合整地，每亩施用农用微生物菌剂（有机质 ≥ 45%，有效活菌数 ≥ 2 亿 /g）80~120 g。

3. 追肥

（1）水溶性肥料：莲座期每亩追施木醋液氨基酸水溶肥 5 L、尿素硝铵溶液 5.0~7.5 L。

（2）结球期追肥：结球期每亩追施施可丰水溶性肥料（15-7-38）5.0~7.5 kg，连续冲施 2~3 次。

（3）叶面肥：结合病虫害防治，喷施磷酸二氢钾 500 倍液。

方法二：

1. 基肥

（1）有机肥：播种前结合整地，每亩施用优质土杂肥 2~3 m³。

（2）大量元素肥料：播种前结合整地，每亩施用施可丰复合肥（18-10-18）50~75 kg。

（3）土壤调理剂：播种前结合整地，每亩施用施可丰碱性元素肥料（pH=10.0~12.0，含 CaO ≥ 20%）80~120 kg。

（4）微生物菌剂：播种前结合整地，每亩施用农用微生物菌剂（有机质 ≥ 45%，有效活菌数 ≥ 2 亿 /g）80~120 kg。

2. 追肥

同方法一。

早春大拱棚白菜土壤修复施肥技术同露地秋白菜方法二。

二、结球甘蓝

（一）甘蓝的主要生育特性

1. 甘蓝的根系发育特性

结球甘蓝根系多而浅，根系有主根、侧根和发达的毛根，绝大多数根系分布在 30 cm 深的耕层中；幼根受伤后再生能力较强，因此甘蓝适合移栽种植。甘蓝根系吸肥吸水能力较强，耐盐力也强，在含盐量 0.75%~1.2% 的盐碱地上也能结球。

2. 甘蓝对氮、磷、钾的需求量

甘蓝是喜肥耐肥作物，对土壤养分的吸收大于一般蔬菜。据研究，整个生育期间每生产 1 000 kg 甘蓝，约需要氮（N）3.0 kg、磷（P_2O_5）1.0 kg、钾（K_2O）4.0 kg，氮、磷、钾的比例大体为 3∶1∶4。

3. 甘蓝对氮、磷、钾、钙的吸收运转规律

结球甘蓝在不同的生育时期对各种元素的需求也不相同。在幼苗期、莲座期和结球期对氮、磷、钾的吸收动态与大白菜相似。生长前期对氮的吸收较多，莲座期达到高峰；叶球形成期对磷、钾、钙的吸收较多，结球期是大量吸收养分的时期，此期吸收氮、磷、钾、钙可占全生育期吸收总量的80%。定植 35 d 前后，对氮、磷、钙的吸收量达到高峰；定植 50 d 前后，对钾的吸收量达到高峰。

（二）栽培模式

1. 早春大拱棚结球甘蓝栽培模式

2 月上旬移栽，3 月下旬至 4 月上旬上市。

2. 大拱棚秋延迟结球甘蓝栽培模式

9 月上旬至 10 月上旬移栽，翌年 1 月上市。

早春大拱棚结球甘蓝土壤修复施肥技术同早春大拱棚白菜土壤修复施肥技术。

大拱棚秋延迟结球甘蓝土壤修复施肥技术同露地秋白菜土壤修复施肥技术。

三、花椰菜

（一）花椰菜的生育特性

1. 花椰菜根系发育特性

花椰菜根系发达，主根肥大，入土较浅，主根上着生许多侧根，根群主要分布在 30 cm 的土层内，横向伸长可达 70 cm。花椰菜的根再生能力强，断根易生根，适合育苗移栽。但根初发期较弱，初次移苗要注意保护根系完整。花椰菜根系集中，入土浅，耐旱耐涝能力差，喜水需肥量大，肥料不足很难高产。花椰菜耐盐性强，在含盐量为 0.3%~0.5% 的土壤上仍能正常生长。

2. 花椰菜对氮、磷、钾的需求量

花椰菜属高氮蔬菜类型，全生育期施肥以氮肥为主。据试验，每生产 1 000 kg 花椰菜的养分吸收量为氮（N）7.7~10.8 kg、磷（P_2O_5）2.1~3.2 kg、钾（K_2O）9.2~12.0 kg，氮、磷、钾的比例大体为 1.0∶0.3∶1.1。花椰菜对硼、钼等微量元素也较敏感，是需硼较多的蔬菜作物。缺硼时生长点萎缩，叶缘卷曲，花球中心开裂，甚至花球变褐色，味苦不堪食用。缺钼时新生叶片呈酒杯形和鞭形，花球膨大不良，产量和质量下降。

3. 花椰菜对氮、磷、钾的吸收运转特性

花椰菜是耐肥作物，在整个生育期间都需要有氮素供应，幼苗期氮对茎叶重的影

响特别明显，如幼苗期氮素供应不足，即使以后补充氮素也很少增加叶数，且易提早现蕾，产量低；从花芽分化到现蕾期间，除需要充足的氮素营养外，还需要有大量的磷、钾等营养元素供应，以促进花芽分化和花球形成；磷主要在苗期和花芽分化前后施用。在花芽分化以后到现球期需要的钾最多。

4. 花椰菜的需水特性

花椰菜对土壤的适应性强，但对水分要求比较严格，既不耐涝又不耐旱。在苗期需水量不多，定植后需水量逐渐增加，到花球期需水量达到最高值。花椰菜生育期为 70~85 d，每亩需水量为 320~325 m^3，平均每天需水量为 3.8~4.6 m^3。

（二）栽培模式

1. 露地花椰菜栽培模式

8 月定植，10 月收获上市。

2. 日光温室或大拱棚秋延迟栽培模式

9 月定植，11 上旬收获上市。

露地花椰菜土壤修复施肥技术同早春大拱棚结球甘蓝。

日光温室或大拱棚秋延迟花椰菜土壤修复施肥技术同大拱棚秋延迟结球甘蓝。

四、芹菜

（一）芹菜的主要生育特性

1. 芹菜根系发育特性

芹菜为浅根性作物，根系主要分布在 7~10 cm 深土层中，横向分布直径为 30 cm，吸收面积较小。

2. 芹菜对氮、磷、钙、镁的需求量

据研究，每生产 100 kg 本芹，需吸收氮（N）40 g、磷（P_2O_5）14 g、钾（K_2O）60 g，N∶P∶K 吸收比例为 3∶1∶4；每亩西芹的养分吸收量为：氮（N）13.05 kg、磷（P_2O_5）12.98 kg、钾（K_2O）22.62 kg、钙（CaO）12.40 kg、镁（MgO）4.81 kg，吸收比例为 1.0∶0.99∶1.73∶0.95∶0.37。根、叶在旺盛生长期干物质积累最多，芹菜柄在收获期积累干物质最多。在微量元素中芹菜对硼元素最敏感。

3. 芹菜对氮、磷、钾的吸收运转规律

芹菜喜肥，缺肥会导致叶柄过早发生空心。有关研究表明，芹菜在任何时期缺肥，都会影响叶片生长。芹菜生长初期和后期缺氮影响最大；苗期缺磷影响大；苗期缺钾影响小，后期影响大。芹菜缺氮则生长发育受阻，植株矮小，叶片老化空心；缺磷则叶柄伸长受阻；缺钾则影响叶柄加粗。

4. 芹菜的需水特性

芹菜根系入土浅,分布范围小,吸水能力弱,抗旱能力差。芹菜的单株叶面积虽小,但植株密度大,对土壤的水分要求严格,一般要求土壤相对持水量保持在 85% 以上。

（二）栽培模式

1. 小麦 / 芹菜栽培模式

7 月定植,10 月收获上市。

2. 日光温室黄瓜（西瓜）/ 芹菜栽培模式

9 月定植,12 月下旬至翌年 1 月中旬收获上市。

3. 早春大拱棚茄子 / 秋延迟芹菜栽培模式

8 月下旬栽培,11 月下旬至 12 月上旬收获上市。

（三）小麦 / 芹菜土壤修复施肥技术

1. 土壤处理技术

结合灭茬,撒施氰氨化钙每亩 20~30 kg,然后翻耕。浇大水,最好覆盖黑色地膜,高温处理土壤 15~20 d。

2. 施基肥

（1）大量元素肥料:结合整地,每亩施用施可丰复合肥（16-8-16）50 kg。

（2）土壤调理剂:结合整地,每亩施用施可丰碱性元素肥料（pH=10.0~12.0,含 CaO≥20%）40~80 kg。

（3）微生物菌剂:结合整地,每亩施用农用微生物菌剂（有机质 ≥ 45%,有效活菌数 ≥ 2 亿 /g）120~200 kg。

（4）植物源生物刺激:移栽后结合浇缓苗水,每亩冲施生物刺激素木醋液氨基酸水溶性肥料 5 L。

3. 追肥

（1）水溶性肥料:幼苗期,结合浇水每亩冲施木醋液氨基酸水溶肥 5 L、尿素硝铵溶液 5 L。

（2）叶丛生长盛期:结合浇水每亩冲施施可丰水溶性肥料（15-7-38）5 L,连续冲施 2~3 次。

（3）叶面肥:生长前期结合病虫害防治,喷施木醋液氨基酸叶面肥 100 倍液,生长后期喷施磷酸二氢钾 500 倍液。

（四）日光温室、大拱棚秋延迟芹菜土壤修复施肥技术

方法一:

1. 土壤处理技术

日光温室前茬作物采收结束后,土壤处理方法同日光温室越冬茬黄瓜土壤处理技术。

2. 施基肥

（1）土壤调理剂：结合整地，每亩施用施可丰碱性元素肥料（pH=10.0~12.0，含 CaO≥20%）40~80 kg。

（2）微生物肥料：结合整地，每亩施用农用微生物菌剂（有机质≥45%，有效活菌数≥5 亿/g）80~120 kg。

（3）多功能性肥料：移栽时结合浇移栽水，每亩冲施木醋液氨基酸水溶性肥料 5 L。

3. 追肥

（1）叶丛生长盛期：结合浇水每亩冲施施可丰水溶性肥料（15-7-38）5 L，连续冲施 2~3 次。

（2）叶面肥：生长前期结合病虫害防治，喷施木醋液氨基酸叶面肥 100 倍液，生长后期喷施磷酸二氢钾 500 倍液。

方法二：

1. 施基肥

（1）土壤调理剂：结合整地，每亩施用施可丰土壤调理剂（15-7-38）80~120 kg。

（2）微生物肥料：结合整地，每亩施用农用微生物菌剂（有机质≥45%，有效活菌数≥2 亿/g）80~120 kg。

（3）植物源生物刺激：移栽时结合浇移栽水，每亩冲施木醋液氨基酸水溶性肥料 5 L。

2. 追肥

（1）叶丛生长盛期：结合浇水，每亩冲施施可丰水溶性肥料（15-7-38）5 L，连续冲施 2~3 次。

（2）叶面肥：生长前期结合病虫害防治，喷施木醋液氨基酸叶面肥 200~300 倍液，生长后期喷施磷酸二氢钾 500 倍液。

图 3-27 为大拱棚芹菜土壤修复技术苗期效果。

图 3-27　大拱棚芹菜土壤修复技术苗期效果（右为对照）

五、莴苣

（一）莴苣的主要生育特性

1. 莴苣根系生长发育特性

莴苣为直根系，从种子破心冒出真叶时，主根就已经扎深 10 cm 左右，主根上生出侧根 5~7 条。莴苣的幼苗期（5 叶左右）根重很小，幼苗期后的 1 个月左右为发棵期，生长量较大根重显著增加，达到生长飞跃期，此后根重增加缓慢。莴苣经移栽断根后根系浅而密集，多分布在 20~30 cm 深土层内。

2. 莴苣对氮、磷、钾的需求量

据测定，每生产 1 000 kg 莴苣，需吸收氮（N）2.08 kg、磷（P_2O_5）0.71 kg、钾（K_2O）3.18 kg，N：P：K 的吸收比例为 1.0 ： 0.35 ： 1.5。莴苣还需要钙、镁、硫、铁等中量和微量元素。

3. 莴苣对氮、磷、钾的吸收运转规律

莴苣是需肥较多的作物，一生中对钾需求量最大，其次是氮，磷最少。发棵期和茎肥大期氮对产量影响最大，茎肥大期 1 个月内，吸收氮素占全生育期吸氮量的 84%。幼苗期缺钾对莴苣的生长影响最大。

4. 莴苣对水分的要求

幼苗期土壤不能干燥，也不能太湿润，以免苗子老化或徒长；发棵期为使莲座叶片发育充实肥厚，要适当控制水分，进入茎部肥大期要水分充足，保持地面经常湿润不见干，这时缺水则茎细而老化并有苦味；如果茎肥大后期水分过多，容易发生裂茎，导致软腐病。

（二）栽培模式

1. 秋莴苣栽培模式

"立秋"即 8 月上旬栽植，"寒露"后即 9 月上中旬收获。

2. 日光温室秋延迟栽培模式

"寒露"后即 10 月上旬移栽，12 月底收获上市。

3. 春莴苣栽培模式

"谷雨"前后即 4 月中旬栽植，5 月下旬至 6 月上旬收获上市。

（三）秋莴苣露地土壤修复施肥技术

方法一：

1. 土壤处理技术

前茬蔬菜收获后进行土壤处理，将腐熟羊粪或兔子粪或牛粪等有机厩肥以每亩 3~5 m³ 和氰氨化钙 20~30 kg 均匀撒施，然后耕翻土壤。起 1 m 宽的垄，在垄沟内浇大水，覆盖黑色地膜，高温处理土壤 15~20 d。

2. 施基肥

（1）大量元素肥料：移栽前结合整地，每亩施用施可丰复合肥（16-8-16）20~30 kg。

（2）土壤调理剂：结合整地，每亩施用施可丰碱性元素肥料（pH=10.0~12.0，含 CaO≥20%）40~80 kg。

（3）微生物肥料：结合整地，每亩施用施可丰海藻型微生物肥料（有机质≥45%，有效活菌数≥2 亿/g）120~200 kg。

（4）植物源生物刺激素：移栽时结合浇移栽水，每亩冲施木醋液氨基酸水溶性肥料 5 L。

3. 追肥

（1）叶丛生长盛期：结合浇水，每亩冲施施可丰水溶性肥料（15-7-38）5 L，连续冲施 2~3 次。

（2）叶面肥：生长前期结合病虫害防治，喷施木醋液氨基酸叶面肥 100 倍液，生长后期喷施磷酸二氢钾 500 倍液。

方法二：

1. 施基肥

（1）有机肥：移栽前结合整地，每亩施用优质土杂肥 2~3 m³。

（2）大量元素肥料：移栽前结合整地，每亩施用施可丰复合肥（16-8-16）40~50 kg。

（3）土壤调理剂：每亩施用施可丰碱性元素肥料（pH=10.0~12.0，含 CaO≥20%）120~160 kg。

（4）微生物肥料：结合整地，每亩施用农用微生物菌剂（有机质≥45%，有效活菌数≥5 亿/g）80~120 kg。

（5）植物源生物刺激素：移栽时结合浇移栽水，每亩冲施木醋液氨基酸水溶性肥料 5 L。

2. 追肥

（1）水溶性肥料：叶丛生长盛期，结合浇水每亩冲施施可丰水溶性肥料（15-7-38）5 L，连续冲施 2~3 次。

（2）叶面肥：生长前期结合病虫害防治，喷施木醋液或氨基酸叶面肥 100 倍液，生长后期喷施磷酸二氢钾 500 倍液。

日光温室秋延迟莴苣土壤修复施肥技术同秋莴苣露地土壤修复施肥技术方法二。

莴苣土壤修复施肥技术同秋莴苣土壤修复技术方法二。

图 3-28 为日光温室莴苣土壤修复技术效果。

图 3-28　日光温室莴苣土壤修复技术效果

第九节　芸　豆

（一）芸豆的主要生育特性

1. 芸豆根系发育特性

芸豆为直根系，根系发达，主根由种子内的胚根发育而成。主根上生有多条侧根，侧根发达，上生多条细根、毛根，形成了发达的根系。根系分布深而广，根群主要分布在 15~40 cm 深土层内，有较强的抗旱和耐瘠薄能力。苗期主根发育快；到成株期主根入土深可达 80 cm，且根系发育比地上部快，在植株幼苗期就能迅速形成根群。芸豆根系木栓化早，再生能力差，所以在保护地栽培时应采用护根育苗措施。芸豆根上虽有根瘤菌共生，但发生较晚，数量较少。

2. 芸豆对氮、磷、钾的需求量

芸豆需氮、磷、钾较多。据测算，每收获 1 000 kg 芸豆，需要氮（N）3.37 kg、磷（P_2O_5）2.26 kg、钾（K_2O）5.94 kg，N、P、K 吸收比例为 1.5 ∶ 1.0 ∶ 2.6。

3. 芸豆对矿物营养的吸收规律

（1）氮：芸豆喜硝态氮肥，适当施氮有利于增加产量和改善品质；施用过多会导致落花及延迟成熟，影响芸豆的产量和效益。

（2）磷：磷对芸豆根瘤菌的形成和开花结荚具有重要作用。缺磷易使芸豆植株及根瘤菌的生长发育不良，开花结荚数减少，荚果籽粒数少，产量降低。

（3）钾：钾能明显影响芸豆的生长发育和产量的形成，钾肥供应不足，会使芸豆减产 20% 以上。

（4）镁：芸豆易发生缺镁症。若土壤中镁元素不足，芸豆播种后 30 d 起，初生叶即第一片真叶的叶脉间开始黄化褪绿，然后逐渐向上部叶片发展，大约延续 7 d，叶片开始脱落。

（5）钼：微量元素钼是固氮酶和硝酸还原酶的重要组成成分，在生理代谢上主要参与生物固氮，促进植株体的氮、磷营养代谢。

4. 芸豆的需水特性

芸豆比较耐旱而不耐涝。幼苗期需水较少，抽蔓发秧期需水量增加，结荚期需水量较多，土壤相对湿度以 60%~70% 为宜。芸豆不耐涝，幼苗期如果水量大，则下部叶片变黄，开花期田间持水量大则落花落蕾；采收期田间积水达 2 h，则叶片萎蔫，积水 6 h 易导致植株烂根、发病，甚至死亡。空气相对湿度以日平均 70% 为宜，80% 左右有利于授粉受精，达到 80% 以上则易发生锈病。湿度过低，芸豆生长不良，病虫害严重；浇水过多，湿度偏大，又会造成落花落荚，影响产量。

（二）栽培模式

1. 日光温室、大拱棚早春芸豆栽培模式

"立春" 2 月上旬移栽，6 月上中旬采收结束。

2. 大拱棚秋延迟芸豆栽培模式

8 月上旬至 9 月上旬（"处暑" 至 "立秋"），11 月上旬采摘结束。

（三）日光温室早春芸豆土壤修复施肥技术

1. 施基肥

（1）大量元素肥料：移栽前结合整地，每亩施用施可丰复合肥（16-8-16）40~50 kg。

（2）土壤调理剂：每亩施用施可丰碱性元素肥料（pH=10.0~12.0，含 CaO≥20%）80~120 kg。

（3）微生物菌剂：结合整地，每亩施用农用微生物菌剂（有机质≥ 45%，有效活菌数≥ 2 亿 /g）80~120 kg。

（4）植物源生物刺激素：移栽后结合浇移栽缓苗水，每亩冲施木醋液氨基酸水溶性肥料 5 L。

2. 追肥

（1）水溶性肥料：第一穗荚开始采收后，每亩每次冲施施可丰水溶性肥料（20-20-20）5.0~7.5 kg。采荚盛期，每亩每次冲施施可丰水溶性肥料（15-7-38）5.0~7.5 kg。

（2）叶面肥：生长前期，结合病虫害防治，喷施木醋液氨基酸叶面肥 100~150 倍液，生长中后期喷施磷酸二氢钾 500 倍液。

（四）大拱棚秋延迟芸豆土壤修复施肥技术

方法一：

1. 土壤处理技术

氰氨化钙＋秸秆＋太阳能高温闷棚技术见日光温室黄瓜土壤处理（P218）。

2. 施基肥

（1）大量元素肥料：移栽前结合整地，每亩施用施可丰富合肥（16-8-16）40~50 kg。

（2）土壤调理剂：结合整地，每亩施用施可丰碱性元素肥料（pH=10.0~12.0，含 CaO≥20%）40~80 kg。

（3）微生物肥料：结合整地，每亩施用农用微生物菌剂（有机质≥45%，有效活菌数≥5 亿 /g）80~120 kg。

（4）植物源生物刺激素：定植后结合浇缓苗水，每亩冲施木醋液氨基酸水溶性肥料 5 L。

3. 追肥

第一穗荚开始采收后，每亩冲施施可丰水溶性肥料（20-20-20）5 kg；芸豆结荚盛期，每亩冲施施可丰水溶性肥料（15-7-38）5 kg。

方法二：

1. 施基肥

大量元素肥料同方法一。

土壤调理剂：移栽前结合整地每亩施用施可丰碱性元素肥料（pH=10.0~12.0，含 CaO≥20%）120~160 kg。

多功能性肥料同方法一。

2. 追肥

同方法一。

第十节　辛辣类蔬菜

一、大葱

（一）大葱的主要生物学特性

1. 大葱根系发育特性

大葱为弦线状须根系，着生在短缩茎上。大葱的根系发根能力较强，单株根系可达 50~100 条，长度可达 45 cm，直径 1~2 mm，主要根群分布在 30 cm 深土层内。在深培土的情况下，大葱的根系不再向深处生长，而是向水平方向延伸。大葱的根系分枝能力差，根毛少，吸水吸肥能力差，怕涝，如果土壤湿度大，再加上高温，根系极易坏死。

2. 大葱对氮、磷、钾的需求量

大葱是喜肥作物，据测算，每生产 1 000 kg 大葱，需吸收纯氮（N）2.7~3.0 kg、磷（P_2O_5）0.5~1.2 kg、钾（K_2O）3.3~4.0 kg，吸收总量以钾最多，氮次之，磷最少。氮、磷、钾吸收比例为 1.0 ： 0.4 ： 1.3。

3. 大葱对氮、磷、钾的吸收运转规律

（1）氮：移栽缓苗期，天气炎热，大葱根系不发达，叶的生长量小，需氮不多，每亩吸收量为 2 kg 左右，占总吸收量的 13%；8 月下旬（"处暑"前后）绿叶生长量加大，每亩的需氮量递增 2.5 kg 左右，至 9 月底（"秋分"以后），占总吸收量的 50%；10 月底（"霜降"前后）占总吸收量的 87.7%；11 月上旬植株含氮量达到高峰，到 11 月中旬回落至 80.7%。所以氮肥要在 8 月中旬开始追施，9 月重施。

（2）磷：磷吸收积累较缓和，9 月上旬以前基本稳定在每亩吸收量 1.0~1.5 kg 的水平上；9 月中旬以后开始递增，每亩吸收量达到 2.8 kg，占总吸收量的 34.9%；10 月底亩吸收量 6.99 kg，占总吸收量的 86%；11 月上旬达到高峰，以后逐渐回落。

（3）钾：钾素是大葱需要较多的元素。在 8 月中旬以前吸收不多；9 月中旬以后急剧增加，每亩吸收量 9.45 kg，占总吸收量的 34.85%；10 月每亩的吸收量为 23.33 kg，占总吸收量的 86.1%；随着植株产品的形成，11 月上旬吸收量达到高峰，11 月中旬回落到 80.7%。

3. 大葱对水的需求特性

大葱的叶片呈管状，表面多蜡质，能减少水分蒸腾，耐干旱。但根系的吸收能力差，所以各生长发育期均需供应适当的水分。葱幼苗生长旺盛期、叶片生长旺盛期对水分的要求较多，应保持较高的土壤湿度。葱不耐涝，多雨季节应注意及时排水防涝，防止沤根。

（二）栽培模式

1. 小麦 / 大葱栽培模式

小麦收获后抢茬移栽（一般在 6 月上中旬），11 月下旬收获上市。

2. 露地地膜覆盖马铃薯 / 大葱栽培模式

露地地膜覆盖马铃薯收获后抢茬移栽（一般在 6 月上中旬），11 月下旬收获上市。

3. 早春拱棚西瓜（甜瓜）/ 大葱栽培模式

早春西瓜（甜瓜）采收结束后移栽（一般在 6 月上旬），11 月上旬至 12 月下旬收获上市。

（三）小麦 / 大葱栽培土壤修复施肥技术

1. 施基肥

（1）有机肥：结合整地，每亩施用优质土杂肥 3~5 m³。

（2）大量元素肥料：结合整地，每亩施用施可丰复合肥（16-8-16）50~75 kg。

（3）土壤调理剂：结合整地，每亩施用施可丰碱性元素肥料（pH=10.0~12.0，含 CaO≥20%）40~80 kg。

（4）多功能性肥料：结合整地，每亩施用氰氨化钙 5~10 kg。

（5）微生物肥料：结合整地，每亩施用农用微生物菌剂（有机质≥45%，有效活菌数≥2 亿 /g）80~120 kg。

（6）植物源生物刺激素：结合浇移栽水，每亩冲施木醋液氨基酸水溶性肥料 5 L。

2. 追肥

（1）水溶性肥料："立秋"前后每亩追施施可丰水溶性肥料（28-6-6）50 kg；9 月上旬每亩追施施可丰水溶性肥料（15-5-30）50 kg。

（2）叶面肥：前期结合病虫害防治喷施木醋液氨基酸叶面肥 100~1 500 倍液，中后期喷施磷酸二氢钾 500 倍液。

（四）露地地膜覆盖马铃薯、早春拱棚西瓜（甜瓜）/ 大葱土壤修复施肥技术

1. 施基肥

（1）多功能性肥料：结合整地，每亩施用施可丰复合肥（16-8-16）50 kg。

（2）土壤调理剂：结合整地，每亩施用施可丰碱性元素肥料（pH=10.0~12.0，含 CaO≥20%）40~80 kg。

（3）微生物肥料：结合整地，每亩施用农用微生物菌剂（有机质≥50%，有效活菌数≥5 亿 /g）80~120 kg。

（4）植物源生物刺激素：结合浇移栽水，每亩冲施木醋液氨基酸水溶性肥料 5 L。

2. 追肥

同小麦 / 大葱栽培模式。

二、大蒜

（一）大蒜的主要生物学特性

1. 大蒜根系发育特性

大蒜为弦线状须根系，没有明显的主侧根之分。须根数量多而根毛少，分布很浅，主要分布在 5~25 cm 深耕作层内，横层直径 30 cm 左右。大蒜初期发根能力强，若条件适宜，一周内可发根 30 多条，此后根的数量增加缓慢。大蒜退母后又可以发出一批新根，采收蒜薹后根系数量不再增加，此时单株根系多达 100 多条，随后根系开始老化。

2. 大蒜对氮、磷、钾的需求量

大蒜是需肥较多而且较耐肥的蔬菜之一。根据研究表明，大蒜对各种营养元素的吸收量以氮最多，钾、钙、磷、镁次之。把氮的吸收量作为 1 时，则各种元素的吸收比例为氮（N）：磷（P_2O_5）：钾（K_2O）：钙（CaO）：镁（MgO）=1.0：（0.25~0.35）：（0.85~0.95）：（0.5~0.75）：0.06。每生产 1 600 kg 大蒜需吸收氮（N）13.4~16.3 kg、磷（P_2O_5）1.9~2.4 kg、钾（K_2O）7.1~8.5 kg、钙（CaO）1.1~2.1 kg。

3. 大蒜对氮、磷、钾的吸收运转规律

（1）氮：大蒜出苗后就开始吸收氮素营养，而且在以后的每个生长发育阶段都在迅速增加，尤其是在提薹后的鳞茎膨大期对氮的吸收量最多。试验结果表明，大蒜苗期氮的吸收量每亩约 5.8 kg，约占总吸收量的 30%；蒜薹伸长期的吸收量约为 7.4 kg，约占总吸收量的 38%；蒜头膨大期的吸收量约为 6.0 kg，约占总吸收量的 30.7%。

（2）磷：磷素对促进大蒜根系的生长发育、蒜薹和蒜瓣的分化与生长等都是不可缺少的。大蒜苗期对磷的吸收量每亩为 0.855 kg，占总吸收量的 17%；蒜薹伸长期吸收量最高，每亩的吸收量为 3.095 kg，约占总吸收量的 62%；提薹后进入蒜头膨大期吸收量减少，每亩吸收量为 1.1 kg，占总吸收量的 21%。

（3）钾：钾素和氮素一样，在大蒜整个生长发育过程中吸收的量多，植株体内的含量也高，对大蒜的生长发育起着重要的作用，尤其是对蒜体内糖的含量和大蒜的品质有着直接的影响。所以在生产中应十分重视钾肥的使用，保证大蒜对钾素的需要。大蒜对钾素的吸收量比较高，苗期每亩的吸收量为 4.883 kg，约占总吸收量的

21.2%；蒜薹伸长期每亩吸收量为 12.25 kg，约占总吸收量的 53.2%；蒜头膨大期吸收量减少，每亩吸收量为 5.889 kg，约占总吸收量的 25.6%。

（4）钙：大蒜缺钙时，植株叶片上出现坏死斑，随着坏死斑的增大，叶片下弯，叶尖很快死亡，根系生长受到很大抑制。据范永强研究，大蒜缺钙时能引起面包蒜和马尾蒜的发生，增施钙肥可提高蒜头产量和品质。

（5）镁：镁是叶绿素的组成成分，大蒜缺镁会引起叶片褪绿，症状是先在老叶片基部表现，逐渐向叶尖发展，叶片最终变黄死亡；大蒜缺镁的症状一般表现较晚，植株生长缓慢，播种后 30 d，植株才出现 6~7 片叶。增施镁可使大蒜蒜头产量迅速增加，并促进氮、磷、钾的吸收，但对钙的吸收有一定影响，随着镁浓度的提高，钙的吸收减少；然而钙对镁的吸收几乎没有影响。

4. 大蒜对水分的要求

大蒜叶片呈带状，叶面积小，表面有蜡质；根系小，入土浅，分布范围窄，根毛极少，吸收水分能力弱，因而大蒜表现出根对水分要求严，反应敏感，而叶片又耐旱的特点。根据大蒜的形态特点，它对水分的要求是，从播种到出苗要求水分供应充足，但土壤也不能过湿，如果播种时土壤耕作质量差，墒情不好，加上露土过浅，会出现跳蒜现象，如果浇水过多，土壤湿度大，容易引起烂母现象。因此，从播种到出苗，土壤以湿润、不淹渍为宜。出苗后，叶片生长迅速，需要水分多，要多浇水，抽薹期也要保证水分供应充足。采薹期前要控制水分，待植株稍萎蔫时抽薹不易折断。采薹后要立即浇水，以保证养分运输到贮藏器官中。蒜头生长达到最大值时要控制土壤水分，促进蒜头成熟，以提高蒜头质量和耐藏性。

（二）栽培模式

包括大蒜／玉米栽培模式、大蒜／大豆栽培模式、大蒜／花生栽培模式、大蒜／棉花栽培模式、大蒜／辣椒栽培模式、大蒜／茄子栽培模式、大蒜／黄瓜栽培模式。

玉米、大豆、夏花生、夏棉花、辣椒、茄子和黄瓜收获后，整地播种大蒜，一般在 9 月下旬至 10 月上旬播种，翌年 5 月下旬收获上市。

（三）大蒜／玉米土壤修复施肥技术

1. 玉米秸秆还田

玉米收获时进行玉米秸秆还田，结合玉米秸秆还田，每亩施用海藻酸尿素 5.0~7.5 kg。

2. 施基肥

（1）大量元素肥料：结合整地，每亩施用施可丰复合肥（16-8-16 或 18-10-18）80~100 kg。

（2）土壤调理剂：结合整地，每亩施用施可丰碱性元素肥料（pH=10.0~12.0，含 CaO≥20%）40~50 kg。

（3）土壤调理性肥料：结合整地，每亩施用氰氨化钙 10~20 kg。

（4）微生物肥料：结合整地，每亩施用农用微生物菌剂（有机质 ≥ 45%，有效活菌数 ≥ 2 亿 /g）80~120 kg。

（5）植物源生物刺激素：移栽后结合浇水，每亩冲施木醋液氨基酸水溶性肥料 5 L。

3. 追肥

（1）水溶性肥料：春季追肥，大蒜抽薹前 35~40 d 结合浇水每亩追施木醋液氨基酸水溶性肥料 2.5 L、施可丰水溶性肥料（25-10-20）10~15 kg，每隔 10~15 d 冲施一次，连续冲施 2 次。

（2）叶面肥：大蒜返青后结合病虫害防治，喷施磷酸二氢钾 500 倍液。

大蒜 / 辣椒（花生、大豆、茄子、黄瓜）土壤修复施肥技术同大蒜 / 玉米土壤修复施肥技术。

图 3-29、图 3-30 为大蒜土壤修复技术对比效果。

图 3-29 大蒜土壤修复技术苗期对比效果（左为对照）

图 3-30 大蒜土壤修复技术对比效果（左为对照）

三、洋葱

（一）洋葱的主要生物学特性

1. 洋葱根系发育特性

洋葱的胚根入土后不久便会萎缩，因而没有主根。洋葱为弦线状须根，着生于短缩茎盘的基部，根系较弱，无根毛。根系主要密集分布在 20 cm 的耕层中，故耐旱性较差，吸收肥水能力较弱。根系生长温度较地上低，土壤 5 cm 地温 5℃，根系即开始生长，10~15℃最适宜，24~25℃时生长缓慢。

2. 洋葱对氮、磷、钾、钙、镁的需求量

据测算，每生产 1 000 kg 洋葱头，需从土壤中吸收氮（N）2.0~2.4 kg、磷（P_2O_5）0.7~0.9 kg、钾（K_2O）2.2~4.2 kg、钙（CaO）1.16 kg、镁（MgO）0.33 kg。洋葱全生育期对氮、磷、钾的吸收比例为 2.75 ： 1.0 ： 4.0。适量施用钙、镁和微量元素锰、铜、硼，有较好的增产效果。

3. 洋葱对氮、磷、钾的吸收运转规律

洋葱幼苗期生长极为缓慢，干物质积累量较少，对氮、磷、钾的吸收速率较低，吸收量仅占全生育期的 4% 左右；发棵期植株生长迅速，氮、磷、钾的吸收速率分别达到 22.03、8.60 和 15.65 mg/d，吸收量分别占全生育期的 92.74%、91.01% 和 71.79%；鳞茎膨大期氮、磷吸收速率迅速降低，钾仍高达 7.23 mg /d。随着生长的进行，磷、钾吸收比例升高，在鳞茎膨大期氮、磷、钾的吸收比例达 1.0 ： 0.92 ： 9.04。

4. 洋葱的需水特性

洋葱鳞茎为耐旱性器官，贮藏在干旱的条件下仍可保持水分，维持幼芽的生命活动。洋葱根系小，在土壤中分布浅，吸收能力弱。因此，要求经常保持较高的土壤湿度和肥料浓度，以便为根系吸收创造良好的条件。尤其在洋葱发芽期、幼苗生长盛期和鳞茎膨大期需要充足的水分。但在幼苗期和越冬前要控制水分，防止幼苗徒长和遭受冻害。收获前 1~2 周要控制灌水，使鳞茎组织充实，加速成熟，防止鳞茎开裂，提高品质和耐贮性。土壤干旱能促进鳞茎提早形成，但会降低产量。洋葱叶身耐旱，适宜 60%~70% 的空气相对湿度，空气湿度过高容易发生病害。

（二）栽培模式

包括洋葱 / 玉米栽培模式、洋葱 / 水稻栽培模式、洋葱 / 花生栽培模式、玉米、水稻或夏花生收获后，整地移栽，一般在 10 月下旬至 11 月上旬进行。

（三）洋葱土壤修复施肥技术

1. 施基肥

（1）有机肥：结合整地，每亩施用优质土杂肥 3~5 m³。

（2）大量元素肥料：结合整地，每亩施用施可丰复合肥（16-8-16或18-10-18）100 kg。

（3）土壤调理剂：结合整地，每亩施用施可丰碱性元素肥料（pH=10.0~12.0，含CaO≥20%）40~80 kg。

（4）微生物肥料：结合整地，每亩施用农用微生物菌剂（有机质≥45%，有效活菌数≥2亿/g）100~120 kg。

（5）植物源生物刺激素：移栽时，结合浇移栽水，每亩冲施木醋液氨基酸水溶性肥料5 L。

2.追肥

（1）水溶性肥料：发棵期追肥。早春结合浇水，每亩追施施可丰水溶性肥料（30-5-5）25~30 kg；鳞茎膨大期每亩追施施可丰复合肥（15-7-38）15~20 kg，连续追施2~3次。

（2）叶面肥：结合病虫害防治，喷施磷酸二氢钾500倍液。

四、韭菜

（一）韭菜的主要生育特性

1.韭菜根系发育特性

韭菜为弦线根，须根系，没有主侧根，一般无二级侧根。根着生于茎盘基部，茎盘的基部不断向上增生，形成根状茎，新根着生在茎盘及根状茎的侧面。老根年年枯死，新根年年增生，因此韭菜新分蘖着生在原有的茎盘上，新根着生在老根的上侧。如此不断分蘖和着生新根，使根的着生位置不断上移，这种上移根的现象叫作"跳根"。

韭菜的根系以须根为主，大部分根系分布在2~30 cm深土层中。根数多，一般单株有须根20~40条，根粗1.5~3.0 mm，根长20~50 cm。须根上根毛稀少，分为吸收根、半贮藏根和贮藏根3种。

2.韭菜对氮、磷、钾的需求量

韭菜是喜肥作物，耐肥力强，其需肥量因栽植年龄不同而不同。当年播种的韭菜，特别是发芽期和幼苗期根系，吸收肥料的能力较弱，需肥量少。2~4年生韭菜，生长量大，需肥较多。据测算，一般每生产1 000 kg韭菜需从土壤中吸收氮（N）5~6 kg、磷（P_2O_5）1.8~2.4 kg、钾（K_2O）6.2~7.8 kg。氮、磷、钾的吸收比例大体是2.5∶1.0∶3.3。

3.韭菜的吸收水分特性

韭菜的叶片扁平、细瘦，表面覆盖有蜡粉，角质层较厚，气孔深陷，水分蒸腾量少，具有耐旱的特性，适于较低的空气湿度，以空气相对湿度60%~70%为宜。韭菜怕涝，喜欢湿润的土壤，在大面积保护地栽培中，11月下旬浇一次足墒水后，连续收割几茬不浇水。但秋季秋高气爽，光照充足，是韭菜旺盛生长的最佳季节，要使韭菜粗壮生长，为冬春韭菜高产奠定基础，必须保证水分的充足供应。

（二）栽培模式

1.露地栽培模式

"清明"节即4月上旬发芽，4月下旬收获上市。

2.日光温室栽培模式

11月底开始升温，12月底收获上市，连续收割3茬，满足元旦、春节和正月市场需求。

3.大拱棚栽培模式

同日光温室栽培模式。

（三）日光温室、大拱棚、露地韭菜土壤修复施肥技术

1.施基肥（萌芽前10~15 d）

（1）有机肥：萌芽前，结合清理韭菜的残叶，每亩施用优质土杂肥3~4 m³，或充分腐熟的羊粪、兔子粪等2~3 m³。

（2）大量元素肥料：结合清理韭菜的残叶，每亩沟施施可丰复合肥（16-8-16或18-10-18）40~50 kg。

（3）土壤调理剂：结合清理韭菜的残叶，每亩沟施施可丰碱性元素肥料（pH=10.0~12.0，含CaO≥20%）40~50 kg；沟施氰氨化钙10~15 kg。

（4）微生物肥料：结合清理韭菜的残叶，每亩施用农用微生物菌剂（有机质≥45%，有效活菌数≥2亿/g）160~240 kg。

（5）植物源生物刺激素：结合浇水，每亩冲施木醋液氨基酸水溶肥5 L。

2.追肥

（1）收割期追肥：每割一茬，结合浇水每亩冲施施可丰水溶性肥料（20-10-20）7.5~10.0 kg。

（2）追秋肥："立秋"前后，每亩韭菜施用优质土杂肥2~3 m³，施可丰平衡型复合肥（15-15-15）50 kg，施可丰碱性元素肥料（pH=10.0~12.0，Ca含量≥20%）40~80 kg。

五、生姜

（一）生姜的主要生育特性

1.生姜的根系发育特性

生姜的根系属肉质根，根系不发达，一般每个姜块只能生7~9条根；根系入土浅，

主要分布在 0~30 cm 深土层中，根系吸收肥水能力弱，土层深度超过 30 cm 无吸收能力。

2. 生姜对氮、磷、钾的需求量

生姜为喜肥耐肥作物，对养分要求比较严格。据测算，每生产 1 000 kg 鲜姜，需要从土壤中吸收氮（N）4.44 kg、磷（P_2O_5）1.21 kg、钾（K_2O）6.96 kg，吸收比例为 3.5：1.0：5.5。

3. 生姜对矿物营养的吸收运转规律

生姜对氮、磷、钾的吸收与生长规律是一致的，呈"S"曲线。在幼苗期，植株生长缓慢，生长量小，幼苗对氮、磷、钾的吸收量也小，此期吸收氮、磷、钾的量占总吸收量的 12.59%、14.44% 和 15.71%；三股杈后，植株生长迅速，分杈速度加快，叶面积增大，根茎生长旺盛，需肥量也迅速增加。整个旺长期吸收氮、磷、钾的量分别占总吸收量的 87.41%、85.56% 和 84.29%。旺盛生长期又可分为三个时期，即旺盛前期、旺盛中期和旺盛后期。在旺盛前期吸收氮、磷、钾的量分别占总吸收量的 34.75%、35.03%、35.18%；在旺盛中期吸收氮、磷、钾的量占总吸收量的 21.3%，与前期相似；在旺盛后期吸收氮、磷、钾的量分别占总吸收量的 31.43%、29.27% 和 27.75%。从不同的生长期对氮、磷、钾的吸收量来看，随着生长期的推进，钾的吸收比例略有下降，氮的吸收比例略有提高。总之，生姜对钾的吸收量最大，氮次之，磷最少。

生姜对钙和镁的吸收规律一致，吸收量也基本相同，接近收获时，单株吸收钙 461.5 mg/株、镁 480.03 mg/株。生姜对锌的吸收呈指数曲线变化，在生长后期，单株日吸收锌达到 49.5 mg，比生长前期高出 1 倍多；对硼的吸收呈双"S"曲线变化。

生姜产量与土壤氮、钾、钙、铁、锌和硼的相关关系如图 3-31~图 3-37。

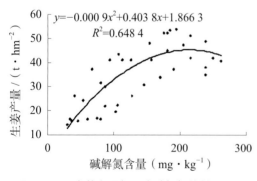

图 3-31 大姜产量与土壤碱解氮的关系

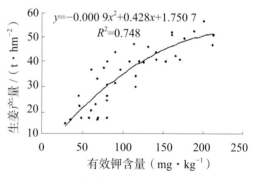

图 3-32 大姜产量与土壤有效钾的关系

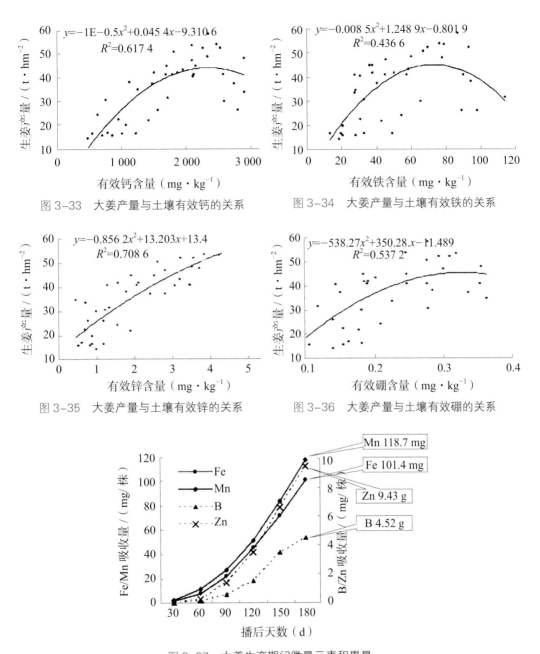

图 3-33 大姜产量与土壤有效钙的关系

图 3-34 大姜产量与土壤有效铁的关系

图 3-35 大姜产量与土壤有效锌的关系

图 3-36 大姜产量与土壤有效硼的关系

图 3-37 大姜生育期间微量元素积累量

4. 生姜需水特性

生姜为浅根性作物，根系不发达，吸收力较弱，不能充分利用土壤深层的水分。叶片的保护组织亦不发达，水分蒸发快，因而不耐干旱，对水分要求严格。一般幼苗期生长量少，需水少，生长旺盛期则需大量水分。为了满足其生长发育需要，要求土壤始终保持湿润，使土壤水分维持在田间最大持水量的 70%~80% 为宜。

生姜不耐干旱，亦极不耐涝。在干旱条件下虽可存活，但生长不良，产量大减，且根茎纤维增多，品质变劣。同样，土壤水分也不可过多，土壤积水轻则使发芽出苗变慢，根系发育不良，重则引发姜瘟病，引起减产甚至绝产。生姜产量与土壤湿度的关系如图3-38。

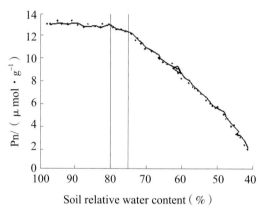

图3-38　大姜产量与土壤湿度的关系

（二）栽培模式

1.露地栽培模式

4月下旬播种，11月上旬收获上市。

2.小拱棚栽培模式

4月中旬播种，11月中旬收获上市。

（三）生姜土壤修复施肥技术

1.施基肥

（1）有机肥：结合整地，每亩施用腐熟的羊粪或兔子粪等优质有机肥5~10 m³。

（2）大量元素肥料：移栽时结合栽植，每亩施用施可丰复合肥（15-15-15）10~20 kg。

（3）土壤调理性肥料：结合整地，每亩施用氰氨化钙15~20 kg、大颗粒锌肥1 000 g、大颗粒硼砂500 kg，或施可丰碱性元素肥料（pH=10.0~12.0，含CaO≥20%）80~100 kg。

（4）微生物菌剂：开沟后移栽前，在移栽沟内每亩撒施农用微生物菌剂（有机质≥45%，有效活菌数≥2亿/g）120~160 kg。

（5）植物源生物刺激素：移栽时结合浇水，每亩冲施木醋液氨基酸水溶性肥料5 L。

2.追肥

（1）苗期追肥（三杈期前）：每亩冲施木醋液或氨基酸水溶性肥料5 L。

（2）生长盛期追肥（三股杈后）：第一次，三杈期结合浇水每亩冲施施可丰水溶性肥料（20-20-20）5~10 kg；

第二次，第一次施肥后 25 d 左右结合浇水每亩冲施施可丰水溶性肥料（15-7-38）5 kg；第三次，"立秋"前 25 d 左右结合小培土每亩追施施可丰复合肥（16-8-16 或 19-4-21）复合肥 50 kg；第四次，"立秋"结合培土每亩追施微生物菌剂（有机质≥45%，有效活菌数≥2 亿/g）160~200 kg、施可丰复合肥（16-8-16）50 kg；第五次，培土后 30 d 结合浇水，每亩冲施施可丰水溶性肥料（15-7-38）5~10 kg，连续冲施 2~3 次。

（3）叶面肥：六股杈后喷施磷酸二氢钾 500 倍液。

图 3-39 为大姜土壤修复性施肥技术效果。

图 3-39　大姜土壤修复性施肥技术效果

第十一节　果茶类

一、苹果

（一）苹果树的主要生育特性

1.苹果根系发育特性

苹果的根系水平伸展是树冠的 1.5~3.0 倍，深度在 80 cm 左右的土层内，根群主要集中在 20~60 cm 深土层内。苹果的根系没有自然休眠期，只要土壤温度高于 0 ℃，湿度又合适，便可持续生长。在北方气候条件下苹果的根系一年有 2~3 次生长高峰。第 1 次生长高峰在 3 月上中旬至 4 月下旬，发根较多，但持续时间短。第 2 次高峰出现在新梢停止生长时，持续生长 35~40 d，是全年发根数量最多的时期。第 3 次高峰在 9 月上旬至 11 月下旬，发根数量虽不如前两次多，但延续的时间最长。进入盛果期以后的大树多数没有第一次发根高峰。根系生长活动及发根数量受砧木种类、地上部养分回流多少的影响。结果多的年份养分回流少，根系生长弱而发根也少，来年就会减产。因此，生产上一方面要控制产量，一方面要加强树体管理、保护叶片，促使有更多的养分回流，以保证根系的正常生长。根系生长受温度、水分、通气状况等环境因素的影响。苹果根系在土温3℃时开始生长，7℃以上时生长加快，20~24℃最适于根系生长。土壤相对湿度60%~80%、含氧量10%~15%、土壤pH 6.5~7.0时根系活跃。因此，通过改良土壤，创造良好的土壤环境，可促进根系生长。

2. 苹果树对矿物营养元素的需求量

苹果树生长和结果需要通过根系从土壤中吸收氮、磷、钾、钙、镁、硼、锌、铜、锰、铁等多种营养元素。在一般情况下，每生产100 kg苹果需氮（N）0.55~0.7 kg、磷（P_2O_5）0.30~0.37 kg、钾（K_2O）0.60~0.72 kg，三者的比例大约为1.0∶0.5∶1.0。苹果对钙的吸收量也很高。钙参与细胞壁的形成，是保证细胞进行正常分裂的不可缺少的物质，有提高抗性与中和代谢过程中产生的草酸而避免毒害的作用。缺钙会引起苹果苦痘病，同时苹果口感变差，表面无光泽，品相也不好。

3. 苹果对氮、磷、钾的吸收与分配动态

在苹果的年生长周期中，萌芽至新梢迅速生长期（早春到5月中下旬），氮素主要来自贮藏于根系和树干及枝条内的氨基态氮，其次是硝态氮和铵态氮；吸氮高峰出现在6月中旬前后，此后吸氮量迅速下降，至晚秋又有所回升，采收后到落叶前氮素又主要以氨基的形态回流到树干、枝条和根系中（图3-40）。氮肥的最大效率期在花芽分化前。

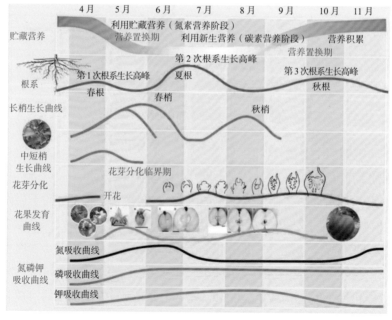

图3-40　苹果营养器官转换吸收及各器官生长发育规律

在年生长周期中树体内的磷含量变化较小，树体对磷的吸收在生长初期迅速达到高峰，此后一直保持在旺盛的水平。

苹果树对钾的吸收在生长前期逐步增加，至果实膨大期（7~8月）达到吸收高峰，此后吸收量迅速下降，直到生长季节结束。

按氮、磷、钾三要素来说，在年生长周期发育过程中，前期以吸收氮为主，中后期以吸收钾为主，磷的吸收全年比较平稳。

4.苹果需水特性

苹果树在整个营养生长期都需要水分，只是各个物候期的需水量不同。春梢迅速生长期需水量最大，为需水临界期。在冬季休眠期内，需水量最少，但也要有一定的水分供应。不同季节需水量不同，主要取决于叶面积大小、空气温度和湿度状况。叶面积大、温度高、湿度小时，果树耗水量大，蒸腾作用强，需水就多；反之蒸腾作用弱，则需水量就少。

苹果树每生产1g干物质需水146~415g，苹果根吸收水分主要用于蒸腾，盛果期苹果树全年蒸腾量相当于150~170 mm的降水量，雨水被果树利用的部分只占1/3左右。

一般土壤条件下，不同时期要求有不同的供水能力。在苹果生长前期，土壤相对持水量为70%~80%。果实膨大期相对持水量保持在60%~70%。果树生长后期则应使土壤相对持水量降到50%~60%。供水不足或过量对果树生长都有不良影响。

（二）渤海湾苹果土壤修复施肥技术

1.秋肥（月子肥）

（1）大量元素肥料：9~11月，盛果期苹果树每棵施用腐植酸或海藻酸高氮高磷硫酸钾复合肥（16-18-10）2.0~2.5 kg。

（2）土壤调理性肥料：盛果期苹果树每棵施用施可丰碱性元素肥料（pH=10.0~12.0，含CaO≥20%）0.5~1.0 kg。

（3）微生物肥料：盛果期苹果树每棵施用农用微生物菌剂（有机质≥45%，有效活菌数≥5亿/g）7.5~10.0 kg。

2.春肥（催花催芽肥）

植物源生物刺激素：3~4月，结合清园冲施生物刺激素水溶性肥料如木醋液氨基酸水溶性肥料0.2~0.3 L。

3.膨果肥

（1）大量元素肥料：果实膨大初期结合浇水环状追施施可丰硫酸钾复合肥（16-8-16）1.5~2.0 kg。

（2）土壤调理性肥料：果实膨大初期结合浇水追施氰氨化钙0.35~0.5 kg，撒施，浅锄。

4. 着色肥（出嫁肥）

果实采摘前 30 d 左右，每亩冲施施可丰高钾水溶性肥料（15-7-38）5.0~7.5 kg，连续追施 1~2 次。

5. 叶面肥

开花后套袋前结合喷药喷施生物刺激素叶面肥，如木醋液或氨基酸叶面肥、尿素硝铵溶液 100~150 倍液、EDTA-Fe 1 500 倍液；套袋后结合喷药喷施磷酸二氢钾 500~600 倍液。

二、桃

（一）桃树的主要生育特性

1. 桃树的根系发育特性

桃树是浅根系果树，根群主要分布在 60 cm 的土层内。桃树根系只要土壤温度和湿度、通气情况和营养等条件适宜，全年都可以生长，两个生长高峰分别在 5~6 月间和 9~10 月间。桃树根系需要的氧气比其他果树多。有一个值得注意的现象，即在老根死亡腐烂分解过程中产生一种叫扁桃甙的物质，对新根生长有抑制作用。

2. 桃树对氮、磷、钾的需求量

桃树生长快，营养生长和生殖生长同时进行，需要较多的肥料。据测算，每生产 1 000 kg 桃需吸收氮 5.0 kg、磷（P_2O_5）1.0 kg、（K_2O）钾 3.0~7.5 kg，三要素的比例大约为 10：（3~4）：（6~16）。同时桃还需要钙、镁、硼、锌、铁、铜等营养元素。

3. 桃树对氮、磷、钾的吸收与分配动态

桃树对氮、磷、钾的需求因品种、栽培方式、气候条件和土壤类型等不同差异较大。桃树在年周期发育过程中，中熟品种吸收量一般是从 6 月上旬开始增强，随着果实生长，吸收量渐次增加，至 7 月上旬果实迅速膨大期，吸收量急剧上升，尤以钾肥吸收量增加最显著，到 7 月中旬，桃树对三要素的吸收量达到最高峰，直到采收前才稍有下降。

4. 桃树的需水特性

（1）萌芽至花前：此时缺水易引起花芽分化不正常，开花不整齐，坐果率降低，直接影响当年产量。

（2）硬核期：此时是新梢快速生长期及果实的第一次迅速生长期，需水量多且对缺水极为敏感，必须保证水分供给；南方地区正值雨季，可根据实际情况确定。

（3）果实膨大期：为果实生长的第二次高峰期，果实体积的 2/3 是在此期生

长的，如果此时不能满足桃树对水分的需求，会严重影响果实的生长，果个变小，品质下降。在果实发育中后期应注意均匀灌水，保持土壤墒情良好且稳定，特别是油桃园，如在久旱后突灌大水易引起裂果。

（4）秋灌：结合晚秋施基肥后灌一次水，以促进根系生长。

（5）冬灌：北方地区一般在封冻前灌一次封冻水，以保持严冬超过计划蓄积充足水分，若冬季（封冻前）雨雪多时可以不冬灌。

（二）华北地区露地桃树（早熟品种）土壤修复施肥技术

1. 秋肥（月子肥，8月下旬至10月下旬）

（1）大量元素肥料：中等肥力和中等产量的盛果期桃树，每棵施用高氮高磷腐植酸或海藻酸或氨基酸硫酸钾复合肥 1.5~2.0 kg。

（2）土壤调理性肥料：结合秋肥每棵施用土壤调理剂如施可丰碱性元素肥料（pH=10.0~12.0，含 CaO≥20%）0.5~1.0 kg。

（3）微生物肥料：结合秋肥每棵施用农用微生物菌剂（有机质≥45%，有效活菌数≥5亿/g）3~5 kg。

2. 促花促芽肥（3月上旬至4月上旬）

（1）植物源生物刺激素：萌芽前结合浇水，每棵盛果期桃树施用木醋液氨基酸水溶性肥料 0.25~0.3 L。

（2）大量元素肥料：萌芽前结合浇水，每棵盛果期桃树冲施施可丰水溶肥（28-8-8）0.25~0.3 kg。

（3）土壤调理性肥料：萌芽后每棵追施氰氨化钙 0.3~0.4 kg，撒施，浅锄。

3. 膨果肥

大量元素肥料：膨果期每棵追施施可丰硫酸钾复合肥（16-8-16）0.25~0.5 kg。

4. 叶面肥

开花后套袋前结合喷药，喷施木醋液氨基酸叶面肥 100~150 倍液、EDTA-Fe 1 500 倍液；套袋后结合喷药喷施磷酸二氢钾 500~600 倍液。

（三）华北地区露地桃树（中晚熟品种）土壤修复施肥技术

1. 秋肥（月子肥，8月下旬至10月下旬）

（1）大量元素肥料：中等肥力和中等产量的盛果期桃树，每棵施用硫酸钾复合肥（16-18-10）1.0~1.5 kg。

（2）土壤调理剂：每棵施用施可丰碱性元素肥料（pH=10.0~12.0，含 CaO≥20%）0.5~0.75 kg。

（3）微生物肥料：每棵施用农用微生物菌剂（有机质≥45%，有效活菌数≥5亿/g）3~5 kg。

2. 促花促芽肥（3月上旬至4月上旬）

（1）植物源生物刺激素：萌芽前结合浇水，每棵盛果期桃树冲施木醋液氨基酸水溶性肥料 0.25~0.3 L

（2）大量元素肥料：萌芽前结合浇水，每棵盛果期桃树冲施施可丰水溶性肥料（28-6-6）0.25~0.3 kg。

（3）土壤调理性肥料：萌芽后每棵盛果期桃树追施氰氨化钙 0.3~0.4 kg，撒施，浅锄。

3. 膨果肥

大量元素肥料。膨果初期每棵盛果期桃树追施施可丰硫酸钾复合肥（16-8-16）1.0~1.5 kg。

4. 着色肥（出嫁肥）

水溶性肥料。果实采摘前 20~30 d，每棵冲施施可丰水溶性肥料（15-7-38）0.15~0.2 kg

5. 叶面肥

开花后套袋前结合喷药喷施木醋液氨基酸叶面肥 100~150 倍液，EDTA-Fe 1 500 倍液；套袋后结合喷药喷施磷酸二氢钾 500~600 倍液。

图 3-41 为露地桃树土壤修复技术效果对比。

图 3-41 露地桃树土壤修复技术效果对比（左为对照）

（四）华北地区大棚桃土壤修复施肥技术

1. 促花促芽肥（上棚前）

（1）植物源生物刺激素：丰产期桃树结合浇水，每亩冲施木醋液氨基酸水溶肥 5~10 L。

（2）大量元素肥料：丰产期桃树结合浇水，每亩冲施施可丰水溶性肥料（28-6-6）5 kg。

2. 萌芽后

土壤调理性肥料：结合浇水每亩追施氰氨化钙 25~30 kg，撒施，浅锄。

3. 膨果期

大量元素肥料：结合浇水或水肥一体化，每亩冲施施可丰水溶性肥料（15－7－38）7.5~10.0 kg，连续冲施 2~3 次。

4. 着色肥

大棚桃采收前 20~30 d，每亩冲施施可丰水溶性肥料（15－7－38）7.5~10.0 kg。

5. 月子肥

大棚桃采收后，每亩追施施可丰硫酸钾肥（15－15－15）50 kg。

6. 养根养花肥（8 月中下旬至 9 月下旬）

（1）大量元素肥料：丰产期桃树每亩追施高氮高磷腐植酸或海藻酸复合肥 75~100 kg。

（2）土壤调理剂：丰产期桃树每亩追施施可丰碱性元素肥料（pH=10.0~12.0，含 CaO≥20%）50~60 kg。

（3）微生物肥料：丰产期桃树每亩追施农用微生物菌剂（有机质≥45%，有效活菌数≥5 亿/g）240~300 kg。

7. 叶面肥

谢花后结合喷药喷施植物源生物刺激素叶面肥，如木醋液氨基酸 100~150 倍液、EDTA－Fe 1 500 倍液；膨果期结合病虫害防治喷药，喷施磷酸二氢钾 500~600 倍液。

三、大樱桃

（一）大樱桃生育特性

1. 大樱桃根系发育特性

大樱桃的根系一般较浅，须根较多，主根不发达，主要由侧根向斜侧方向伸展，但不同种类有一定差别。一般用作甜樱桃砧木的马哈利樱桃、考特樱桃和山樱桃根系比较发达。中国樱桃根系较短，主要分布在 5~30 cm 深土层中。砧木繁殖方法不同，根系生长发育的情况也不同。播种繁殖的砧木，垂直根比较发达，根系分布较深。用压条等方法繁殖的无性系砧木，一般垂直根不发达，水平根发育强健，须根多，固地性强，在土壤中分布比较浅。

2. 生长发育特性

大樱桃属速生果树，叶片肥厚，年生长量大，而且生长发育迅速，从萌芽、展叶、抽梢、开花结果到成熟，都集中在生长季节的前半期（4~6 月），果实发育期仅为 30~50 d，花芽分化时间早、分化进程较快而且相对集中，一般在果实采收后的较短的时间内完成。

3. 大樱桃的需肥量

据研究测定，每生产 100 kg 樱桃，约需吸收氮（N）1.04 kg、磷（P_2O_5）0.14 kg、钾（K_2O）1.37 kg。

4. 大樱桃对矿物营养的吸收运转规律

大樱桃对肥量变化较敏感，一旦某种营养元素不足或过量，就会很快在叶片上表现出来，影响整个树体的营养结构，进而影响树体正常生长发育。大樱桃坐果前的矿物养分需求主要是利用冬前树体贮藏的养分，冬前树体贮藏的养分多少及分配对大樱桃早春开花坐果、枝叶生长和果实膨大有很大影响。大樱桃生长发育迅速，对养分的需求时间也相对集中，尤其集中于生长季的前半期。因此，大樱桃从展叶到果实成熟前需肥量大，采果后花芽分化盛期需肥量次之，其余时间需肥量较少。

5. 大樱桃需水特性

大樱桃的根部需要较高的氧气浓度，对缺氧很敏感，对土壤的含水量也十分敏感。土壤湿度过高时，容易引起枝叶徒长、不利于结果，还会造成土壤中氧气不足，影响根系的正常呼吸作用，严重时烂根，地上部流胶，最后导致树体衰弱死亡。土壤湿度低时，尤其是夏季干旱，浇水不足，新梢生长受抑制，易引起树体早衰，形成"小老树"，翌年产量低，果实品质差，还会引起大量落果。

（二）华北地区露地大樱桃土壤修复施肥技术

1. 秋肥（8 月下旬至 9 月下旬）

（1）大量元素肥料：中等肥力和中等产量的盛果期大樱桃树，每棵施用硫酸钾复合肥（16–18–10）0.75~1.0 kg。

（2）微量元素肥料：每棵施用大颗粒硫酸锌 20~30 g、大颗粒硼肥 10~15 g。

（3）土壤调理性肥料：每棵施用土壤调理剂如施可丰碱性元素肥料（pH=10.0~12.0，含 CaO≥20%）0.5~0.75 kg。

（4）微生物肥料：每棵施用农用微生物菌剂（有机质 ≥ 45%，有效活菌数 ≥ 5 亿 /g）3~5 kg。

2. 促花促芽肥（3 月上旬至 4 月上旬）。

（1）植物源生物刺激素：萌芽前结合浇水，每棵盛果期大樱桃树冲施木醋液氨基酸水溶性肥料 0.25~0.3 L。

（2）大量元素肥料：萌芽前结合浇水，每棵盛果期大樱桃树施可丰水溶性肥料（28–6–6）0.25~0.3 kg。

（3）土壤调理性肥料：花芽萌动后，在距树干 0.8~1.0 m 范围内，每棵盛果期大樱桃树撒施氰氨化钙 0.3~0.4 kg，浅锄。

3. 膨果肥

大量元素肥料：膨果初期，每棵盛果期桃树追施施可丰复合肥（16-8-16）1.0~ 1.5 kg。

4. 着色肥（出嫁肥）

果实采摘前 20 d，每棵冲施施可丰水溶性肥料（15-7-38）0.15~0.2 kg。

5. 月子肥（6 月）

果实采收后，根据树势情况酌情追肥。树势强或中庸的不进行追肥。树势弱的结合浇水，每棵追施施可丰稳定性长效缓释肥（15-15-15）1.0 kg。

6. 叶面肥

开花后结合喷药，喷施木醋液或氨基酸叶面肥 100~150 倍液、EDTA-Fe 1 500 倍液、磷酸二氢钾 500~600 倍液。

（四）华北地区大棚大樱桃土壤修复施肥技术

1. 养根养花肥（8 月中下旬至 9 月下旬）

（1）大量元素肥料：每棵盛果期大樱桃追施高氮高磷腐植酸或海藻酸螯合肥 1.0~1.5 kg。

（2）微量元素肥料：每棵盛果期大樱桃追施大颗粒锌肥 20~30 g、大颗粒硼肥 10~15 g。

（3）土壤调理性肥料：每棵盛果期大樱桃追施氰氨化钙 0.2~0.3 kg，土壤调理剂如施可丰碱性元素肥料（pH=10.0~12.0，含 CaO≥20%）0.5~1.0 kg。

（4）微生物肥料：每棵盛果期大樱桃追施农用微生物菌剂（有机质≥45%，有效活菌数≥5 亿 /g）3.0~4.0 kg。

2. 促花促芽肥（上棚后）

丰产期大樱桃树结合浇水，每亩冲施木醋液氨基酸水溶性肥料 5~10 L、高氮水溶性肥料 5 kg。

3. 膨果肥

大量元素肥料：谢花后结合浇水或水肥一体化，每亩每次冲施施可丰水溶性肥料（15-7-38）7.5~10.0 kg，连续冲施 2~3 次。

4. 着色肥

大棚桃采收前 20 d，每亩冲施施可丰水溶性肥料（15-7-38）7.5~10.0 kg。

5. 月子肥

果实采收后，根据树势情况酌情追肥。树势强或中庸的不进行追肥。树势弱的结合浇水，每棵追施施可丰稳定性长效缓释肥（15-15-15）1.0 kg。

6.叶面肥

谢花后结合喷药，喷施生物刺激素叶面肥，如木醋液氨基酸叶面肥 100~150 倍液、EDTA-Fe 1 500 倍液；膨果期结合病虫害防治喷药，喷施磷酸二氢钾 500~600 倍液。

四、葡萄

（一）葡萄的主要生育特性

1.葡萄根系生长发育特性

葡萄根系发达，根系主要分布在 40~60 cm 深耕层内，旱地葡萄根系可深达 4.5 m 以上。葡萄根系没有明显的休眠期，在适宜的条件下一年四季均可生长，在土温 6~9℃时开始吸收土壤水分和营养物质，12~13℃时开始发新根，新根生长的适宜温度为 21~28℃，土温超过 32℃根系生长缓慢。葡萄的根系一年中有两次生长高峰（图 3-42），第 1 次在春夏季（5~6 月），第 2 次在秋季（9~10 月）。

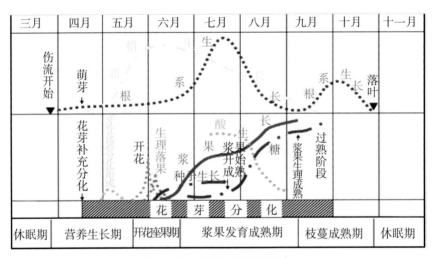

图 3-42　葡萄生长发育规律

2.葡萄对矿物营养元素的需求量

葡萄对氮、磷、钾的需求量因品种、栽培方式、气候条件和土壤类型等不同差异较大。据日本小林章综合各地研究者的材料提出，生产 1 000 kg 葡萄需吸收氮（N）6.0 kg、磷（P_2O_5）3.0 kg、钾（K_2O）7.2 kg，比例为 2.0：1.0：2.4。

综合我国葡萄的研究资料，每生产 1 000 kg 葡萄，吸收氮（N）3 kg、磷（P_2O_5）1.50 kg、钾（K_2O）3.6 kg、钙（CaO）1.5 kg、镁（MgO）1.5 kg、硫（S）0.75 kg。对氮、磷、钾、钙、镁、硫的吸收比例大致为 10.0：5.0：12.0：5.0：5.0：2.5。

3.葡萄对氮、磷、钾的吸收与分配动态

在葡萄的周年生长中，植株生长发育阶段的不同，对不同营养元素的需求种类和

数量有明显的不同。一般在萌芽至开花需要大量的氮素营养；开花期需要硼肥的充足供应；浆果发育、产量与品质形成和花芽分化需要大量的磷、钾、锌等元素；果实成熟时需要钙素营养；采收后还需要补充一定的氮素营养（图 3-43）。

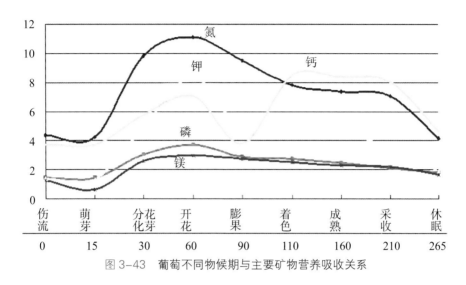

图 3-43　葡萄不同物候期与主要矿物营养吸收关系

4. 葡萄的需水特性

葡萄对水分要求较高，严格控制土壤中水分是栽植葡萄的一个前提。葡萄在生长初期或营养生长期时需水量较多，生长后期，根部较为衰弱需水较少，要避免伤根以免影响品质。葡萄忌雨水及露水，雨水较多年份，因日照不足、光合作用受限制、过多吸收水量，易引起枝条徒长，湿度过高极易引起各种疾病，如黑痘病、灰霉病等。因此，在开花期尽量将枝条含水量保持在 40%~70% 最理想；容易裂果地区结果期应控制灌水量。缺水及易干旱地区要适当垫盖稻草，用以保持土壤湿度，同时也可控制杂草的生长。

（二）北方葡萄栽培模式

包括露地栽培模式、防雨栽培模式、大拱棚栽培模式、日光温室栽培模式等。

（三）北方（露地、防雨栽培）葡萄土壤修复施肥技术

1. 秋肥（月子肥，8 月下旬至 10 月下旬）

（1）大量元素肥料：盛果期葡萄每亩施用腐植酸或氨基酸或海藻酸高氮高磷硫酸钾复合肥（16-18-10）75~100 kg。

（2）土壤调理性肥料：盛果期葡萄每亩施用氰氨化钙 7.5~10.0 kg，撒施，浅锄土壤；土壤调理剂如施可丰碱性元素肥料（pH=10.0~12.0，含 CaO≥20%）40~80 kg。

（3）微生物肥料：盛果期葡萄每亩施用农用微生物菌剂（有机质≥45%，有效活菌数≥2 亿 /g）250~300 kg。

2. 催芽催花肥（3~4 月）

（1）植物源生物刺激素：结合清园、浇水，盛果期葡萄每亩冲施生物刺激素水溶性肥料，如木醋液氨基酸水溶性肥料 5~10 L、尿素硝铵溶液 5 L。

（2）土壤调理性肥料：萌芽期，每亩施用氰氨化钙 5.0~10.0 kg，撒施，浅锄土壤。

3. 膨果肥

（1）大量元素肥料：套袋后（果实膨大初期）盛果期葡萄每亩施用施可丰硫酸钾复合肥（16-8-16）50~75 kg。或结合水肥一体化冲施高氮钾水溶性肥料（20-20-20）5.0~7.5 kg，浇水 6~10 m³，每隔 7~15 d 冲施一次，连续冲施 3~4 次。

（2）土壤调理性肥料：盛果期葡萄每亩施用氰氨化钙 10~20 kg。

4. 着色肥（出嫁肥）

果实采摘前 20~30 d，盛果期葡萄每亩冲施施可丰高钾水溶性肥料（15-7-38）5.0~7.5 kg，连续追施 1~2 次。

5. 叶面肥

开花后套袋前结合病虫害防治喷施生物刺激素叶面肥，如木醋液氨基酸叶面肥 100~150 倍液、尿素硝铵溶液 100~150 倍液、EDTA-Fe 1 500 倍液；套袋后结合喷药喷施磷酸二氢钾 500~600 倍液。

（四）北方大拱棚葡萄土壤修复施肥技术

1. 促芽促花肥（上棚前）

（1）植物源生物刺激素：结合浇水每亩冲施生物刺激素水溶性肥料，如木醋液氨基酸水溶性肥料 5~10 L、尿素硝铵溶液 5 L。

（2）土壤调理性肥料：萌芽后，盛果期葡萄每亩施用氰氨化钙 5.0~10 kg，撒施，浅锄土壤。

2. 膨果肥（膨果期）

（1）大量元素肥料：葡萄套袋后每亩追施腐植酸或氨基酸或海藻酸高氮高钾复合肥（16-7-18）50~75 kg，或结合水肥一体化冲施施可丰水溶性肥料（16-8-34）7.5~10.0 kg，连续冲施 2~3 次。

（2）土壤调理性肥料：葡萄套袋后每亩追施氰氨化钙 10~20 kg，撒施，浅锄土壤。

3. 着色肥

葡萄采收前 20~30 d，每亩冲施高氮高钾水溶性肥料（15-7-38）5 kg，连续冲施 2 次。

4. 月子肥

葡萄采收后，每亩追施腐植酸或施可丰硫酸钾复合肥（15-15-15）50 kg，或水肥一体化冲施施可丰水溶性肥料（20-20-20）5.0~7.5 kg，连续冲施 2~3 次。

5. 养根养花肥（9月上旬至10月下旬）

（1）大量元素肥料：每亩追施施可丰稳定性长效缓释肥（16-18-10）75~100 kg。

（2）土壤调理剂：每亩追施施可丰碱性元素肥料（pH=10.0~12.0，含 CaO≥20%）80~100 kg。

（3）微生物肥料：每亩施用微生物菌剂（有机质≥45%，有效活菌数≥2亿/g）300~400 kg。

6. 叶面肥

开花后套袋前结合喷药喷施生物刺激素叶面肥，如木醋液氨基酸叶面肥 100~150 倍液、EDTA-Fe 1 500 倍液；套袋后结合喷药喷施磷酸二氢钾 500~600 倍液。

（五）北方日光温室葡萄土壤修复施肥技术

1. 促花促芽肥（升温前）

（1）植物源生物刺激素：结合浇水每亩冲施生物刺激素水溶性肥料，如木醋液氨基酸水溶性肥料 5~10 L、尿素硝铵溶液 5 L。

（2）土壤调理性肥料：萌芽后盛果期葡萄每亩施用氰氨化钙 5~10 kg，撒施，浅锄土壤。

2. 膨果肥（膨果期）

（1）大量元素肥料：葡萄套袋后每亩追施施可丰稳定性长效缓释肥（16-8-16）50~75 kg，或结合水肥一体化每亩每次冲施施可丰水溶性肥料（15-7-38）7.5~10 .0 kg，连续冲施 2~3 次。

（2）土壤调理性肥料：葡萄套袋后每亩追施氰氨化钙 10~20 kg，撒施，浅锄土壤。

3. 着色肥

葡萄采收前 20~30 d，每亩每次冲施施可丰水溶性肥料（15-7-38）5 kg，连续冲施 1~2 次。

4. 月子肥

葡萄采收后，每亩追施施可丰硫酸钾复合肥（15-15-15）50 kg。或结合水肥一体化每亩冲施施可丰水溶性肥料（20-20-20）5.0~7.5 kg，连续冲施 2~3 次。

5. 秋肥（9月下旬至10月下旬）

（1）大量元素肥料：每亩追施施可丰复合肥（16-18-10）50~750 kg。

（2）土壤调理性肥料：每亩施用施可丰碱性元素肥料（pH=10.0~12.0，含 CaO≥20%）50~100 kg、氰氨化钙 10~20 kg。

（3）微生物肥料：每亩施用农用微生物菌剂（有机质≥45%，有效活菌数≥2亿/g）300~400 kg。

6. 叶面肥

开花后套袋前结合喷药，喷施生物刺激素叶面肥，如木醋液氨基酸叶面肥100~150 倍液、EDTA-Fe 1 500 倍液；套袋后结合喷药喷施磷酸二氢钾 500~600 倍液。

图 3-44、图 3-45 为露地葡萄常规施肥效果与土壤修复技术效果。

图 3-44　露地葡萄常规施肥效果

图 3-45　露地葡萄土壤修复技术效果

（六）新疆葡萄土壤修复施肥技术

1. 施基肥

（1）有机肥料：葡萄采收后，每亩施用优质腐熟有机肥 3 000 kg 以上；

（2）微生物肥料：葡萄采收后，每亩施用多功能微生物肥料（有效活菌数≥5 亿/g）100 kg；

（3）大量元素肥料：葡萄采收后，施用施可丰复合肥（16-18-10）25 kg。

2. 追肥（水肥一体化—精准施肥）

（1）生根促芽促花肥：萌芽前 15 d，结合浇水每亩冲施木每亩醋液氨基酸水溶肥5 kg，施可丰高氮水溶肥（如 20-10-10）5 kg。

（2）膨果肥：葡萄谢花后小果坐稳后（即小果膨大期），每亩追施施可丰硫酸钾复合肥（17-17-17）30 kg。

（3）着色肥：果实开始着色时，施用施可丰水溶性肥料（15-7-38）25 kg，促进葡萄快速干物质的积累和转色。

五、梨

（一）梨树的主要生育特性

1. 梨树的根系发育特性

梨树根的生长与土壤温度关系密切。一般萌芽前表土温度达到 0.4~0.5℃时，根系便开始活动；当土壤温度达到 4~5℃时，根系即开始生长；15~25℃生长加快，但以 20~21℃根系生长速度最快；土壤温度超过 30℃或低于 0℃，根系就停止生长。梨树根系生长一般比地上部的枝条生长早 1 个月左右，且与枝条生长呈相互消长关系。

长江流域及以南地区，幼龄梨树根系的周年生长活动一般有 3 次生长高峰。第 1 次生长高峰出现在 3 月下旬到 4 月中下旬，根系生长依靠贮藏营养，一般生长量最大。第 2 次根系生长高峰出现在 5 月上中旬到 7 月上旬，该期随着新梢生长和叶面积的基本形成，地上部同化养分供应日渐充足，加上土温适宜，因此根的生长量也较大。此后随着气温升高，根系生长逐渐受到抑制。到 10 月上中旬后，随着地温下降，梨树根系生长又逐渐加快，并出现第 3 次生长高峰，直到 11 月上旬，随着落叶的开始而停止生长，该期根系生长时间短，根系生长量较小，不及以上两次。

结果期梨树由于开花结果的影响，根系生长一般只有两次生长高峰。第 1 次出现在 5 月上中旬到 6 月下旬，此期同化养分供应日渐充足，土温又在 20℃左右，最适宜梨树根系快速、旺盛地生长，是结果期梨树根系生长最重要的时期。之后随着气温和土壤温度的不断升高，梨树根系生长逐渐变慢。果实采收后，特别是 9 月上中旬起，随着同化养分的迅速积累，土壤温度又逐渐回落到 20℃左右，因而根系出现第 2 次生长高峰，一般维持到 10 月中旬左右，但生长量不及第 1 次。之后随着气温的急剧下降，根系生长又渐趋缓慢，至地上部出现落叶后，梨树根系也随之进入相对休眠阶段。

梨树根系生长与栽培管理关系密切。若结果过多，导致树势衰弱；粗放管理，出现病虫严重危害；或受旱、涝等，根系生长就会受到严重影响，不仅生长量大大减少，而且在年生长周期中，往往无明显的生长高峰。因此，在抓梨园日常田间管理时，要始终加强梨园的疏果管理、病虫管理、土壤管理和培肥管理等工作，为丰产、优质奠定基础。

梨树根系分布与品种、砧木、树龄、土壤、地下水位及栽培管理关系十分密切。一般土层深厚、疏松肥沃的土壤内根系垂直分布能达到树高的一半，水平分布则能超过树冠的 2 倍。但梨树根系绝大部分集中分布 30~50 cm 深土层内，而且愈近主干，根系分布愈密，入土愈浅；反之，入土深，分布稀。

2. 梨树对氮、磷、钾的需求量

在梨树的周年生长中，梨树对主要营养元素的吸收数量因树龄和树冠大小、产量高低以及品种和土壤、气候条件的不同而有所差异。研究表明，我国秋白梨每生产 100 kg 果实需氮（N）0.5~0.6 kg，氮、磷、钾比例为 1.0 ∶ 0.5 ∶ 1.0；吉林延边梨产区经验施肥认为，每生产 100 kg 果实需氮（N）0.35 kg、磷（P_2O_5）0.175 kg、钾（K_2O）0.175 kg，氮、磷、钾比例为 1.0 ∶ 0.5 ∶ 0.5；山东梨区总结大面积生产施肥水平认为，每 100 kg 梨果需吸收氮（N）0.225 kg、磷（P_2O_5）0.10 kg、钾（K_2O）0.225 kg，氮、磷、钾比例为 1.0 ∶（0.5~0.7）∶ 1.0；河北昌黎果树研究所总结密植鸭梨施肥量，每 100 kg 梨果，需氮（N）0.3~0.5 kg、磷（P_2O_5）0.15~0.2 kg、钾（P_2O_5）0.3~0.45 kg，氮、磷、钾比例大致为 1.0 ∶ 0.5 ∶ 1.0。

不同的品种对氮、磷、钾、钙、镁的需要量也有差异，表 3-10 中列出了两个梨品种每生产 100 kg 鲜果对主要营养元素的吸收量。

表 3-10　　　　　　　　不同品种梨对氮、磷、钾、镁的吸收特性（kg）

品种	氮（N）	磷（P_2O_5）	钾（K_2O）	钙（CaO）	镁（MgO）
长十郎	0.43	0.16	0.41		
二十世纪	0.47	0.23	0.48	0.44	0.13

3. 梨树对矿物营养元素的吸收与分配动态

（1）萌芽开花期：对于成年结果树来说，开花期的花朵、新梢和幼叶内的氮、磷、钾三要素的含量都较高，氮的含量最高。但此时主要是利用树体上年贮藏的养分，对土壤中主要养分的吸收数量并不多。

（2）新梢旺盛生长期：该时期树体生长量大，是氮、磷、钾吸收最多的时期，其中以氮的吸收量最多，其次为钾，再次为磷。

（3）花芽分化和果实迅速膨大期：该时期需要较多的营养供应，尤其是果实膨大期需要较多的钾，此期钾的吸收量高于氮的吸收量，磷的吸收量仍比氮的吸收量小。

（4）果实采收至落叶期：此期主要是养分回流，虽然树体还能吸收部分营养元素，但数量并不多。

结合梨树生长发育过程来看，对氮、磷、钾三要素的吸收从萌芽前即开始，氮的吸收在 5 月达到最大的吸收高峰，这是由于新生树叶伸长扩展引起的；其后对氮的吸收量渐次减少，但 6~7 月随果实发育而氮的吸收略有增加，在 7 月有一个较低的吸收高峰。

对钾的吸收与氮相似，在 5 月有最大的吸收高峰，7 月的吸收高峰也较大，这与新梢伸展和果实发育密切相关。

至于磷的吸收量变化不大，新梢伸长而引起的吸收高峰约在 5 月，其后即减少；相反，果实对磷的吸收从 6~7 月增加，至 8 月为最大，两者合计变化不大。

钙对梨具有重要的生理营养功能，缺钙能引起苜蓿青（青头）、木栓斑和鸡爪病等生理病害。梨对钙的吸收时期很长，在整个生长期内，钙均能进入果实，且其中 80% 以上是盛花后第 60~140 d 进入的。

4. 梨树的需水特性

梨的枝梢含水量 50%~70%，幼芽含水量 60%~80%，果实含水量 85% 以上。正常情况下每天每平方米叶面积的水分蒸发量约为 40 g，低于 10 g 即引起伤害。日本的山本隆俄的研究认为，梨的蒸腾与吸收比率的季节变化在品种间变化不大，当总日照量超过 1 674.7 J（$cm^2 \cdot d$）的时候，其比率即超过 1，日蒸腾超过日吸收的临界值，在巴梨为 12 g/（$dm^2 \cdot d$），20 世纪为 10.5 g/（$dm^2 \cdot d$）。从日出到中午，叶片蒸腾率超过水分吸收率，尤其是在雨季的晴天。从午后到夜间吸收率超过蒸腾率时，则水分逆境程度减轻，水分吸收率和蒸腾率的比值 8 月下旬比 7 月上旬至 8 月上旬要大一些。巴梨的午间吸收停滞表现最大。根据林真二的研究，如产梨 4 000 kg，则年需水达 640 t 之多。在干旱的状况下，白天梨果收缩发生皱皮，如夜间能吸收水分补充，则可以恢复或增长，否则果实小或始终皱皮。如久旱忽遇雨，可恢复肥大直至发生角质，明显龟裂。梨比较耐涝，但在高温死水中浸泡 1~2 d 即引起树死；在低氧水中浸泡 9 d 发生凋萎；在较高氧水中浸泡 11 d 凋萎，在浅流水中 20 d 也不致凋萎。在地下水位高、排水不良或空隙率小的黏土中，根系生长不良。久旱、久雨都对梨树生长不利。在生产上要及时旱灌涝排，尽量避免土壤水分的剧烈变化。若梨园水分不稳定，久旱遇大雨，会造成结果园大量裂果，损失巨大。尤其是韩国砂梨中的华山、我国梨品种中的绿宝石，裂果都比较严重。

（二）渤海湾地区梨树土壤修复施肥技术

1. 秋肥（月子肥，9 月上旬至 11 月上旬）

（1）大量元素肥料：盛果期梨树每棵施用腐植酸或海藻酸或氨基酸高氮高磷硫酸钾复合肥（16-18-10）2.0~2.5 kg。

（2）土壤调理性肥料：盛果期梨树每棵追施土壤调理剂如施可丰碱性元素肥料（pH=10.0~12.0，含 CaO≥20%）1.0~1.5 kg。

（3）微生物肥料：盛果期梨树每棵追施农用微生物菌剂（有机质 ≥ 45%，有效活菌数 ≥ 5 亿 /g）7.5~10.0 kg。

2. 催花催芽肥（3~4 月）

（1）植物源生物刺激素：萌芽前 10 d 左右，结合果树清园，每棵追施植物源生物刺激素水溶性肥料如木醋液氨基酸水溶性肥料 0.2~0.3 L 或每亩 5~10 L。

（2）土壤调理性肥料：萌芽后，每棵梨树施用氰氨化钙 0.25~0.5 kg，撒施，浅锄。

3.落花肥

梨树落花后正处于新梢由旺盛生长转慢至停止生长，花芽为分化前的营养准备，也是新旧营养交接的转换期，如果供肥不足或不及时，容易引起生理落果和影响花芽分化。结合水肥一体化每亩冲施平衡型施可丰水溶性肥料（20-20-20）7.5~10.0 kg。

4.膨果肥（7~8 月）

（1）大量元素肥料：梨果迅速膨大期，此期应以钾肥为主，配以磷、氮肥，可提高果品的产量和质量，并促进花芽分化，一般每棵追施施可丰复合肥（16-8-16或 18-10-18）2~3 kg；或结合水肥一体化每亩冲施施可丰水溶性肥料（15-7-38）5.0~7.5 kg，浇水 6~10 m^3，每隔 7~15 d 冲施一次，连续冲施 3~4 次。

（2）土壤调理性肥料：果实膨大初期每棵追施氰氨化钙 500~750 g，撒施，浅锄土壤。

5.叶面肥

开花后套袋前结合喷药，喷施木醋液氨基酸叶面肥 100~150 倍液、尿素硝铵溶液 100~150 倍液、EDTA-Fe 1 500 倍液；套袋后结合喷药喷施磷酸二氢钾500~600 倍液。

图 3-46~ 图 3-48 为梨树常规施肥效果与土壤修复技术效果。

图 3-46 梨树常规施肥效果

图 3-47 梨树土壤修复技术效果

图 3-48 梨树土壤修复技术收获期对比效果（右为对照）

（三）新疆库尔勒梨土壤修复施肥技术

1. 施基肥

（1）有机肥料：采收后，盛果期树每株追施腐熟的羊粪或兔子粪 10~20 kg。

（2）微生物菌剂：采收后，盛果期树为每株追施（有机质 ≥ 45%，有效活菌数 ≥ 5 亿 /g）2~5 kg。

（3）大量元素肥料：采收后，盛果期树每株施用施可丰高氮高磷复合肥（17-17-10）每株 2 kg。

2. 追肥

（1）促花促芽肥：开花前 15d，结合浇水冲施木醋液氨基酸水溶肥 5~10 L。

（2）膨果肥：6 月追施施可丰水溶性肥料（16-8-16）每株 2 kg；7 月结合滴灌，每亩冲施施可丰水溶性肥料（15-7-38）30 kg。

（3）转色肥：8 月份每亩冲施施可丰水溶性肥料（15-7-38）20 kg。

六、枣

（一）枣树的主要生育特性

1. 枣树的根系发育特性

枣树的根系分布特点是伸展广远，密度较小，深度因土壤条件和地下水位高低而不同。在土质好、土层深厚、无砂姜层的条件下，90% 以上的根系分布在地表以下 10~60 cm 的土层中，分布在 15~50 cm 深的土层最多，占全树总根数的 70%~75%。枣树的骨干根系以水平根为主，成龄大树水平根可伸展到距离树干 18 m 以外的远处，超过树冠半径的 3~6 倍，但大部分集中在树冠下比较小的范围内，距离树干 3 m 以内的根量占总根量的 50%~55%；6 m 以外的根数稀少，不到总根量的 20%。枣树根系垂直分布深度一般可以达到 4 m，但在土层浅薄或者地下水位较高的地方，根系的垂直分布会受到土层和水位的限制。

枣树根系在周年活动与地上部分具有相同的特点。其生长发育均需要较高的温度，与其他果树相比，枣树春季生长活动较晚，秋季停止生长较早，春季地温回升到 7~8℃时根系开始萌动，地温平均达到 11℃以上时开始生长，达到 21℃时根系的各组成部分开始旺盛生长，当地温保持在 25~29℃时根系生长速度最快。秋季地温开始下降，根系生长速度逐渐减缓，当地温降至 11℃时，根系停止生长，逐渐转入休眠期。春季气温、地温逐渐升高，枣树的根系生长先于地上部分，开始生长的具体时间因品种、地区和年份等而异。主要受环境温度的影响，土壤温度和湿度是根系生长发育的重要启动信号，在我国华北地区，一般在 3 月中下旬到 4 月上旬芽萌动前，可以观察到枣树细根开始生长活动，此时因土温低于环境温度，细根的生长十分缓慢，5 d 生长量仅 1 cm 左右。5月中上旬展叶生长期，地温一般可达 8~20℃，根系生长逐渐加速。7月中旬至 8月中旬，地温达到 25℃以上，根系生长出现第一高峰，5 d 生长量一般达到 3~6 cm。8月下旬以后随着地温的下降生长逐渐缓慢，9月中旬以后，新根生长停止，根系数量保持稳定。10月下旬至 11月上旬，随外界温度的降低，枣树的叶片逐渐变黄脱落，根系此时已经停止各种生长活动，并贮藏地上部分运送来的营养，逐渐转入休眠期。

2. 枣树对氮、磷、钾的需求量

枣树耐旱、耐瘠，即使在缺肥少水的条件下仍能开花坐果，但产量低、质量差。枣树对肥料的反应比较敏感，需求量大，据研究，每生产 100 kg 鲜枣，需氮（N）1.5 kg、磷（P_2O_5）1.0 kg、钾（K_2O）1.3 kg。经测定，高产枣树叶片中氮、磷、钾含量分别为 3.1%~4.1%、0.44%~0.58% 和 1.2%~2.6%，当叶片中氮低于 2.7% 时，营养生长衰弱，花蕾分化少，结果能力低。

3. 枣树对矿物营养元素的吸收与分配动态

枣树在周年生长季中所需的矿物营养元素各个时期有所不同，从萌芽到开花期（5月），花芽分化，若供氮不足会引起花蕾分化差；开花期（6月）开花坐果与幼果生长同步进行，需要氮、钾和钙素营养较多；果实生长期（7~9月），果实生长和根系生长同时进行，果实需积累大量的营养以保证膨大和成熟，氮、钾肥需求较多；果实成熟至落叶前，树体主要进行营养积累，是第二年树体发芽长叶的基础，此期的肥料营养需求显著减少。

（二）渤海湾（沾化、沧州）冬枣土壤修复施肥技术

1. 秋季追肥

（1）大量元素肥料：果实采收后（10月中旬）秋季施肥宜早不宜晚。条施、放射沟施和环沟施用均可，开沟 40 cm 左右即可。盛果期枣树每棵施用氨基酸或腐植酸或海藻酸高氮高磷中钾螯合肥（16-18-10）0.5~0.75 kg。

2. 早春追肥

植物源生物刺激素：早春（3月），结合浇水，成年树一般每棵施入植物源生物刺激素水溶性肥如木醋液氨基酸水溶性肥料 0.1~0.15 L。

3. 膨果肥

（1）大量元素肥料：幼果开始生长后，每棵追施施可丰腐植酸或海藻酸螯合肥（16-8-16）0.5~0.75 kg。

（2）土壤调理性肥料：结合追施膨果肥，每棵追施氰氨化钙 100~150g。

4. 叶面肥

开花坐果前结合病害防治喷施生物刺激素叶面肥，如木醋液氨基酸叶面肥 150 倍液、EDTA-Fe 1 500 倍液，连续喷施 2~3 次；幼果膨大后结合病害防治喷施磷酸二氢钾 500 倍液，连续喷施 2~3 次。

（三）新疆冬枣土壤修复施肥技术

1. 秋季追肥

（1）大量元素肥料：果实采收后（10 月中旬）秋季施肥宜早不宜晚。条施、放射沟施和环沟施用均可，开沟 40 cm 左右即可。盛果期枣树每棵施高氮高磷中钾复合肥（16-18-10）0.5~0.75 kg。

（2）微生物肥料：盛果期枣树每棵施用农用微生物菌剂（有机质≥70%，有效活菌数≥5 亿 /g）4~5 kg。

2. 早春追肥

多功能性肥料：一般在早春解冻后施入，成年树一般每株施入醋液氨基酸水溶性肥料 0.1~0.15 L。

3. 膨果肥

大量元素肥料：幼果开始生长后，每棵追施施可丰复合肥（16-8-16）0.5~0.75 kg。

4. 叶面肥

开花坐果前结合病害防治喷施生物刺激素叶面肥，如木醋液氨基酸叶面肥 150 倍液、EDTA-Fe 1 500 倍液，连续喷施 2~3 次；幼果膨大后结合病害防治喷施磷酸二氢钾 500 倍液，连续喷施 2~3 次。

图 3-49、图 3-50 为新疆大枣土壤修复技术效果。

图 3-49 新疆大枣树常规施肥效果 　　　图 3-50 新疆大枣土壤修复技术效果

七、茶树

（一）茶树的主要生育特性

1. 茶树的根系发育特性

茶树的根系较发达，其吸收根主要分布在深 10~30 cm 的土层中，横向分布范围相当于树冠的 1.5~2.0 倍。根系在一年中有 3~4 次生长高峰，第 1 次在春季萌芽前，第 2 次在春茶停采后，第 3 次在夏茶停采后，第 4 次在秋茶停采后。

2. 茶树对氮、磷、钾的需求量

茶树是多年生、一年多次采叶的植物，喜铵、聚铝、对氯敏感；在养分吸收方面表现为明显的阶段性、持续性和季节性。据测定，幼龄茶树对氮、磷、钾的吸收比例大体为 3：1：2；壮龄茶树是茶树生长稳定的时期，一般采收 100 kg 茶叶需要吸收氮（N）1.2~1.4 kg、磷（P_2O_5）0.2~0.28 kg、钾（K_2O）0.43~0.75 kg。茶树的吸肥能力较强，一年生茶苗每株年吸收氮（N）0.316 g、磷（P_2O_5）0.118 g、钾（K_2O）0.188 g；三年生幼树吸收氮、磷、钾的量均增加了 11 倍；青年期茶树的吸肥能力最强，除了能大量吸收氮、磷和钾外，还能吸收多种其他元素（表 3-11）。衰老期茶树的吸肥能力较弱，对氮素的需要减少，磷和钾的比例增加。

表 3-11 茶树鲜叶中养分的含量（％）

养分	含量	养分	含量
N	3.5~5.8	Fe_2O_3	0.01~0.02
P_2O_5	0.4~0.9	SO_4	0.6~1.2
K_2O	2.0~3.0	Al	0.1~0.2
CaO	0.2~0.8	Zn	45~65 mg /kg
MgO	0.2~0.5	Cu	15~20 mg /kg
Na	0.05~0.2	Mo	0.4~0.7 mg /kg
Cl	0.2~0.6	B	0.8~1.0 mg /kg
MnO	0.05~0.3		

3. 茶树对氮、磷、钾的吸收与分配动态

在周年生长中，茶树对氮素的吸收以 4~6 月、7~8 月、9 月和 10~11 月为多，前两个时期的吸收量占全年总吸氮量的 53％ 以上。磷的吸收主要集中在 4~7 月和 9 月，约占全年吸磷量的 80％。钾的吸收以 7~9 月为最多，占全年总吸收量的 56％。

（二）北方茶树栽培模式

1. 露地栽培模式

一般 4 月上旬萌芽采收上市。

2. 大拱棚栽培模式

一般 3 月下旬采芽上市。

（三）北方茶树土壤修复施肥技术

1. 秋肥（9月上旬至10月下旬）

（1）大量元素肥料：结合秋管理，每亩施用施可丰复合肥（15-15-15）40~50 kg。

（2）微生物肥料：结合秋季管理，每亩施用农用微生物菌剂（有机质≥70%，有效活菌数≥2亿/g）200~300 kg。

2. 早春施肥

茶树萌芽前7~10 d每亩追施木醋液氨基酸水溶性肥料10 L，施可丰高氮肥（30-0-8）30~40 kg。

3. 夏季追肥

（1）大量元素肥料：6月每亩追施硫酸钾复合肥（20-10-15）40~50 kg。

（2）土壤调理性肥料：结合秋季管理每亩施用氰氨化钙10~15 kg；土壤调理剂如施可丰碱性元素肥料（pH 10.0~12.0，含Ca量≥20%）20~40 kg。

4. 叶面肥

春季结合防治茶小绿叶蝉，喷施植物源生物刺激素叶面肥，如木醋液氨基酸叶面肥100~150倍液、尿素硝铵溶液100~150倍液。

图3-51为北方茶叶土壤修复技术效果。

图 3-51　北方茶叶土壤修复技术对比效果（两侧为对照）

八、草莓

（一）草莓的主要生育特性

1. 草莓的根系发育特性

草莓的根系属于须根系。草莓大多为无性繁殖，其根是茎源根，主要由不定根组成，草莓70%的根系分布在30 cm土层里。由于根系分布浅，对干旱、高温和耐寒冷性较差。

2.草莓对矿物营养元素的需求量

草莓生长需要氮、磷、钾及钙、镁、铁、锌、硼等多种大中微量元素。一般认为，由于栽培方式的不同，氮、磷、钾三要素的吸收量亦各不同。例如在保护地中，每公顷生产草莓 6 800 kg 时，吸收氮（N）14.0 kg、磷（P_2O_5）8.3 kg、钾（K_2O）18.2 kg，N、P、K 吸收比例为 1.7 ∶ 1.0 ∶ 2.2。露地栽培每公顷生产 1 200 kg 草莓时，吸收氮（N）10.0 kg、磷（P_2O_5）3.4 kg、钾（K_2O）13.4 kg，吸收比例为 2.9 ∶ 1.0 ∶ 3.9。生产 750 kg 草莓，吸收氮（N）、磷（P_2O_5）、钾（K_2O）的数量为 10 kg、5 kg、10 kg，大体比例为 2 ∶ 1 ∶ 2。据日本研究，草莓对氮、磷、钾、钙、镁的吸收比例大体为 4.65 ∶ 1.75 ∶ 6.10 ∶ 5.10 ∶ 1.70。

3.草莓对氮、磷、钾的吸收运转规律

草莓对肥料的吸收量随生长发育进程而逐渐增加，尤其在果实膨大期、采收始期和采收旺期吸肥能力特别强。草莓一生中对钾和氮的吸收量较大，在采收旺期对钾的吸收量要超过对氮的吸收量。在提高草莓品质方面，追施钾肥和氮肥比追施磷肥效果好。草莓整个生长过程对磷的吸收较弱，磷过量，会降低草莓的光泽度。草莓一旦某种元素缺乏，植株就会表现出相应的缺素症状，应及时采取补救措施。

4.草莓对水分的要求

草莓在不同生育期对水分的要求也不一样。花芽分化期适当减少水分，保持田间持水量 60%~65%，以促进花芽的形成。开花期应满足水分的供应，以不低于土壤田间持水量的 70% 为宜，此时缺水，影响花朵的开放和授粉受精，严重干旱时，花朵枯萎。果实膨大期需水量也比较大，应保持田间持水量的 80%，此时缺水，果个变小，品质变差。浆果成熟期应适当控水，保持田间持水量的 70% 为宜，促进果实着色，提高品质，如果水分太多，容易造成烂果。

（二）栽培模式

1.日光温室越冬茬栽培

9 月上旬定植，元旦（12 月下旬）前后采收上市，翌年 5 月结束采收。

2.大拱棚冬春栽培

9 月上旬定植，翌年 3~4 月采收上市，翌年 5 月结束采收。

3.露地栽培模式

9 月上旬定植，翌年 5 月采收上市，翌年 6 月结束采收。

（三）日光温室、拱棚和露地草莓土壤修复施肥技术（兼防草莓土传病害）

方法一：

1.氰氨化钙＋太阳能＋秸秆高温土壤处理技术（7 月上旬至 8 月上旬）

草莓结束采收后，清理田间草莓植株，每亩撒施氰氨化钙 30~40 kg、碎秸秆（麦秸、稻草等）500~800 kg。然后耕翻 20~30 cm，耙细后起 80~100 cm 的垄或 2 m 左右的畦，覆盖黑地膜，在膜下浇大水。保持土壤湿润状态 20~30 d。

2. 土壤调理剂

草莓移栽前结合整地，每亩施用土壤调理剂如施可丰碱性元素肥料（pH=10.0~12.0，含 Ca ≥20%）40~80 kg。

3. 微生物肥料

草莓移栽前结合整地，每亩撒施农用微生物菌剂（有机质 ≥ 70%，有效活菌数 ≥ 5 亿 /g）240~280 kg。

4. 缓苗肥

移栽后，结合浇缓苗水，每亩冲施木醋液氨基酸水溶性肥料 5 L。

5. 促花肥

大量元素肥料：草莓破眠后，结合田间管理每亩追施施可丰水溶肥（16-8-16）50 kg。

6. 膨果肥

第一茬草莓生长到黄豆粒大小后，每亩每次冲施施可丰平衡型水溶肥（20-20-20）5.0~7.5 kg。

草莓采摘后，根据产量和生长状况每亩每次冲施施可丰高钾水溶性肥料（15-7-38）5.0~7.5 kg。

7. 叶面肥

结合病虫害防治，喷药时喷施生物刺激素叶面肥，如木醋液氨基酸叶面肥 150~200 倍液和磷酸二氢钾 500 倍液。

方法二：

1. 土壤调理性肥料

无法进行"氰氨化钙＋秸秆＋太阳能高温土壤处理"的地块，在前茬作物收获后草莓移栽前结合整地，每亩施用施可丰碱性元素肥料（pH=10.0~12.0，Ca 含量 ≥20%）80~100 kg。

2. 微生物肥料

草莓移栽前结合整地，每亩施用农用微生物菌剂（有机质 ≥ 70%，有效活菌数 ≥ 2 亿 /g）200~240 kg。

3. 缓苗肥

移栽后，结合浇缓苗水，每亩每次冲施木醋液氨基酸水溶性肥料 5 L。

4. 促花肥

草莓破眠后，结合田间管理每亩追施施可丰水溶肥（16-8-16）50 kg。

5. 膨果肥

第一茬草莓生长到豆粒大小后，每亩每次冲施施可丰平衡型水溶性肥料（20-20-20）5.0~7.5 kg。

草莓采摘后，根据产量和生长状况每亩每次冲施施可丰高钾水溶性肥料（15-7-38）5.0~7.5 kg。

6. 叶面肥

结合病虫害防治，喷药时喷施生物刺激素叶面肥，如木醋液或氨基酸叶面肥150~200 倍液和磷酸二氢钾 500 倍液。

图 3-52、图 3-53 为草莓土壤修复技术效果。

图 3-52　草莓土壤修复技术对比效果图（左为对照）

图 3-53　草莓土壤修复技术收获期效果

九、蓝莓

（一）蓝莓的主要生育特性

1. 蓝莓的根系发育特性

蓝莓根系呈纤维状，没有根毛，细根在分枝前直径为 50~75 cm。因此，蓝莓根系的吸收能力比具有根毛的根系小得多。其吸收面积只有同样大小具有根毛的小麦根系的 1/10。值得注意的是，几乎所有蓝莓的根都有内生菌根真菌的寄生，从而克服蓝莓根系由于没有根毛造成的对水分及养分的吸收困难。众多的研究已证明，菌根真菌的寄生对蓝莓生长是有益的。

2. 蓝莓对土壤条件的要求

适合蓝莓生长的土壤需松散，有较好的透气性能和引流性，含有丰富多样的有机物，土壤 pH 值维持在 4.0~5.5，活土层在 60 ㎝左右，适宜的土壤层更有利于蓝莓生长。

蓝莓是喜酸性土壤的植物，土壤 pH 是影响其生长最重要的因子。Harner 研究提出，适宜蓝莓生长的土壤 pH 范围为 4.0~5.2，最适为 4.5~4.8。有研究认为，pH 3.8 是蓝莓正常生长的最低限，pH 5.5 为正常生长的上限。综合国内外研究结果，高丛蓝莓和矮丛蓝莓能够生长的土壤 pH 为 4.0~5.5，最适为 pH 4.3~4.8；兔眼蓝莓土壤 pH 适宜范围较宽，为 3.9~6.1，最适为 4.5~5.3。

土壤 pH 对蓝莓的生长和产量有明显影响。土壤 pH 是限制蓝莓栽培范围扩大的一个主要因素。土壤 pH 过高（>5.5），易诱发蓝莓缺铁失绿，且对钙、钠吸收过量，对蓝莓生长不利。随着土壤 pH 由 4.5 增至 7.0，兔眼蓝莓生长量和产量逐渐下降，当增至 pH 6.0 时，植株死亡率增加，达到 pH 7.0 时，所有植株死亡。

土壤 pH 过低时（<4.0），土壤中重金属元素供应增加，蓝莓因重金属元素如铁、锌、铜、锰、铝吸收过量而中毒，导致生长衰弱甚至死亡。高丛蓝莓在土壤 pH 3.4 时，会发生叶缘焦枯、枯梢等重金属中毒症状，将土壤 pH 调至 3.8 时则恢复正常。

2. 蓝莓对矿物营养元素的需求

（1）典型的嫌钙植物：蓝莓对钙有迅速吸收和积累的能力，栽种于钙质土壤中易发生钙中毒，造成缺铁失绿，严重影响蓝莓正常生长发育。

（2）蓝莓对氮肥的反应因土壤类型及肥力不同而很不一致。在长白山区暗棕色森林土壤上栽培的美登蓝莓施肥试验表明，随着氮肥施入量增加，产量下降，果个变小，果实成熟期推迟，而且越冬抽条严重。因此，像暗棕色森林土壤类型中氮含量较高，施氮肥不仅无效而且有害。根据国外研究，蓝莓在下列几种情况下增施氮肥有效：土壤肥力和有机质含量较低的沙壤土和矿质土壤；栽培蓝莓多年，土壤肥力下降或土壤 pH 较高（大于 5.5）。蓝莓对氯反应较大，忌用含氯肥料。

（3）蓝莓喜有机营养、铵态氮（如硫酸铵），不宜施硝态氮。

（4）蓝莓树体对氮磷钾需求较低，过多施肥对蓝莓生长不利，对氮磷钾需要比例大体为 1：1：1，由于这一特点，蓝莓施氮磷钾肥要特别防止过量。

4. 蓝莓对水分的要求

蓝莓喜土壤湿润，但又不能积水。理想的土壤是土层 70 cm 处有一层硬的砂壤土和草炭。这样的土壤不仅排水流畅，而且能够保持土壤水分不过度流失。最佳的土壤水位为 40~60 cm，高于此水位时，需要挖排水沟，低于此水位时则需要配置灌水设施。

土壤干旱易引起蓝莓伤害。干旱最初的反应是叶片变红，随着干旱程度加重，枝条生长细而弱，坐果率降低，易早期落叶。生长季严重干旱时，会造成枯枝甚至整株死亡。土壤水位较低时，干旱更严重。

排水不良同样会造成蓝莓伤害。土壤湿度过大的另一个危害是"冻拔"。由于间断的土壤冻结和解冻，使植株连同根系及其土层与未结冻土层分离，造成根系伤害，甚至死亡。对于这样的土壤，必须进行排水。

（二）栽培模式

1. 露地栽培模式（略）。

2. 大拱棚冬春栽培（略）。

3. 日光温室越冬茬栽培（略）。

（三）露地栽培、拱棚栽培和日光温室栽培蓝莓土壤修复施肥技术

1. 秋肥

（1）有机肥料：蓝莓秋季施肥主要施用有机肥，施肥时间在落叶前（一般在 11 月左右）。施用的有机肥肥料 pH 调整到 5.5~6.0。

（2）化学肥料：结合施用有机肥肥料，丰产蓝莓园酌情施用少量的氮肥和磷肥，一般每亩施用硫酸铵 10~20 kg，磷酸二铵 10 kg。

2. 追肥

（1）早春追肥：发芽前结合浇水冲施酸性植物源生物刺激素，如木醋液氨基酸水溶肥 10 L。

（2）膨果期追肥：蓝莓谢花后，结合水肥一体化追施高钾中氮（铵态氮）水溶肥，追施量根据结果量酌情施用。

（3）叶面追肥：早春发芽前，结合清园喷施酸性木醋液氨基酸水溶肥 80 倍，喷施磷酸二氢钾 500 倍。

3. 蓝莓土壤调酸

（1）初始土调酸：用柠檬酸＋硫酸亚铁调酸至 pH 4.5~5.5。

（2）生长期调酸：在蓝莓生产过程中，随着时间推进 PH 会逐渐升高。为了让土壤持续满足蓝莓生长需要，在蓝莓的生产过程中，要监测土壤的酸碱度变化情况，当土壤 pH 上升到 5.5 以上时，要采取土壤调酸措施。具体方法是：秋季施肥的时候，用硫磺粉和有机肥进行混合，可以快速将土壤 pH 降下来。

图 3-54、图 3-55 为蓝莓土壤修复技术效果。

图 3-54　障碍土壤蓝莓生长

图 3-55　蓝莓土壤修复技术效果

第十二节　鲜切花

一、菊花（白）

菊花为世界四大切花（月季、香石竹、唐菖蒲）之一。

（一）主要生物学特性

1. 根系生长发育特性

菊花种子繁殖的实生苗具有主根，为主根系；用扦插繁殖的菊花无主根，为须根系。菊花的茎扦插以后很容易发生不定根，根系前端受损以后也容易发生不定根，所以往往用营养器官进行繁殖。菊花的根水平分布广、入土较浅，为浅根系。

2. 对土壤要求特性

菊花喜湿怕涝，最适宜的土壤含水量是 40%~60%，栽培时应选择地势相对较高，通风好的地块。土壤以沙土和轻壤土为好，土壤 pH 6.0~7.5 为佳。

3. 需水特性

水分是影响菊花品质最重要的因素之一。菊花喜湿怕涝，但苗期水分不足，会大大降低菊花的成活率，也是造成老化苗、生长不整齐的主要原因；营养期水分不足，会导致叶片萎蔫、失去光泽、茎秆细弱，重量不足，达不到出口标准（出口优级品长：90 cm；重量：70~90 g）；生殖期水分不足，易造成花芽分化不良，舌状花瓣数减少，花瓣短小，俗称"露心"，严重时失去出口价值。

（1）定植水：定植后马上浇水，如一次定植面积较大，则必须边定植边浇水，以确保花苗及时得到水分的补充。用水量以花苗周围 3 cm，根下 2 cm 土壤含水量达 95%~99% 为宜。必须做到花苗根系与土壤紧密接触，从而确保成活率。定植后 3~5 d

进行第二次浇水（定植后应覆盖遮荫网，防止棚内温度过高，水分蒸发量太大）。根据气候、土壤结构等不同，第二次浇水时间间隔也不同。一般保水性较弱的沙质土，在第三天浇水；保水性较强的粘质土在第五天浇水。一般第二次浇水与第一次间隔不超过 5 d，用水量为第一次的三分之二（沙质土与第一次相同），确保花苗安全度过缓苗期。

（2）炼苗期：此时期花苗缓苗已经结束，新根开始生长，应适当控制水量，以"看苗浇水，少量多次"为原则。应经常在田间观察，当发现花苗有 2~3 片叶萎蔫（顶叶和生长点正常）时浇水，用水量不要太大，大约为定植水的 1/3 就可以，让花苗常处于一种半饥渴状态，以刺激花苗根系的生长，培养壮苗，为以后的快速生长打好基础。如此时期水分过量极易造成地上部分徒长，而根系会因为缺少氧气而生长缓慢，导致地上、地下生长不均衡，给后期管理带来很多困难。

（3）营养生长期：此时期为菊花主要营养积累期，生命力活动旺盛。需要大量的水和二氧化碳来合成有机物质，吸收大量的营养元素以保证自身的快速生长需要，而营养元素主要以离子状态存在于水中，被植物根系吸收和利用。总之，此时期要保证充足的水分，一般夏季 3~5 d 浇一次透水，冬季 5~7 d 浇一次透水，此期要做到浇水均匀，浇水间隔的天数基本一致。这是确保切花叶片间距均匀一致的重要条件，而切花叶间距是否均匀是衡量菊花品质的一个重要因素。

（4）花芽分化期：花芽分化前 7 d，开始控制水分，以偏旱为宜。人为地创造一种"逆境"条件，有利于菊花营养生长向生殖生长过渡。到花芽分化中后期应适量浇水，以保证顶部叶片的正常生长。此时期若水分不足，极易造成顶叶小而簇生，严重影响商品价值。

（5）花蕾膨大期：此时期由于花芽分化期的水分控制，植株整体偏旱，所以要逐渐增加供水量，当花蕾长到豆粒大小时为需水盛期，供水量与主要营养期的用水量基本相同，以促进花蕾的迅速膨大。此时期若供水不足则易出现顶叶小、花瓣短等现象。另外，在切花前两天浇一次透水，可使花期集中，有利于出口保鲜、提高土地利用率。

（二）栽培模式

日光温室塑料大棚"切花菊花 / 丝瓜（西红柿）"栽培模式：8 月下旬至 9 月上旬移栽切花菊花，元旦前采花；切花菊花结束后移栽丝瓜，7~8 月丝瓜采收结束。

（三）日光温室塑料大棚栽培模式土壤生态优化技术

方法一：

"氰氨化钙＋羟基自由基·臭氧水＋农用微生物菌剂＋植物源生物刺激素"土壤生态优化技术

（1）"氰氨化钙＋秸秆＋太阳能"高温闷棚技术

1）处理方法：具体操作技术见日光温室大棚黄瓜土壤修复（P218）。

2）氰氨化钙施用量：每亩施用氰氨化钙 30~40 kg。

（2）施用农用微生物菌剂：移栽前，结合整地、做畦，每亩大棚施用农用微生物菌剂（有机质≥ 45%，有效活菌数≥ 2.0 亿 /g）200~300 kg。

（3）施用植物源生物刺激素：移栽后，结合浇水冲施植物源生物刺激素水溶肥如木醋液水溶肥 5~10 L。

方法二：

"矿物源土壤调理剂＋农用微生物菌剂＋植物源生物刺激素"土壤生态优化技术

（1）土壤调理性肥料：移栽前结合整地或采花期的 7 至 8 月份，每亩施用土壤调理剂如施可丰碱性元素肥料（pH=10.0~12.0，含 Ca ≥20%）40~50 kg；移栽前结合整地或采花期的 7 至 8 月份，每亩施用氰氨化钙 10~20 kg。

（2）施用农用微生物菌剂：同方法一。

（3）施用植物源生物刺激素：同方法一。

方法三：

"土壤消毒剂消毒＋土壤调理剂＋微生物菌剂＋植物源生物刺激素"土壤生态优化技术

（1）土壤消毒：用氯化苦、威百亩、棉隆、碘甲烷、二甲基二硫等进行土壤消毒。

（2）土壤调理性肥料：土壤消毒后移栽前结合整地每亩大棚施用施可丰碱性元素肥料（pH=10.0~12.0，含 Ca ≥20%）50~100 kg。

（3）施用农用微生物菌剂：见方法一。

（4）施用植物源生物刺激素：见方法一。

二、非洲菊

（一）主要生物学特性

1. 对土壤要求特性

非洲菊喜腐殖质丰富、疏松肥沃、排水良好的微酸性（pH 值为 6.0~7.0）沙质土壤，忌粘重土壤。在中性或微碱性土壤中也能生长，但在碱性土壤中容易产生缺铁现象。

2. 需肥特性

切花非洲菊设施栽培可周年开花,需要不断施肥,补充养分,春、秋季每 10 d 一次,冬、夏季每 10~15 d 一次；夏季高温和产花高峰期（5~6 月和 9~11 月）减少氮肥,提高磷钾肥施用量，全年的氮、磷、钾施肥比例为 15 ∶ 18 ∶ 25。

3.需水特性

非洲菊定植后苗期应保持适当湿润并蹲苗，促进根系生长发育，迅速成苗，生长旺期应水分供应充足。浇水最好使用滴灌，以免叶丛中心沾水，引起腐烂。浇水量视天气和土壤墒情而定，冬季和阴天尽量避免浇水过多。空气湿度应控制在80%~85%，夏季通过遮阴、通风来降温，同时喷雾增加湿度。

（二）栽培模式

日光温室塑料大棚切花非洲菊栽培模式。8 月下旬至 9 月上旬移栽切花非洲菊，元旦后周年采花。

（三）日光温室塑料大棚栽培模式土壤生态优化技术

方法一：

"氰氨化钙 + 羟基自由基·臭氧水 + 农用微生物 + 植物源生物刺激素"土壤生态优化技术

（1）氰氨化钙处理方法：具体操作技术见日光温室大棚黄瓜土壤处理技术（P218）；氰氨化钙施用量为每亩施用 30~40 kg。

（2）微生物肥料：移栽前，结合整地做畦或采花期的 7~8 月份，每亩大棚施用农用微生物菌剂（有机质 ≥ 45%，有效活菌数 ≥ 2.0 亿 /g）50~100 kg。

（3）植物源生物刺激素：移栽后或采花期，结合浇水，每亩冲施植物源生物刺激素水溶肥如木醋液氨基酸水溶肥 5~10 L。

方法二：

"矿物源土壤调理剂 + 农用微生物菌剂 + 植物源生物刺激素"土壤生态优化技术

（1）土壤调理剂：移栽前或采花期，结合施肥每亩施用土壤调理剂如施可丰碱性元素肥料（pH=10.0~12.0，Ca 含量 ≥20%）40~50 kg；移栽前或采花期，结合施肥每亩施用氰氨化钙 10~20 kg。

（2）微生物肥料：移栽前或采花期，结合追肥每亩施用农用微生物菌剂（有机质 ≥ 45%，有效活菌数 ≥ 2.0 亿 /g）80~100 kg。

（3）植物源生物刺激素：移栽后或采花期结合浇水每亩冲施植物源生物刺激素水溶肥如木醋液氨基酸水溶肥 5~10 L。

方法三：

"土壤消毒剂 + 矿物源土壤调理剂 + 农用微生物菌剂 + 植物源生物刺激素"土壤生态优化技术

（1）土壤消毒：用氯化苦、威百亩、棉隆、碘甲烷、二甲基二硫等进场土壤消毒。

（2）土壤调理剂：土壤消毒后移栽前，结合整地每亩大棚施用矿物源土壤改良型肥料如施可丰碱性元素肥料（pH=10.0~12.0，Ca 含量≥20%）50~100 kg。

（3）施用农用微生物菌剂：见方法一。

（4）施用植物源生物刺激素：见方法一。

三、百合

（一）主要生物学特性

1. 根系生长发育特性

百合的根可分为肉质根和纤维状根两类。肉质根从鳞茎底部长出，较粗壮，无主、侧根之分，称为"下盘根"。下盘根多达几十条，多分布在 40~50 cm 的土层，在土壤中吸收养分的能力较强，隔年不枯死。纤维状根，又叫不定根，生长在鳞茎之上，俗称"上盘根"。上盘根发生较迟，多在地上茎抽生 15 d 左右，苗高 10 cm 以上时开始发生，形状纤细，数目多达 180 条，长 7~13 cm，分布在土壤表层，具有固定和支持地上茎的作用，亦能从土壤中吸收养分。上盘根每年与茎干同时枯死。

2. 对土壤条件的要求

百合喜肥沃深厚的砂质土壤。在砂质土壤中，鳞茎生长迅速，肥大、色白。粘重的土壤，通气排水不良，鳞茎抱合紧密，个体小，产量低，不宜栽培。据测定，在土壤中氧气含量低于 5% 时，其根系停止生长。百合性喜微酸性土壤，亚洲百合和麝香百合要求土壤 pH 值 6.0~7.0，东方百合要求土壤 pH 值 5.5~6.5。

3. 需肥特性

百合是一种耐肥植物，生长期需要吸收大量氮磷钾。百合移栽出土后茎叶生长非常迅速，要求充足的氮素营养。据试验，每 0.5 kg 纯氮，约能生产鲜百合 10.1 kg，另外还必须配合施用足够的磷、钾肥料。不同生育期吸收氮磷钾的比值不同，全生育期氮磷钾的比例大致为 1 :（0.6~0.8）: 1，肥料的施用要以有机肥为主，应占总施肥量的 60% 以上。

4. 需水特性

百合的需水特性呈前期小，中期大，后期小的规律，需水高峰出现在生殖期，此阶段需要大量水分和养分。到开花期，百合植株内部生理活动逐渐减缓，需水强度和日需水量也随之降低。百合生育阶段田间持水量在 55%~75% 较为适宜，保持土壤通气良好，利于根系的氧气供应。

（二）栽培模式

日光温室塑料大棚"切花百合/丝瓜"栽培模式。8月下旬至9月上旬移栽切花百合，元旦至春节采花；切花百合结束后移栽丝瓜，7 至 8 月份丝瓜采收结束。

（三）日光温室塑料大棚栽培土壤生态优化技术

方法一：

"氰氨化钙＋羟基自由基·臭氧水＋农用微生物＋植物源生物刺激素"土壤生态优化技术

（1）"氰氨化钙＋秸秆＋太阳能"高温闷棚技术

1）具体操作技术见日光温室大棚黄瓜土壤修复（P218）。

2）氰氨化钙施用量。每亩施用 30~40 kg。

（2）微生物肥料：移栽前，结合整地每亩撒施农用微生物菌剂（有机质 ≥ 45%，有效活菌数 ≥ 2 亿 /g）240~280 kg。

（3）植物源生物刺激素：移栽后，结合浇水每亩冲施植物源生物刺激素水溶肥如木醋液氨基酸水溶肥 5~10 L。

方法二：

"土壤调理剂＋农用微生物菌剂＋植物源生物刺激素"土壤生态优化技术

（1）土壤调理剂：移栽前，结合整地每亩施用土壤调理剂如施可丰碱性元素肥料（pH=10.0~12.0，Ca 含量≥20%）40~50 kg。

（2）施用农用微生物菌剂：同方法一。

（3）施用植物源生物刺激素：同方法一。

方法三：

土壤消毒剂消毒＋土壤调理剂＋微生物菌剂＋植物源生物刺激素土壤生态优化技术

（1）土壤消毒：用氯化苦、威百亩、棉隆、碘甲烷、二甲基二硫等进行土壤消毒，具体技术见土壤消毒剂部分。

（2）土壤调理剂：土壤消毒后移栽前，结合整地每亩施用施可丰碱性元素肥料（pH=10.0~12.0，Ca 含量≥20%）50~100 kg。

（3）施用农用微生物菌剂：见方法一。

（4）施用植物源生物刺激素：见方法一。

四、玫瑰

（一）主要生育特性

1.根系发育特性

玫瑰的根系比较发达，新根的表皮棕色，老根的表皮深褐色，木质坚硬，伸入土层比较深。玫瑰的根系因繁殖方法的不同而有区别，一般用种子繁殖的实生苗，具有明显的主根和发达的侧根，而用扦插等方法繁殖的营养苗，则仅有侧根，故其生活力不如实生苗强。枝条玫瑰的枝条直立丛生，发枝能力强，每丛有 6~20 个分支不等。一般枝条高 60~150 cm，粗 0.5~0.8 cm。用嫁接方法繁殖的植株，枝条长大，生长健壮。

玫瑰根系没有自然休眠期，在满足其所需要的条件时，全年均可生长。1 年中有两次生长高峰，3 月中旬到 4 月中旬为第一次生长高峰，主要依赖上年植株中积累的营养；7 月中旬到 8 月中旬为第二次生长高峰，大量叶片形成之后，主要是利用叶片光合作用合成的养分的回流来维持营养。根系的寿命一般在 20 年以上，当根接近地面、机械损伤或直接露出地面时，就会从根上长出新植株，以延长寿命。

2. 对土壤条件的要求

玫瑰对土壤要求不严格，但以肥沃、疏松、排水良好、微酸性土壤（pH 值 6.0~7.0）的轻质壤土生长最好。忌黏性土壤，在其上生长不良，开花不多。

3. 需肥特点

玫瑰花在生长时，需求各种不同的肥料，最主要的肥料还是氮磷钾肥。氮肥可以保证玫瑰植株枝繁叶茂，若是缺氮肥，玫瑰植株会叶枯黄，若氮肥过量，植株会徒长，玫瑰畸形等，严重影响产量。而钾肥能促进玫瑰新梢嫩叶生长，增加开花数量。玫瑰花刚开始生长氮磷钾的比例是 3：1：2，然后是 3：1：3。

4. 需水特性

玫瑰较耐旱，土壤不宜过分潮湿，更不能积水。如果地势低洼，地下水位高，排水不良，往往会引起玫瑰烂根、枯枝，甚至大片死亡。

（二）栽培模式

日光温室塑料大棚栽培：一般 3~4 月栽植，多年采花。

（三）日光温室塑料大棚栽培土壤生态优化技术

方法一：

"氰氨化钙 + 羟基自由基·臭氧水 + 农用微生物菌剂 + 植物源生物刺激素"土壤生态优化技术

（1）"氰氨化钙 + 秸秆 + 太阳能"高温闷棚技术

1）操作技术见日光温室大棚黄瓜土壤修复（P218）。

2）氰氨化钙施用量：每亩施用 30~40 kg。

（2）微生物肥料：栽植前，结合整地每亩撒施农用微生物菌剂（有机质 ≥ 70%，有效活菌数 ≥ 2 亿 /g）240~280 kg。

（3）植物源生物刺激素：栽植后，结合浇水每亩冲施植物源生物刺激素水溶肥如木醋液氨基酸水溶肥 5~10 L。

方法二：

"土壤调理剂 + 矿物源生物激活素 + 农用微生物菌剂 + 植物源生物刺激素"土

壤生态优化技术

（1）土壤调理剂：栽植前，结合整地每亩施用土壤调理剂如施可丰碱性元素肥料（pH= 10.0~12.0，Ca 含量≥20%）40~50 kg。

（2）微生物肥料：栽植前，结合整地每亩施用农用微生物菌剂（有机质≥ 45%，有效活菌数≥ 2 亿 /g）。

（3）植物源生物刺激素：栽植后，结合浇水每亩冲施植物源生物刺激素水溶肥 (如木醋液氨基酸水溶肥) 5~10 L。

第四章

病态土壤修复施肥技术

第一节　盐碱地土壤修复施肥技术

一、我国盐碱地类型与特点

1. 东部滨海盐碱地

滨海盐土的特征是整个土体盐分含量高，盐分组成以氯化物（氯化钠、氯化镁等）为主。包括江苏、山东、河北和辽宁省的滨海盐地及其滩涂。

2. 黄淮海平原盐渍土

黄淮海平原盐渍土多呈斑块状插花分布在耕地中，盐分的表聚性强，仅在地表形成1~2 cm厚的盐结皮，含盐量在1%以上，结皮以下土层内盐分含量很快下降到0.1%左右。

3. 东北平原盐渍土

东北平原盐渍土以松嫩平原为最多，大多属苏打碱化型，土体总含盐量不高，但含有碳酸钠、碳酸氢钠，土壤具有高的pH，对植物的毒性大，出现不少斑状的光板地。这里的盐土、碱土有机质含量高，土壤质地黏重，保水保肥性能好，一旦开垦利用，作物产量较高。

4. 半漠内陆盐土

半漠内陆盐土主要分布在内蒙古的河套灌区、宁夏银川平原、甘肃河西走廊和新疆准噶尔盆地。盐土呈连片分布，含盐量高，积盐层厚，盐分组成复杂，有氯化物和硫酸盐盐土，河西走廊的盐土有大量的石膏和硫酸镁累积，宁夏银川平原则有大面积的龟裂碱。

5. 青新极端干旱漠境盐土

青新极端干旱漠境盐土主要分布在新疆塔里木盆地、吐鲁番盆地和青海柴达木盆地，整个剖面含盐量都高，地表往往形成厚且硬的盐结壳。

二、东部滨海盐碱地土壤修复施肥技术

据山东省临沂市农业科学院范永强研究，环渤海盐碱地土壤修复技术，是利用多功能性肥料和微生物技术增强作物的抗盐抗碱能力，通过作物的良好生长，快速改善土壤团粒结构、土壤容重等物理性质，提高土壤有机质、土壤微生物菌群和矿物营养等肥力水平，在短时间内实现作物低产变中产、中产变高产的土壤修复目标。

1. 种植模式

（1）在重、中度盐碱地上先种耐盐碱的棉花。

（2）土壤修复初见成效后，再退棉改粮，种植小麦和玉米。

2. 东部滨海盐碱地棉花土壤修复技术

（1）播种期：土壤5 cm深处地温稳定在14℃以上时播种为宜，山东、河北等地盐碱地棉区4月25日至5月1日播种。

（2）施基肥：

1）多功能性肥料：结合整地播种，每亩施用施可丰多功能性硫酸钾复合肥（15-15-15）30 kg；

2）微生物肥料：结合整地播种，每亩施用抗盐抗碱农用微生物菌剂（有机质≥70%，有效活菌数≥5亿/g）80~100 kg；

3）土壤调理剂：结合整地播种，每亩施用氰氨化钙2.0~3.0 kg；

4）微量元素肥料：结合整地播种，每亩施用硫酸锌1 000 g、硼砂500 g。

（3）追肥：

1）花蕾肥：花蕾期每亩追施施可丰稳定性长效缓释肥（18-8-18）20 kg；

2）花铃肥：花铃期每亩追施施可丰复合肥（30-0-6）10 kg；

3）叶面肥：开花前结合病虫害防治，喷施植物源生物刺激素水溶性肥料，如木醋液氨基酸叶面肥100倍液。开花后结合病虫害防治喷施磷酸二氢钾500倍液。

图4-1为环渤海中度盐碱地棉花土壤修复技术对比效果。

图4-1　环渤海中度盐碱地棉花土壤修复技术对比效果

3. 东部滨海盐碱地小麦土壤修复施肥技术

（1）秸秆还田技术：结合机械收获玉米，对玉米秸秆进行粉碎还田。对玉米秸秆还田的地块，结合旋耕或深耕每亩撒施海藻酸尿素 5.0~7.5 kg，多功能抗盐抗碱农用微生物菌剂（有机质≥70%，有效活菌数≥5 亿 /g）80~100 kg。

（2）播种期：滨海盐碱地小麦最佳播种期为 10 月 1 日至 10 月 10 日。

（3）施基肥：

1）大量元素肥料：结合播种，每亩施用施可丰硫酸钾复合肥（22-17-10）40 kg；

2）土壤调理剂：结合整地播种，每亩施用氰氨化钙 2.0~3.0 kg；

3）微量元素肥料：结合播种，每亩施用硫酸锌 1 000g。

（4）追肥：

1）拔节期追肥：小麦起身拔节期每亩追施高氮高钾如施可丰硫酸钾复合肥（30-0-6）25~30 kg。

2）叶面肥：小麦抽穗后和开花后结合防治小麦病虫害，喷施植物源生物刺激素叶面肥，如木醋液氨基酸叶面肥 150~200 倍液、磷酸二氢钾 500~600 倍液。

图 4-2、图 4-3 为环渤海盐碱地小麦土壤修复技术苗期、成熟期效果。

图 4-2 环渤海盐碱地小麦土壤修复技术苗期效果   图 4-3 环渤海盐碱地小麦土壤修复技术成熟期效果

4. 东部滨海盐碱地玉米土壤修复技术

（1）小麦秸秆还田技术：小麦收割后及时进行小麦秸秆灭茬还田。结合灭茬，每亩施用海藻酸尿素 5.0~7.5 kg 和多功能抗盐抗碱农用微生物菌剂（有机质≥70%，有效活菌数≥5 亿 /g）80~100 kg。

（2）播种期：小麦收获后抢茬播种，一般 6 月 15 日至 6 月 20 日播种。

（3）玉米种肥一体化施肥技术：

1）大量元素肥料：小麦秸秆还田后，配合播种，每亩施用施可丰多功能性硫酸钾复合肥（18-10-18）40 kg。

2）土壤调理剂：结合整地播种，每亩施用氰氨化钙 2.0~3.0 kg；

3）微量元素肥料：配合播种，每亩施用大颗粒硫酸锌 1 000 g。

（4）追肥：在玉米小喇叭口期—大喇叭口期，根据土壤条件和玉米产量水平，每亩追施施可丰水溶肥（30-0-5）25~30 kg。

图 4-4、图 4-5 为环渤海盐碱地玉米土壤修复技术出苗和收获期效果。

图 4-4　环渤海盐碱地玉米土壤修复技术出苗期效果　　图 4-5　环渤海盐碱地玉米土壤修复技术收获期效果

三、东北平原盐渍土壤修复施肥技术

（一）东北平原盐渍土壤水稻修复施肥技术

1. 育栽期

4 月中旬播种育苗，5 月中旬移栽。

2. 施基肥

（1）大量元素肥料：结合整地，每亩施用施可丰高氮高磷型多功能性硫酸钾复合肥（15-18-10）20 kg。

（2）土壤调理性肥料：结合整地播种，每亩施用氰氨化钙 2.0~3.0 kg。

（3）微量元素肥料：结合整地，每亩施用大颗粒硫酸锌 1 000 g、大颗粒硼砂 300 g。

（4）微生物肥料：结合整地，每亩施用农用微生物菌剂（有机质≥45%，有效活菌数≥20 亿 /g）10 kg。

（5）植物源生物刺激素：移栽前结合灌水冲施植物源生物刺激素如木醋液氨基酸水溶肥 5~10 L

3. 追肥

（1）植物源生物刺激素：插秧后，结合浇水每亩冲施植物源生物刺激素，如木醋氨基酸水溶肥 5 L。

（2）大量元素肥料：插秧后 7 d 左右进行返青期追肥，每亩追施海藻酸尿素 2~3 kg；孕穗期追施海藻酸尿素 4~5 kg、硫酸钾 2~3 kg。

（3）叶面肥：分蘖期至孕穗前结合病虫害防治，喷施植物源生物刺激素，如木醋液 100 氨基酸水溶肥；孕穗期结合病虫害防治，喷施磷酸二氢钾 500 倍液。

（二）东北平原盐渍土燕麦土壤修复施肥技术

1. 播种期

3月20日至4月5日播种。

2. 施基肥

（1）有机肥：灌水前（秋季或春季），结合整地每亩施用优质农家肥1~2 m³。

（2）大量元素肥料：播种前灌水后，结合整地每亩施用施可丰多功能性硫酸钾复合肥（25-15-5）20 kg。

（3）微量元素肥料：播种前灌水后，结合整地每亩施用大颗粒硫酸锌1 000 g、大颗粒硼砂300 g。

（4）微生物肥料：播种前灌水后，结合整地每亩施用农用微生物菌剂（有机质≥45%，有效活菌数≥5亿/g）200~400 kg。

3. 追肥

（1）水溶性肥料：三叶期结合浇水每亩冲施植物源生物刺激素如木醋液氨基酸水溶肥5~10 L。

（2）大量元素肥料：三叶期结合浇水每亩撒施海藻酸尿素5~6 kg。

图4-6为吉林白城盐碱地土壤修复效果。

图4-6　吉林白城盐碱地土壤修复效果

四、内蒙古河套灌区盐碱土壤修复施肥技术

（一）种植模式

1. 在重、中度盐碱地上先种耐盐碱的燕麦。

2. 土壤修复初见成效后，再改种玉米或马铃薯等。

（二）重、中度盐碱土壤修复技术

1. 施基肥

（1）有机肥：灌水前（秋季或春季），结合整地每亩施用优质农家肥 1~2 m³。

（2）大量元素肥料：播种前灌水后，结合整地每亩施用施可丰多功能性硫酸钾复合肥（25-15-5）30 ~40 kg。

（3）微量元素肥料：播种前灌水后，结合整地每亩施用大颗粒硫酸锌 1 000 g、大颗粒硼砂 300 g。

（4）微生物肥料：播种前灌水后，结合整地每亩施用农用微生物菌剂（有机质 ≥45%，有效活菌数 ≥5 亿 /g）100~200 kg。

3. 追肥

（1）水溶性肥料：三叶期结合浇水每亩冲施植物源生物刺激素如木醋液氨基酸水溶肥 5~10 L。

（2）大量元素肥料：三叶期结合浇水每亩撒施海藻酸尿素 5~6 kg。

五、新疆盐碱地土壤修复施肥技术

（一）种植模式

在重、中度盐碱地上先种耐盐碱的棉花。

土壤修复初见成效后，再退棉改种小麦、玉米、辣椒、西红柿、甜菜。

（二）重、中度盐碱地土壤修复技术

1. 施基肥

（1）有机肥：春季灌水前，结合整地每亩施用优质农家肥如充分腐熟是羊粪或牛粪等 1~2 m³。

（2）大量元素肥料：播种前灌水后，结合整地每亩施用高氮型如施可丰多功能性硫酸钾复合肥（25-15-5）30 ~40 kg。

（3）微量元素肥料：播种前灌水后，结合整地每亩施用大颗粒硫酸锌 1 000 g、大颗粒硼砂 300 g。

（4）微生物肥料：播种前灌水后，结合整地每亩施用农用微生物菌剂（有机质 ≥45%，有效活菌数 ≥5 亿 /g）100~200 kg。

3. 追肥

（1）棉花出苗后，结合水肥一体化每亩冲施植物源生物刺激素如木醋液氨基酸水溶肥 2~3 L。

（2）进入花期后结合水肥一体化进行追肥：生育期间每亩冲施施可丰水溶肥

（28-6-6）10~15 kg，每次冲施 1.5~2.0 kg，采取前轻、中重、后轻的原则。

（3）叶面肥：棉花进入花蕾期后结合病虫害防治，喷施磷酸二氢钾 500 倍液。

图 4-7 为新疆南疆盐碱地土壤修复效果。

图 4-7　新疆南疆盐碱地土壤修复效果

（三）轻度盐碱地土壤修复技术（青贮玉米）

1. 施种肥

（1）大量元素肥料：结合播种每亩施用施可丰多功能性硫酸钾复合肥（17-17-7）30~40 kg。

（2）微生物菌剂：结合播种每亩施用农用微生物菌剂（有机质 ≥ 45%，有效活菌数 ≥ 5 亿 /g）20~40 kg。

2. 水分管理与追肥

同常规管理一致。

图 4-8 为新疆南疆盐碱地土壤修复效果。

图 4-8　新疆南疆盐碱地土壤修复效果（左为对照）

第二节 酸化土壤修复施肥技术

一、黄淮海地区酸化土壤修复施肥技术

（一）种植模式

小麦／玉米（水稻、大豆、花生）一年两作种植模式。

油菜／水稻一年两作栽培模式。

（二）黄淮海地区主要农作物酸化土壤修复技术（表 4-1）

表 4-1 黄淮海地区农作物酸化土壤修复技术

施肥方式	肥料种类与品规		小麦（kg/亩）	玉米（kg/亩）	水稻（kg/亩）	油菜（kg/亩）
	种类	品规				
底肥	土壤调理性肥料	氰氨化钙（pH＞12.0，含 Ca ≥ 35%）	5.0~10.0	5.0~10.0	—	5.0~10.0
		如施可丰碱性元素肥料（pH 10.0~12.0，含 Ca ≥ 20%）	40~50	40~50	40~60	40~60
	微量元素肥料	硫酸锌、硼砂	1 000 g、500g	1 000 g、500 g	1 000 g、500 g	1 000 g、500 g
	微生物肥料	有机质≥45%，有效活菌数≥2 亿/g	40~50.0	40.0~50.0	40.0~50.0	80.0~120.0
追肥	植物源生物刺激素	木醋液氨基酸水溶肥	0.075（返青喷施）	—	5~10（移栽时冲施）	0.075（开花期喷施）

二、东部沿海地区酸化土壤修复施肥技术

（一）种植模式

小麦／玉米—花生，两年三作种植模式。

小麦／玉米—甘薯，两年三作栽培模式。

果树：苹果、大樱桃、葡萄、桃等。

（二）东部沿海地区主要农作物酸化土壤修复技术

1. 主要农作物酸化土壤修复施肥技术（表 4-2、表 4-3）

表 4-2 东部沿海地区主要农作物酸化土壤修复技术

施肥方式	肥料种类与品规		小麦（kg/亩）	玉米（kg/亩）	甘薯（kg/亩）	油菜（kg/亩）
	种类	品规				
底肥	土壤调理性肥料	氰氨化钙（pH>12.0，含 Ca>35%）	5~10	5~10	5~15	5~15
		施可丰碱性元素肥料（pH 10.0~12.0，含 Ca≥20%）	40~50	4~50	50~120	50~120
	微生物肥料	有机质≥70%，有效活菌数≥5 亿/g	40~50	40~50	80~100	80~100
追肥	植物源生物刺激素	木醋液氨基酸水溶肥	0.075（返青喷施）	—	5~10（移栽时）	0.075（开花期喷施）

2. 东部沿海地区主要果树酸化土壤修复技术

表 4-3 东部沿海地区果树酸化土壤修复施肥技术（盛果期果树）

施肥方式	肥料种类与品规		苹果（kg/棵）	桃树（kg/棵）	大樱桃（kg/棵）	葡萄（kg/亩）
	种类	品规				
秋肥	大量元素肥料	施可丰高氮高磷稳定性硫基复合肥（18-20-5）	1.5~2.0	1.0~1.5	1.0	50.0~75.0
	土壤改良剂	施可丰碱性元素肥料（pH 0.0~12.0，含 Ca≥20%）	1.5~2.0	1.0~1.5	1.0~1.5	40.0~80.0
	微生物肥料	有机质≥45%，有效活菌数≥2 亿/g	10~20	3~5	3~5	150~200
追肥（早春）	生物刺激素	木醋液氨基酸水溶肥	0.15~0.2	0.15~0.2	0.15~0.2	5.0~10

（续表）

施肥方式	肥料种类与品规		苹果（kg/棵）	桃树（kg/棵）	大樱桃（kg/棵）	葡萄（kg/亩）
	种类	品规				
追肥（膨果）	大量元素肥料	施可丰高氮高钾复合肥（15-7-3）	1.5~2.0	1.0~1.5	1.0~1.5	75.~100.0
	土壤调理性肥料	氰氨化钙（pH>12.0，含 Ca ≥ 35%）	0.4~0.5	0.25~0.3	0.25~0.3	10.0~20.0
追肥（着色）	大量元素肥料	施可丰高氮高钾水溶肥（15-7-38）	0.25~0.3	0.1~0.2	0.1~0.2	5.0~10.0

三、长江中下游地区土壤修复施肥技术

（一）种植模式

小麦/水稻一年两作种植模式。

水稻—水稻一年二作栽培模式。

油菜/水稻一年二作栽培模式。

果树：橘子等。

（二）不同作物土壤修复技术（表 4-4）

表 4-4 　　　　　长江流域主要农作物酸化土壤修复技术

施肥方式	肥料种类与品规		小麦（kg/亩）	水稻（kg/亩）	油菜（kg/亩）	柑橘（kg/棵）
	种类	品规				
底肥	土壤调理性肥料	施可丰碱性元素肥料（pH 10.0~12.0，含 Ca ≥20%）	30~40	30~40	30~40	0.75~1.0
		氰氨化钙（pH>12.0，含 Ca ≥ 35%）	5.0~7.5	5.0~7.5	5.0~7.5	7.5~10.0
	微生物肥料	有机质≥45%，有效活菌数≥5 亿/g	40~50	40~50	40~50	300~400
追肥	生物刺激素	木醋液氨基酸水溶性肥料	—	—	5.0	5.0~10.0

四、华南、四川盆地及周边地区酸化土壤修复施肥技术

（一）种植模式（四川盆地）

小麦 / 玉米 + 甘薯三熟带状套作型；

小麦 / 高粱 + 甘薯三熟带状套作型；

小麦 / 玉米 + 甘薯二熟带状间作型；

马铃薯 / 玉米 + 大豆二熟套作型；

小麦 / 棉花二熟粮棉套作型；

果树：葡萄、橘子、桃、猕猴桃等。

（二）不同作物土壤修复技术（表 4-5、表 4-6）

表 4-5　　　　　　　黄淮华南地区主要农作物酸化土壤修复技术

施肥方式	肥料种类与品规		小麦（kg/亩）	玉米（kg/亩）	马铃薯（kg/亩）	红薯（kg/亩）
	种类	品规				
底肥	土壤调理性肥料	施可丰碱性元素肥料（pH 10.0~12.0，含 Ca 量≥20%）	30~40	30~40	40~50	40~50
		氰氨化钙（pH>12.0，含 Ca≥35%）	5.0~7.5	5.0~7.5	5.0~10.0	5.0~10.0
	微生物肥料	有机质≥45%，有效活菌数≥5亿/g	30~40	30~40	40~50	40~50
追肥	生物刺激素	木醋液氨基酸水溶性肥料	—	—	5.0~10.0	5.0~10.0

2. 主要果树土壤修复技术

表 4-6　　　　　　　华南地区主要果树酸化土壤修复技术

施肥方式	肥料种类与品规		葡萄（kg/亩）	桃树（kg/棵）	橘子（kg/棵）	猕猴桃（kg/亩）
	种类	品规				
底肥	土壤调理性肥料	施可丰碱性元素肥料（pH 10.0~12.0，含 Ca 量≥20%）	40~50	40~50	40~50	40~50

（续表）

施肥方式	肥料种类与品规		葡萄（kg/亩）	桃树（kg/棵）	橘子（kg/棵）	猕猴桃（kg/亩）
	种类	品规				
底肥	土壤调理性肥料	氰氨化钙（pH>12.0，含Ca≥35%）	5.0~10	5.0~10	5.0~10.0	5.0~10.0
	微生物肥料	有机质≥45%，有效活菌数≥5亿/g	150~200	100~200	100~200	100~200
追肥	生物刺激素	木醋液氨基酸水溶性肥料	5.0~10.0	5.0~10.0	5.0~10.0	5.0~10.0

第三节　南方镉大米土壤修复施肥技术

一、栽培模式

水稻/水稻一年两作栽培模式。

二、土壤修复施肥技术

1. 施基肥

（1）大量元素肥料：每亩施用施可丰稳定性长效复合肥（24-10-14）20 kg。

（2）土壤调理剂：结合整地，每亩撒施可丰碱性元素肥料（pH 10.0~12.0，Ca含量≥20%）40~80 kg。

（3）微生物肥料：结合整地，每亩撒施多功能性抗盐微生物菌剂（有机质≥70%，有效活菌数≥5亿/g）80 kg。

（4）植物源生物刺激素：移栽前，每亩冲施木醋液氨基酸水溶肥5 L。

2. 追肥

（1）水稻返青分蘖期每亩追施施可丰稳定性长效复合肥（24-10-14）6 kg。

（2）结合病虫害防治，喷施木醋液氨基酸水溶肥150~200倍液，灌浆期喷施磷酸二氢钾500倍液。

第四节 鲁南及周边地区养殖（猪）污染土壤修复施肥技术

一、种植模式

小麦/玉米轮作种植模式。

小麦/玉米—甘薯轮作种植模式。

小麦/玉米—甘薯—花生轮作种植模式。

二、养殖（猪）粪污染土壤修复施肥技术（表4-7）

表4-7　　　　　　　大田作物猪粪污染土壤修复技术（kg/亩）

季节	肥料种类		小麦	玉米	甘薯	花生
基肥	大量元素肥料	施可丰高氮高磷稳定性长效复合肥（小麦18-20-5，玉米、甘薯、花生16-8-18）	40~50	20~25	40~50	40~50
	土壤调理性肥料	氰氨化钙（pH>12.0，含Ca≥35%）	7.5~10.0	7.5~10.0	10.0~15.0	15.0~20.0
		施可丰碱性元素肥料（pH=10.0~12.0，Ca含量≥20%）	20~140	20~140	30~150	30~150
	微生物肥料	有机质≥45%，有效活菌数≥10亿/g	80~100	80~120	120~150	80~120
追肥	大量元素肥料	施可丰高氮肥复合肥（30-0-5或30-0-8）	15~20	20~25	—	—

图4-9为养殖污染土壤修复效果。

图4-9 养殖污染土壤修复效果

第五节 设施栽培综合障碍土壤修复施肥技术

一、设施农业栽培模式

包括日光温室栽培模式、大拱棚栽培模式。

二、设施农业土壤综合障碍修复施肥技术（表4-8）

表4-8　　　　　　　　　　设施农业土壤综合障碍病修复技术

操作时间	物料	数量（kg/亩）
7~8 月 （闷棚 30 d）	秸秆（碎麦秸、碎稻草、稻壳、碎玉米秸等）	800~1 000
	氰氨化钙（pH>12.0，含 Ca ≥ 35%）	30~40
	臭氧水	30 000~40 000
移栽前整地	农用微生物菌剂（有效活菌数 ≥ 2 亿 /g）	400~500
移栽后浇水	生物刺激素，如木醋液氨基酸水溶性肥料	5.0~10.0

第六节 老果园综合障碍土壤修复施肥技术

一、土壤处理技术

1.深翻

老果树采伐后对土壤进行深翻，一般深度为 0.5~1.0 m。在深翻的同时，清理土壤中的老果树根系。

2.土壤处理

7~8 月，每亩撒施作物（如小麦、玉米、水稻等）碎秸秆或羊粪等有机肥 800~1 000 kg、氰氨化钙 60~80 kg，然后进行翻耕、起垄和盖膜，并在膜下浇水 30~40 m³，在高温季节闷地 30~50 d。

二、果树移栽期施肥技术

1. 微生物肥料

果树移栽时每棵施用微生物菌剂（有机质≥70%，有效活菌数≥5亿/g）1 kg。

2. 土壤调理剂

果树移栽时每亩施用土壤调理剂如施可丰碱性元素肥料（pH=10.0~12.0，Ca含量≥20%）40~80 kg。

3. 植物源生物刺激素

果树移栽后，结合浇水每亩冲施植物源生物刺激素如木醋液氨基酸水溶肥5~10 L。

图4-10为老果园更新土壤修复效果。

图 4-10　老果园更新土壤修复效果（左为对照）

参考文献

陈怀满.土壤 — 植物系统中的重金属污染［M］.北京：科学出版社，1996.

范可正.中国肥料手册［M］.北京：中国化工信息中心，2001.

范永强.桃树流胶病［M］.济南：山东科学技术出版社，2011.

范永强.庄伯伯实用技术手册［M］.济南：山东科学技术出版社，2009.

李天来.日光温室蔬菜栽培理论与实践［M］.北京：中国农业出版社，2013.

马丁E.特伦克尔著，石元亮，孙毅，等译.农业生产中的控释与稳定肥料［M］.
北京：中国科学技术出版社，2002.

武志杰，陈利军.缓释/控释肥料：原理与应用［M］.北京：科学出版社2003.

张福锁.主要作物高产高效技术规程［M］.北京：中国农业大学出版社，2010.

张福锁.测土配方施肥技术［M］.北京：中国农业大学出版社，2011.

赵秉强.新型肥料［M］.北京：科学出版社，2013.

王月祥.高分子缓释化肥的制备及肥效研究［D］.中北大学，2009.

陈殿绪，张礼凤，陶寿祥，等.花生钙素营养机理研究进展［J］.花生科技，
1999（3）：5~9.

陈冠霖，赵其国，Danso Prince Ofori，等.包膜型缓/控释肥料研究现状及其
在功能农业中的应用展望［J］.肥料与健康，2021，48（3）：1~6.

陈家锋.几种典型缓/控释肥料的应用研究进展［J］.肥料与健康，2022，49（6）：
15~20.

崔文慧，宋丽芳，刘惠军，等.在设施农业条件下缓释肥养分释放与土壤水分状
况之间的关系［J］.安徽农业科学，2012，40（31）：15225~15226.

丁文成，何萍，周卫.我国新型肥料产业发展战略研究［J］.植物营养与肥料学报，
2023，29（2）：201~219.

范永强，张素梅，芮文利.花生施用氰氨化钙的增产效应［J］.花生学报，2009，
38（3）：46~48.

何威明，保万魁，王旭，等.氮肥增效剂及其效果评价的研究进展［J］.中国土壤肥料，2011（3）：1~7.

蒋先军，骆永明，赵其国.重金属污染土壤的微生物学评价［J］.土壤，2000，32（3）：130~134.

李瑞美，何炎森.重金属污染与土壤微生物研究概况［J］.福建热作科技，2023（04）：41~43.

李思平，刘蕊，刘家欢，等.稳定性肥料产业发展创新及展望［J］.现代化工，2022，42（11）：1~8.

武志杰，石元亮，李东坡，等.稳定性肥料发展与展望［J］.植物营养肥料与学报，2017，23（6）：1614~1621.

张智猛，万书波，戴良，等.花生铁营养状况研究［J］.花生学报，2003（增刊）：361~367.